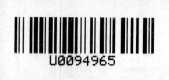

暮らしの空間デザイン手帖

蓋出好房子

日本建築師
才懂の思考&設計

MDS一級建築設計師事務所
森清敏、川村奈津子——著
桑田德——譯

原點

chapter
10 藏在優質住屋裡的「細部」設計 184

Appendix
附章
從50,000平方米到50平方米 206

Prologue
序章

打造今日的住宅

Now in Japan

人一旦離開了自己熟悉的環境，出國至海外旅遊，總會不自禁地透過對自己國家與土地的認知，去瞭解並詮釋當地特殊之處。於是，舉凡眼目所及的風景、鼻子聞得的氣味、耳朵聽見的聲音、所有五官感受得到的事物，遂成了我們觀察和比較的對象和重點。而所謂的「特殊之處」，又和該地的歷史、文化、氣候、環境和風土民情脫離不了干係，同樣地，我們舉目所及的街景和建築也不例外，其中又尤以氣候和環境最為關鍵。可能的話，觀察和比較當然是身歷其境最好，不過倘若您讀過伯納德・魯道夫斯基（Bernard Rudofsky）的《沒有建築師的建築》（Architecture without Architects），或者原廣司的《聚落的一〇〇則啟示》（集落の教え100）之類的建築類書，未必需要親自前往，也多少能夠想像。好比說沙漠綠洲的住宅、歐洲石砌的住屋、亞洲特有的密集聚落，細細地觀察，您會發現，不論建築的外觀或造型，往往因各地歷史、文化、風土民情而呈現出全然不同的風光景致。同時也會發現，氣候和環境所造就出來的建築，確實有其共通之處。舉例來說，在高溫低濕之地，只要避開日照即可得涼，因此當地的建築手法肯定會在製造遮陽方面加入特別的巧思。反之，在高溫多濕之地，製造良好通風的設計手法必定隨處可見。

日本絕大部分的地區屬於溫暖濕潤的氣候型態。夏季高溫、多濕、多雨，入冬後則低溫、乾燥，且因受季風的影響，四季分明。因此自古以來，日本的建築物多設有深長的屋簷，夏可遮蔽豔陽，雨天門窗大開也無須擔心雨水會打入室內，還利於空氣流通，同時外牆也特別注重防水功能。除此以外，在深長的屋簷下還安排了所謂既不屬內也不屬外的「緣側」，形成日本特有的設計形式：春秋兩季時，打開門窗可以盡享庭園之美；冬季門窗緊閉，禦寒之餘，尚能為室內導入暖暖的冬陽。然而近幾年來，夏季屢屢創下連日高溫的記錄，酷暑儼然已成常態，而原本最舒適的春秋兩季，也似乎逐年縮短。身處在如此氣候變遷、極端氣候出沒的時代裡，或許我們真該重新思考住屋的設計，更新往昔一成不變的設計思維了。

有人說，二十一世紀是個「環保的世紀」，特別打從東北大地震以來，能源危機不再是國家層級的問題，更與市民百姓息息相關，是每一個人都已清楚意識到的一大生活課題。誠如日語中常出現的「浪費、可惜」之類的詞語，絕大多數的日本人實際上並不熱中於奢華，反倒更樂於儉樸的生活。就大環境而言，包括氣候、環境所帶給我們極其豐富的森林資源，以及自古傳承下來的木造建築技術，最讓我們引以為傲的現代工業生產制度，這個國家值得我們善加運用的資源與能量何其之多，只不過大家在日常生活中並未特別去留意罷了。也正因如此，我們認為，此刻最該避免的就是，是古非今而妄自菲薄。面對當前的種種問題，除了必須持續仿效昔日傳統的建築工法和觀念之外，更應清楚地意識到，此時此刻，我們正在打造「今日」的「日本」。

0.1 和雨共生 Coexist with rain

遮蔽夏日豔陽的雨遮和天雨時可靜享田園風景的緣側。

吉田兼好在《徒然草》中的一句：「建屋當思夏」，藉以探討房屋設計的考量重點。有人說，無視於冬季，事後肯定問題叢生；有人則說，體感溫度將近四〇度的盛夏，哪可能不裝冷氣！然而，對於早已習慣使用空調設備的現代人而言，《徒然草》裡的設計概念，難道只是古時候的話嗎？的確，即便建築設計師絞盡了腦汁，要想全憑通風設計，讓居住者安然度過每一個烈日當頭、近乎四〇度的高溫季節，誠然不容易；再如何精心的巧思，也比不過打開冷氣來得輕鬆。不過，相信不會有人否認，通風良好和充分遮陽的設計，確實有助於拉長不必依賴空調設備的時間。

日本的夏季多半高溫、多濕、多雨。因此，設計重點大多在於盡可能地設置窗口，以便製造室內空氣流通。可是雨天時窗口一旦開啟，卻可能造成「室外下大雨、室內下小雨」的窘境，因此還必須適度地加長屋簷的深度，以避免雨水打入屋內。也因為屋簷的加深，房屋的四周得到的保護，結果便形成了日本傳統建築中所謂的「緣側」和「土間」，作為室外和室內之間的緩衝，進而也豐富了日本人的生活，創造出傳統日式生活的美感和悠閒。遺憾的是，如今絕大多數的人們都居住在沒有屋簷的建物裡，大家似乎早已忘卻了昔日開窗聽雨的樂趣和那種無與倫比的釋然。

「八岳山莊」是一幢設有屋簷和雨遮的現代建築。窗口呈ㄇ字型且向外凸出，形成深度的雨遮，夏季遮蔽豔陽，雨天避免潑雨，冬日又能引進暖陽。此外，兩側凸出的翼牆也具有防止西曬的效果，避免烈日直射。

桂離宮（京都）

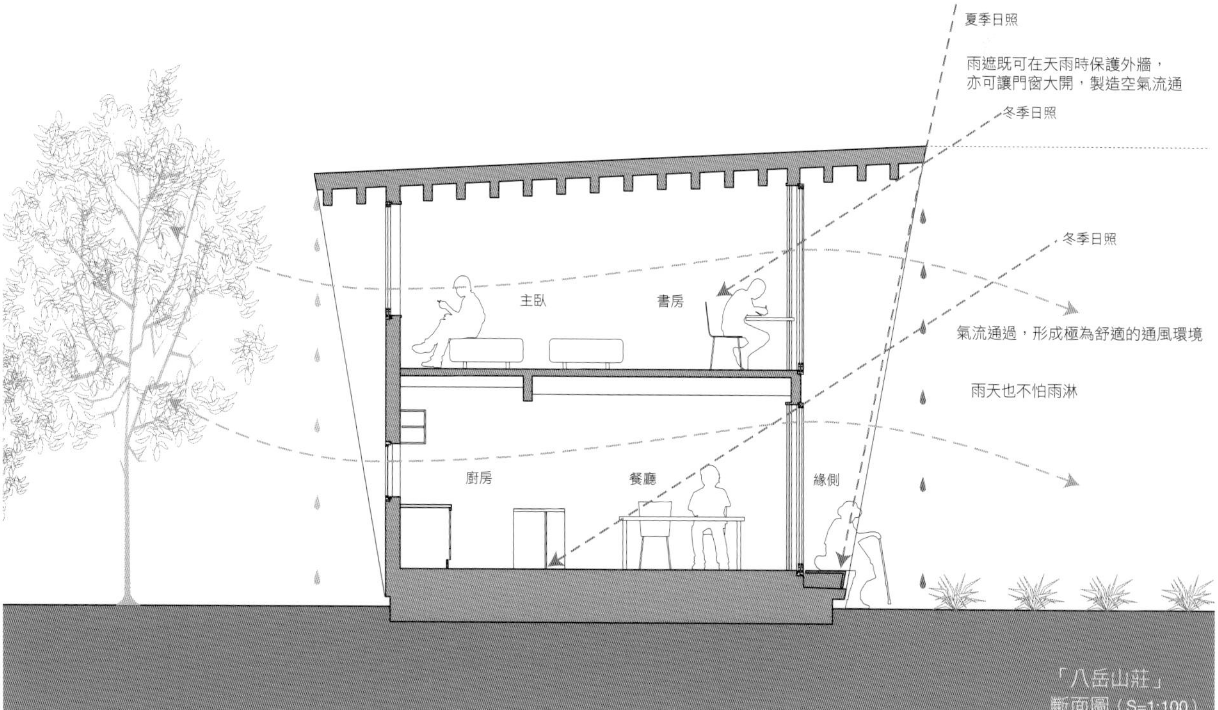
夏季日照
雨遮既可在天雨時保護外牆，
亦可讓門窗大開，製造空氣流通
冬季日照
冬季日照
主臥
書房
氣流通過，形成極為舒適的通風環境
雨天也不怕雨淋
廚房
餐廳
緣側
「八岳山莊」
斷面圖（S=1:100）

0.2 Mind the sun
與日同處

夏季暑熱的時節，當陽光照在玻璃窗上時，玻璃所放出的熱能會讓室內明顯升溫。因此，設計的重點在於測量日照的角度，避免陽光直射在窗面上。冬季寒冷的時節則正好相反，應盡可能將直射的陽光導入室內，拉長室內日照的時間，為室內累積熱能。而間隔在夏、冬之間的過渡期，就相對棘手得多，尤其是春分和秋分，太陽高度相同，但三月偏冷，九月偏熱。住屋若設有譬如雨遮之類的固定結構，日照的控制更不容易。我們認為最有效的方法就是善用簾幕或帳幕，竹簾、葦簾都好，藉由這類設備即可讓居住者享有一處舒適的氣溫環境。

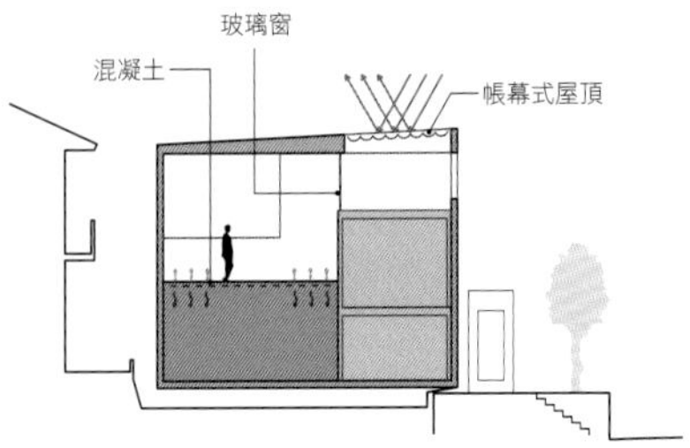

SUMMER

入夏後展開帳幕，即可遮斷直射的烈日，控制玻璃窗和混凝土的日照。原本熱容量較大的混凝土一旦少了陽光的直射，會自然產生冷房效果，提高整棟建物的熱效率。

※ 譯註：

熱容量：物體每升高或降低溫度 1℃所吸收或釋放之熱量。

熱效率：輸入能量與輸出能量的比率。

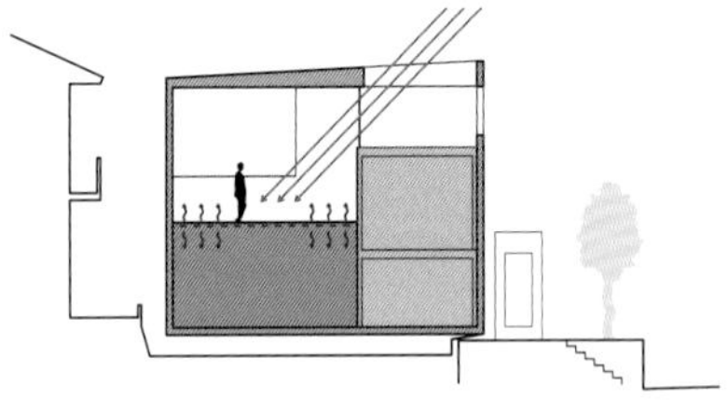

WINTER

入冬後中午時分收起帳幕，即可讓熱容量較大的混凝土因陽光的直射而蓄積熱能，在夜晚時放熱。加上埋設在混凝土地板下的地板暖氣的補強，更能有效降低整棟建物的熱效率。

「鷺沼家」斷面圖（S=1:400）

開關自如的帳幕可有效遮斷夏季的烈日。

客廳和露台間的大片玻璃窗，為客廳引入了冬季的暖陽和明亮的光線。

0.3 Balancing architecture and nature

創造自然與建築的和諧關係

將建築融入自然的案例，古今中外俯拾即是。大多數人也許會立刻聯想起美國建築大師法蘭克・洛伊・萊特（Frank Lloyd Wright）的落水山莊，不過我們倒是想起了另外一絕：當代葡萄牙建築設計師阿爾瓦羅・西塞（Álvaro Siza Vieira）位在萊薩達帕爾梅拉（Leca de Palneria）的海濱游泳池。這座游泳池座落在大西洋畔，緊鄰沙灘，泳池混凝土與沙灘的砂石同顏色，給人一種風化且與沙灘兩相合一的印象。從某個角度看去，是個人工建物，從另一個角度望去，卻了無蹤影，只是黃砂一片，且與四周的岩石融為一體，簡直巧奪天工。

與自然緊密結合的日本古建築同樣所在多有。如同我們前面提到過的，日本特有氣候環境所形成的深長屋簷，其下方的「緣側」，正是自然與建築間最具代表性的緩衝區。還不僅如此，許多日式古建築甚至透過借景的手法，將遠處的風景導入室內，譬如京都的圓通寺便是一例；中景筆直的樹木輪廓和建築本身的柱體相融合，遠景則可遙望比叡山，遠、中、近三景合而為一。事實上，日本的現代住屋也保留了相同的手法，真正的目的並非在於加大視覺上的空間面積，而是為了讓居住者時時都能感受到大自然的存在。

在重視居家隱私的現代住屋裡，倘若也能擁有一處可將門窗全面展開，彷若置身屋簷底下的半開放式客廳，即便關起門窗，透過地窗仍可望見室外小小的庭院就再好不過了。要言之，只要方法得宜，現代住屋一樣也能創造出建築與自然的和諧關係。

葡萄牙建築設計師西塞設計的海濱游泳池（葡萄牙／西塞）。

圓通寺（京都）

赤塚家／藉由屋頂和牆壁的位移，所營造出的半室外空間。

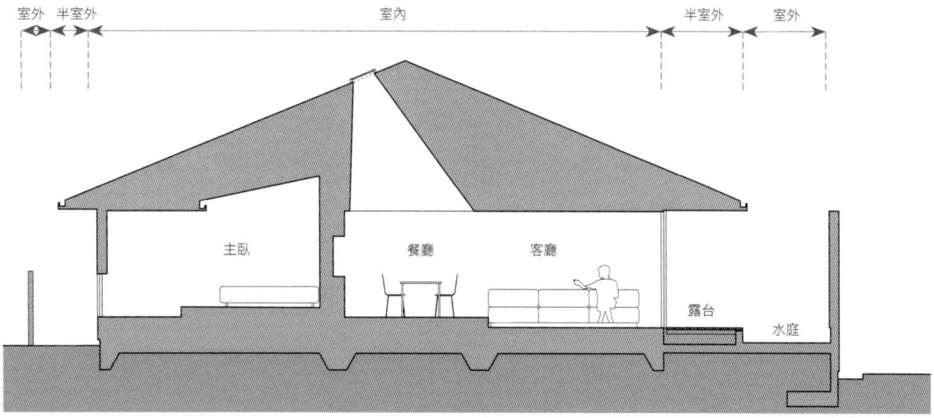

室外
半室外
室內
半室外
室外
主臥
餐廳
客廳
露台
水庭

「赤塚家」斷面圖（S=1:150）

透過「屋頂」和「牆壁」的位移，內縮牆面，創造出半室外的屋簷空間，製造室內外的連續性和整體感。（參照 3.4）

0.4 Create an exit for wind
思考氣流的出口

在眾多將氣流導入室內、重視通風設計的案例當中，最負盛名也最具代表性的，就屬魯道夫斯基《沒有建築師的建築》書中所介紹的，位在巴基斯坦海得拉巴市的捕風塔（Badgir）了。而在日本，最為人們津津樂道的，則是京都的傳統民宅——「町家」。町家在無風的時候，會自然經由日照處和陰涼處的溫度高低差形成微風，製造室內的涼意。要言之，捕風塔重在引入氣流，町家則著重製造空氣的流動。除此之外，要想打造通風良好的空間，除了留意氣流的入口，也千萬不可忽略了氣流的出口。當平面上無法取得出入口時，最有效的方法就是改由不同的高低斷面中取得。

入冬後樓梯是將樓上的暖陽導入一樓的通道，入夏後則是南北氣流流通的管道。

樓梯正好位在室內的中心部位，梯邊則設為閱讀區。

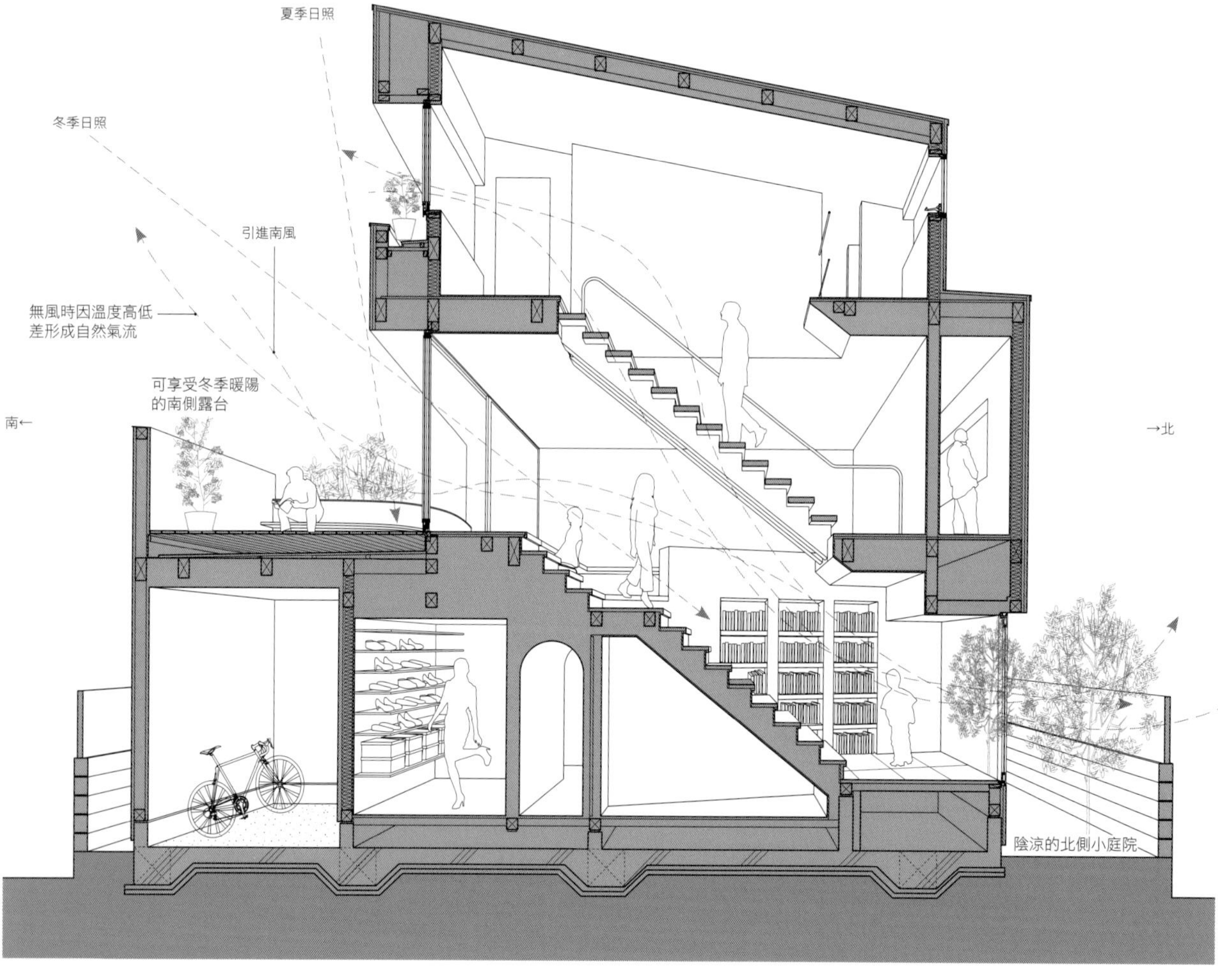

夏季日照
冬季日照
引進南風
無風時因溫度高低
差形成自然氣流
可享受冬季暖陽
的南側露台
南←
→北
陰涼的北側小庭院

「弦卷家」斷面透視圖
（S=1:80）

「弦卷家」① 透過大型的開口導入氣流

平時氣流由二樓南側的露台導入，穿過階梯，吹向一樓。
無風時則藉由南北溫度的高低差，氣流自然從一樓陰涼的北側小庭院，吹向南側溫度較高的二樓。

箱型的外觀更容易製造雙向通風的效果。

四處的窗口皆可自由開闔。

充分考量到氣流出口的京都傳統民宅——町家。

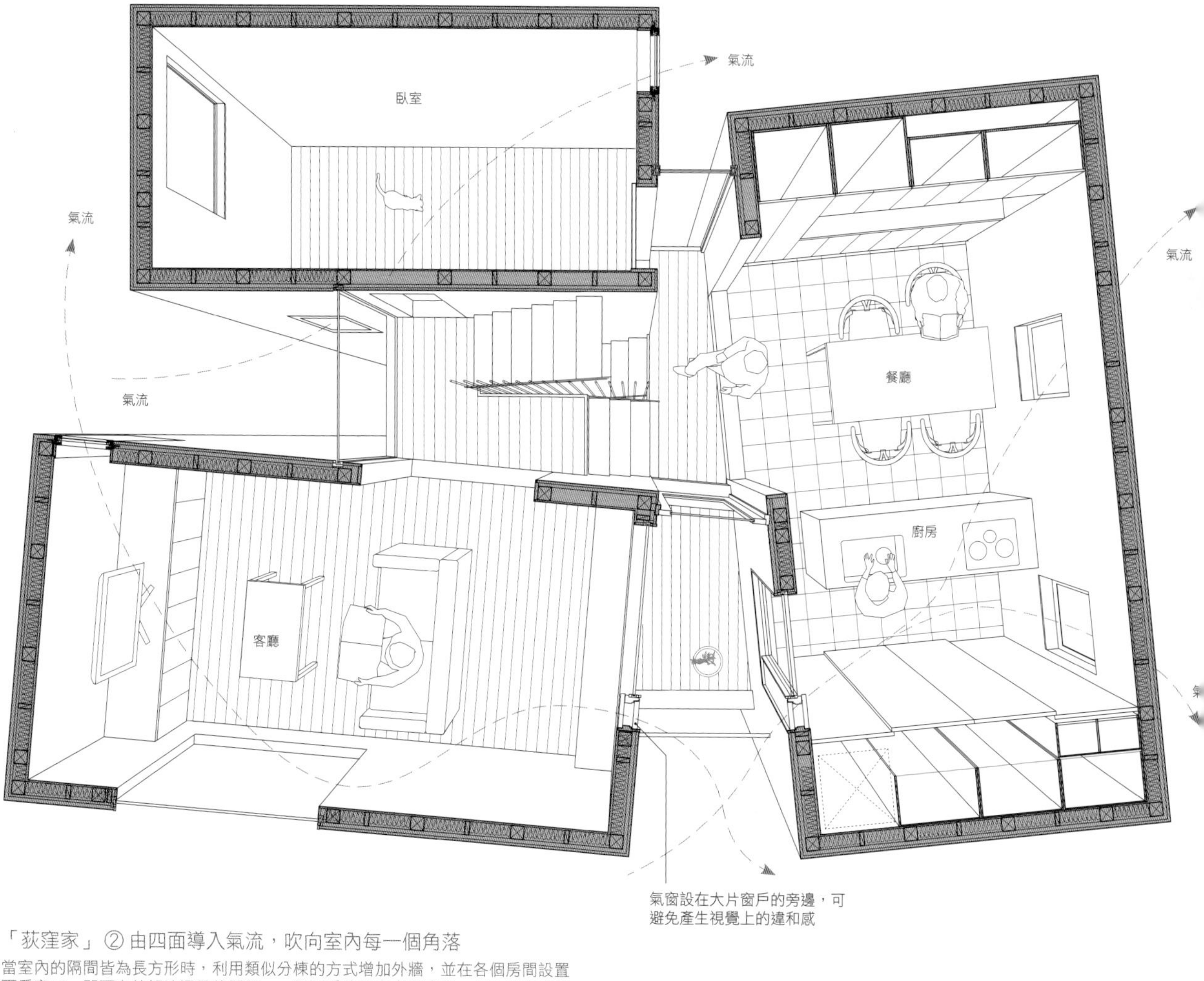

氣流
臥室
氣流
氣流
氣流
餐廳
廚房
客廳
氣窗設在大片窗戶的旁邊，可
避免產生視覺上的違和感

「荻窪家」② 由四面導入氣流，吹向室內每一個角落

當室內的隔間皆為長方形時，利用類似分棟的方式增加外牆，並在各個房間設置兩扇窗口，即可有效解決通風的問題。一般夏季的風向多屬南風，但在住宅密集的都會區裡風向不固定，因此都市住屋不妨在房間的四面牆壁都設置窗口，更有助於達成空氣流通的效果。

「荻窪家」斷面透視圖
（S=1:60）

0.5 New definition of customs
為舊習慣注入新詮釋

內行的日本人都知道，日本傳統的「土壁」（土牆）是當今牆壁施作工法中堪稱頂級的技術。不過絕大多數人只知道此一技術源自於「數寄屋」（日本的交錯式屋頂建築），卻未必瞭解它其實始於日本戰國時代。當時由於木料缺乏，建築工人只好就地取材，以竹、草取代以往慣用的木料，作為牆壁的基材，隨後才日漸普及，成為戰爭過後重建家園的基本工法。傳說中，草庵式茶室所採用的土牆也源自於此。經過千利休的多方訪查，才終於完成了草庵式茶室。其中不僅包含了他對國家能夠早日從戰後焦土中復興的盼望，更包含了設計的巧思。日後草庵式茶室的設計不僅成就了一種新式的建築，更將它昇華至藝術的層次（參照《民家造》，安藤邦廣著，學藝出版社，二〇〇九年版）。

創意往往來自觀念的轉換。當我們改以不同的角度，觀察過去人們一向視為理所當然、約定俗成的既成概念或刻板印象，並且適時注入新的詮釋，新的創意便產生了。這些既成概念和刻板印象或許只是某個毫不起眼的地方風俗，或者由先人代代傳承下來的某種習慣。而要想客觀地面對這類既成概念，我們認為最好的方法就是透過「外人」的角度去看。好比說在歐美人士的眼中，日本人最特別的習慣就是進家門時必須脫鞋。儘管這在日本是一件再平常不過的事，因為如此一來，外頭的沙塵泥土就不會帶進屋內，屋內的地板即可常保清潔。我們之所以可以在家隨處翻滾、倒臥，正是拜脫鞋的習慣之賜。也正因為這樣的觀察和新詮釋的注入，我們才得以發想出了「以地為桌」的創新設計。

以地為桌的書房。

拜脫鞋習慣之賜，我們才得以發想出如此創新的設計。

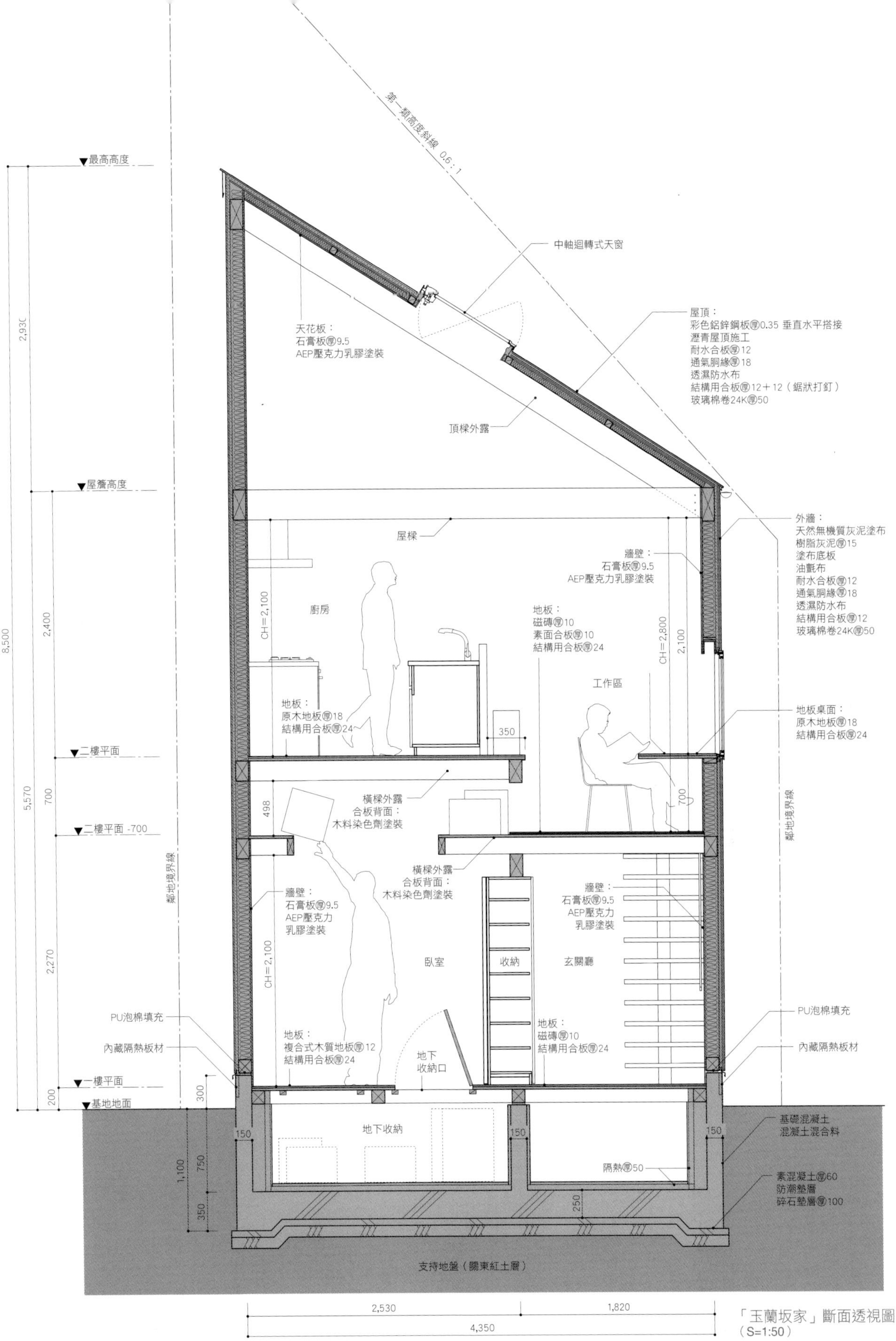
第一種高度斜線 0.6：1
最高高度
屋簷高度
二樓平面
二樓平面 -700
一樓平面
基地地面
8,500
2,930
2,400
5,570
700
2,270
200
300
1,100
750
350
鄰地境界線
中軸迴轉式天窗
天花板：
石膏板厚9.5
AEP壓克力乳膠塗裝
屋頂：
彩色鋁鋅鋼板厚0.35 垂直水平搭接
瀝青屋頂施工
耐水合板厚12
通氣胴緣厚18
透濕防水布
結構用合板厚12＋12（鋸狀打釘）
玻璃棉卷24K厚50
頂樑外露
屋樑
外牆：
天然無機質灰泥塗布
樹脂灰泥厚15
塗布底板
油氈布
耐水合板厚12
通氣胴緣厚18
透濕防水布
結構用合板厚12
玻璃棉卷24K厚50
牆壁：
石膏板厚9.5
AEP壓克力乳膠塗裝
CH＝2,100
廚房
地板：
磁磚厚10
素面合板厚10
結構用合板厚24
CH＝2,800
2,100
工作區
地板：
原木地板厚18
結構用合板厚24
350
地板桌面：
原木地板厚18
結構用合板厚24
498
橫樑外露
合板背面：
木料染色劑塗裝
700
橫樑外露
合板背面：
木料染色劑塗裝
牆壁：
石膏板厚9.5
AEP壓克力
乳膠塗裝
牆壁：
石膏板厚9.5
AEP壓克力
乳膠塗裝
臥室
收納
玄關廳
CH＝2,100
PU泡棉填充
內藏隔熱板材
地板：
複合式木質地板厚12
結構用合板厚24
地下
收納口
地板：
磁磚厚10
結構用合板厚24
PU泡棉填充
內藏隔熱板材
地下收納
150
150
150
基礎混凝土
混凝土混合料
隔熱厚50
素混凝土厚60
防潮墊層
碎石墊層厚100
250
支持地盤（關東紅土層）
2,530
1,820
4,350

「玉蘭坂家」斷面透視圖
（S=1:50）

0.6 Craftsman' skill X Production system
生產制度×專業工法

日本境內由於覆蓋大片森林，且擁有自古承傳的木工技術，因而孕育極度優質的木造建築文化。負責承傳這些技術的木工師傅，又包括了建造神社佛寺的「宮大工」和茶室之類傳統建築的「數寄屋大工」。正因為他們的付出，才為日本保留了傳統木造建築中堪稱世界一流的施作工法。然而如今，絕大多數木造住宅的建造都已簡化，大多是在工廠預先切好，後送至工地進行組裝，因而導致木工技術的傳承出現了相當嚴重的斷層危機。問題還不僅止木工，泥水師傅和門窗師傅的狀況亦然。因此，今日的建築設計師其實還肩負了承先啟後的重責大任，必須充分掌握施作的工法，進而設計出足以讓後進的木工、泥水、門窗學徒承接先人技術的機會，同時結合負責帶領師傅們的工班團隊、承造單位和承包商的力量，將力量極大化，讓每一個環節的施作者都躍躍欲試，從而由「工人」階級跨越到「職人」專業的層次。我們認為唯有如此，建築設計師才能名符其實，稱得上是道地專業的建築設計師。

除此以外，日本是個「工業立國」的國家。當傳統技術危在旦夕，人事費用高漲、勞力缺乏等問題層出不窮之際，正是發揮工業立國精神、思考更具系統和制度的施作流程、結合更為優質的工業產品，以創造出更高品質的空間設計的時機。唯有掌握先機，方能將日本原創技術提升至更高的境界。

要言之，必須善用傳統的技術工法，將其導入設計，同時藉由更為系統化和制度化的工業技術，改良所有施作流程。我們始終認為，日本的潛力就藏在生產制度和專業工法之中。

唯有透過新式的施作工法，方能提升空間設計的可能性。

市場必須先出現各式規格、尺寸且大量流通的鋼材，提供設計者不同的組合變化，才可能產生新式工法，推動建築技術的進步。

chapter

1

基地「外」的價值

Treasure beyond border

誠如大家在生活中經常聽到的，「真恨不得現在就回家放鬆」、「週末我只想待在家裡放空」，「家」這個字眼其實包藏著另一種定義——私人空間。或許也正因如此，人們對於「家」的想法，往往存在著那麼一點的「自私」。好比說我們遇過的建案案主，絕大多數提出的需求都集中在住屋內部，卻毫不在意住屋和街坊的關聯，甚至彼此可能的影響。倘若建築設計師就這麼根據案主的需求照單全收，其結果，就是現在所見缺乏美感又稍嫌雜亂的街道模樣。當然建築設計師也該負起一部分責任，不過在此的重點並不在討論責任歸屬，而是想強調：儘管「家」是個人所有，可以隨自己高興，愛怎麼建就怎麼建，但是切勿忘記，住屋畢竟是街坊的一部分，唯有顧全整體，才可能擁有最佳的居住環境，也才稱得上是真正優質的設計。

接到案主的委託時，通常我們會先觀察基地外的狀況，試著掌握基地週邊住家的形式、大小、距離、密度，看看是否鄰近綠地、看得見山景、有行道樹或田地。因為四周的環境和景觀肯定會直接影響規劃，而這一影響，甚至遠大於基地本身的形狀與面積。此外，會試著去了解基地的地段，是位處市中心的密集區，抑或位在郊外的住宅區或別墅區，不同地段自有不同的設計考量和規劃方式。在幾經察訪之後，才會決定哪些部分應該融入週邊的環境，而哪些部分又該特別凸顯自家的性格。但是不論如何，外觀上一定是個別具特色的造型。在觀察和設計的過程中，盡可能地善用足以為住屋「加分」的週邊環境，倘若發現了可能「減分」的問題點，也會力圖化解。只要掌握基地本身不同面向的特性，並且透過這些特性的帶領，我們相信，即便結果未必完全採納案主個人需求，但所設計出來的住屋，他日就算換了主人或改變用途，仍舊會是最符合居住者需求的狀態，永遠無須額外出力大幅裝修。

1.1 Framing your own exclusive view

導入週邊風景

只要仔細觀察，肯定都能從基地週邊找出諸如青山、綠樹、藍海、田野、小溪，公園、行道樹之類足以為住屋加分的風景。而這些或大或小、或天然或人工的景致，其實都是建築設計師理當積極納入的設計重點。一旦將這些可加分的風景導入室內，所設計出來的住屋，勢必是獨一無二且絕無僅有的建築作品。

我們在「多摩廣場家」所導入的，是週邊的銀杏行道樹和日本栗樹。

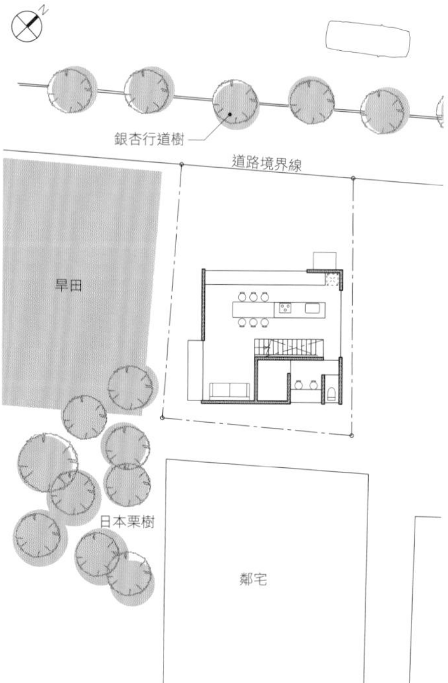

「多摩廣場家」 二樓平面配置圖（S=1:400）

刻意在鄰路的牆面上設置一排橫向連續窗，導入銀杏行道樹的亮麗景觀。

銀杏行道樹彷若近在咫尺。

1.2 擋土牆的借景

One man's "retaining wall" is another man's treasure

要想賦予小型住屋更為寬敞的空間視野，有一個特別有效的方法，就是善用和鄰宅之間的空隙，製造一條具有空間穿透力的「通道」。只要仔細觀察基地特性，一定都能找出這條「通道」的位置和方向。某些狀況甚至可以藉由一般多被視為減分的階梯狀擋土牆，營造出一條既可拉長正門入口的進深，又能保護居住者隱私的「通道」，將減分的問題點逆轉成加分的優勢。

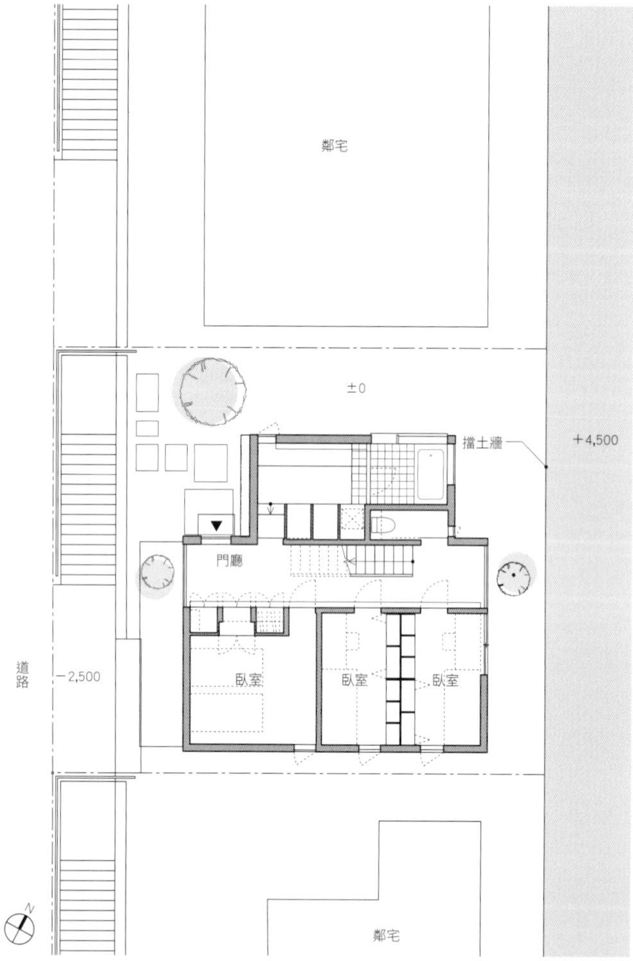

「蒴野家」
平面配置圖（S=1:200）

只要把門廳通道的兩端設為透明玻璃門窗，即可將原本封閉的空間舒展開來，營造空間的通透性。

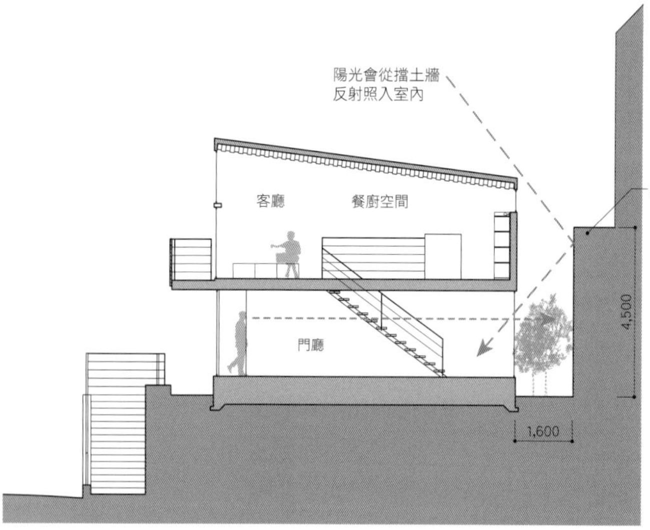

「蒴野家」斷面圖（S=1:200）

利用擋土牆的反射光，為門廳通道導入光線。

從擋土牆望向正門玄關的光景。夜晚開啟通道邊的照明燈，更凸顯了通道的穿透力。（參照 7.9）

從正門玄關望向擋土牆的光景。透過一扇大片玻璃窗的設置，凸顯出通道底端明亮、通透的視野。

1.3 When southern light isn't at your disposal
當無法南面採光時

當遇到一塊東西狹長，且南面擁有大片視野的基地時，人們往往以為只要在四面廣設窗戶，即可享有充分的日照和採光，殊不知倘若基地位處於南北側緊鄰鄰宅的密集住宅區，恐怕多半只是太陽的陰影……。遇到這種情形，不如封鎖南面窗口，僅在東西兩面設置開口，如此一來，東西向的每一扇門窗，上午和下午都能接受日照，即便整天待在室內，也能隨處得享足夠光線，在柔和的採光中安閒度日。

當與鄰宅的間隔狹小，無法由南面採光時的狀況

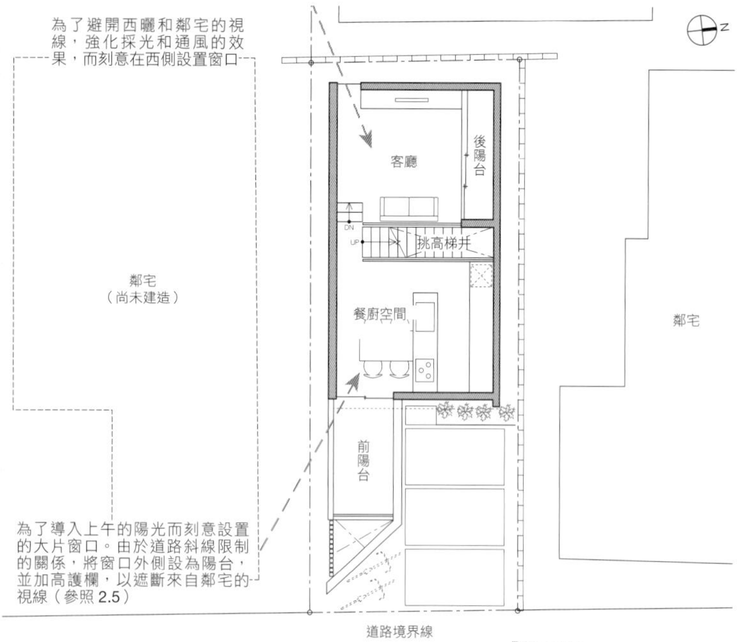

為了避開西曬和鄰宅的視線，強化採光和通風的效果，而刻意在西側設置窗口
客廳
後陽台
挑高梯井
DN
UP
鄰宅
（尚未建造）
餐廚空間
鄰宅
前陽台
為了導入上午的陽光而刻意設置的大片窗口。由於道路斜線限制的關係，將窗口外側設為陽台，並加高護欄，以遮斷來自鄰宅的視線（參照2.5）
道路境界線

「櫻丘家」
二樓平面配置圖（S=1:200）

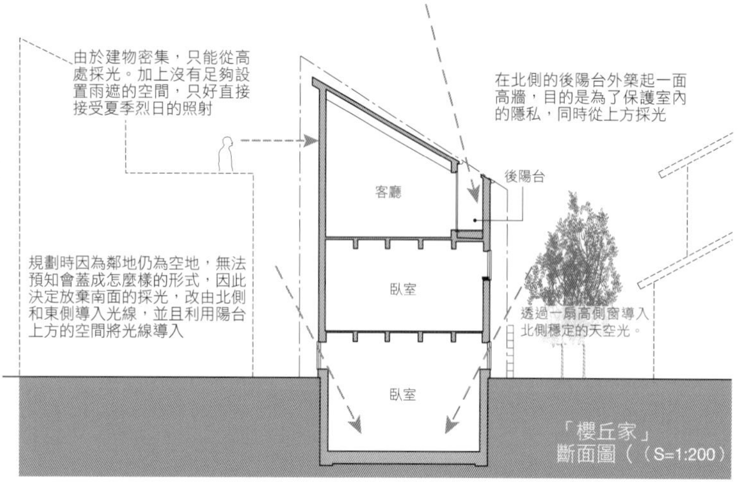

由於建物密集，只能從高處採光。加上沒有足夠設置雨遮的空間，只好直接接受夏季烈日的照射
在北側的後陽台外築起一面高牆，目的是為了保護室內的隱私，同時從上方採光
後陽台
客廳
臥室
規劃時因為鄰地仍為空地，無法預知會蓋成怎麼樣的形式，因此決定放棄南面的採光，改由北側和東側導入光線，並且利用陽台上方的空間將光線導入
透過一扇高側窗導入北側穩定的天空光。
臥室

「櫻丘家」
斷面圖（（S=1:200）

當與鄰宅的間隔寬敞，可由南面採光時的狀況

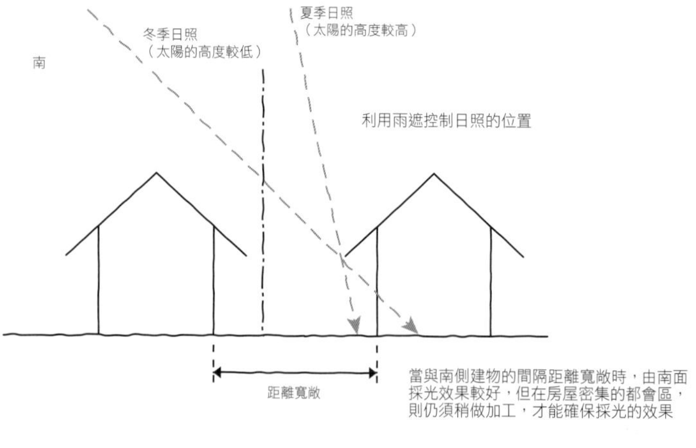

冬季日照
（太陽的高度較低）
夏季日照
（太陽的高度較高）
南
利用雨遮控制日照的位置
距離寬敞
當與南側建物的間隔距離寬敞時，由南面採光效果較好，但在房屋密集的都會區，則仍須稍做加工，才能確保採光的效果

由東側照入的晨光照滿了整片牆面，溫柔地擁抱著晨間的餐廚空間。

透過適當的採光設計，即使面南未設窗口，室內照樣明亮。光源來自西側狹長的窗口和北側的陽台。

1.4 Tranquil light from the north
導入北側的暖陽

面北的房間往往給人陰暗、潮濕的負面印象，實際上只要採光得當，照樣可以打造出特殊用途的房間。比起南向窗口所接收到的直射陽光，面北的窗口光線相對偏弱，一般來說更適合作為畫室和書房。換言之，南北兩側的房間其實各具優點：北側的房間夏日濕潤涼爽，南側的房間則在入冬以後相對溫暖且濕度適中。然而，若想把直射的陽光導入北側房間，也並非無計可施，只需透過高低斷面的採光手法，一樣可以加強北側室內的日照，改善人們對於面北房間的刻板印象。

餐廚空間面對著南側陽光充足的前院露台，和沉穩協調的客廳形成對比，是家人聚會的最佳場所。

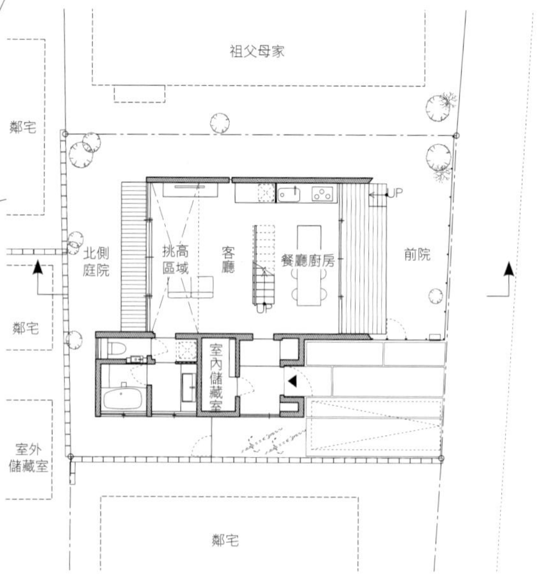
祖父母家
鄰宅
鄰宅
北側庭院
挑高區域
客廳
餐廳廚房
前院
UP
室內儲藏室
室外儲藏室
鄰宅

「仙川家」一樓平面配置圖（S=1:250）

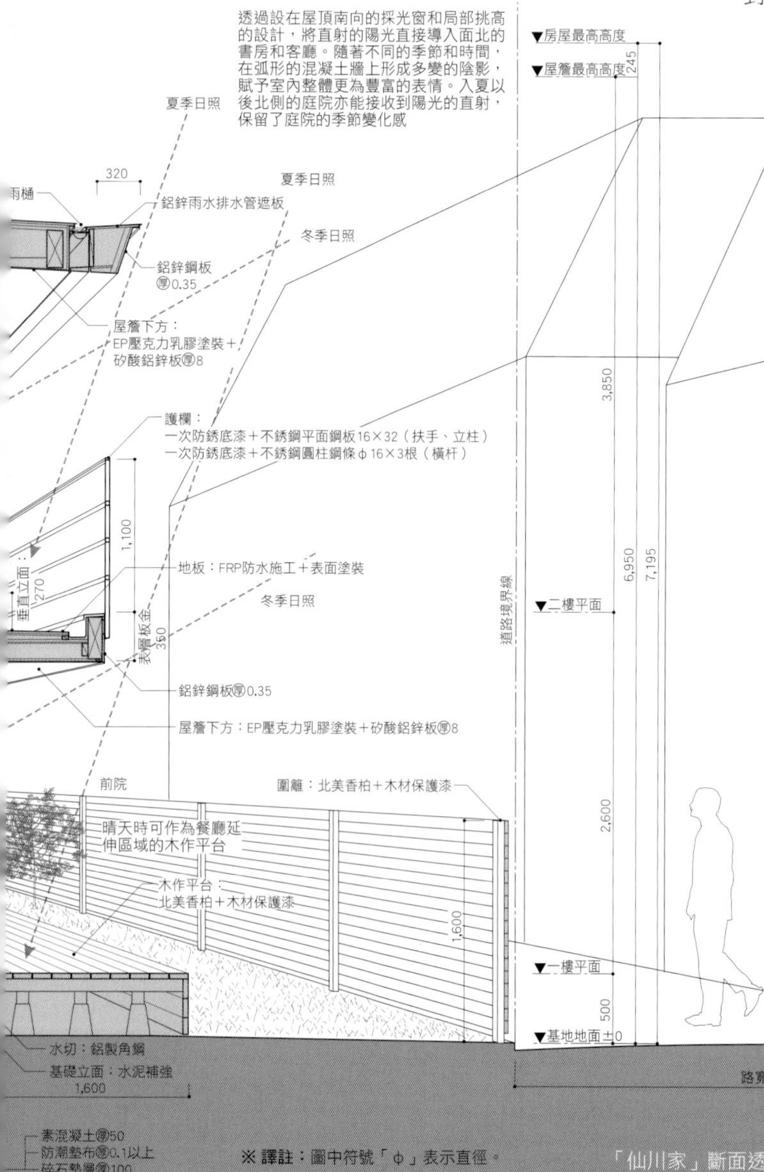
透過設在屋頂南向的採光窗和局部挑高的設計，將直射的陽光直接導入面北的書房和客廳。隨著不同的季節和時間，在弧形的混凝土牆上形成多變的陰影，賦予室內整體更為豐富的表情。入夏以後北側的庭院亦能接收到陽光的直射，保留了庭院的季節變化感
夏季日照
夏季日照
冬季日照
冬季日照
320
雨樋
鋁鋅雨水排水管遮板
鋁鋅鋼板㊢0.35
屋簷下方：EP壓克力乳膠塗裝＋矽酸鋁鋅板㊢8
護欄：
一次防銹底漆＋不銹鋼平面鋼板16×32（扶手、立柱）
一次防銹底漆＋不銹鋼圓柱鋼條φ16×3根（橫杆）
1,100
垂直立面：270
地板：FRP防水施工＋表面塗裝
表層板金 350
鋁鋅鋼板㊢0.35
屋簷下方：EP壓克力乳膠塗裝＋矽酸鋁鋅板㊢8
前院
圍籬：北美香柏＋木材保護漆
晴天時可作為餐廳延伸區域的木作平台
木作平台：北美香柏＋木材保護漆
水切：鋁製角鋼
基礎立面：水泥補強
1,600
素混凝土㊢50
防潮墊布㊢0.1以上
碎石墊層㊢100
▼房屋最高高度
▼屋簷最高高度
245
3,850
6,950
7,195
道路境界線
▼二樓平面
2,600
1,600
▼一樓平面
500
▼基地地面±0
路寬4,000

※譯註：圖中符號「φ」表示直徑。

「仙川家」斷面透視圖（S=1:50）

客廳透過間接採光，營造舒適、沉穩的空間氛圍。

在豔陽高照的夏天，直射的陽光由屋頂照入北側庭院，搭配障子門所產生的柔光，訴說季節的變化。

屋頂採光為二樓書房注入柔和適中的光線。

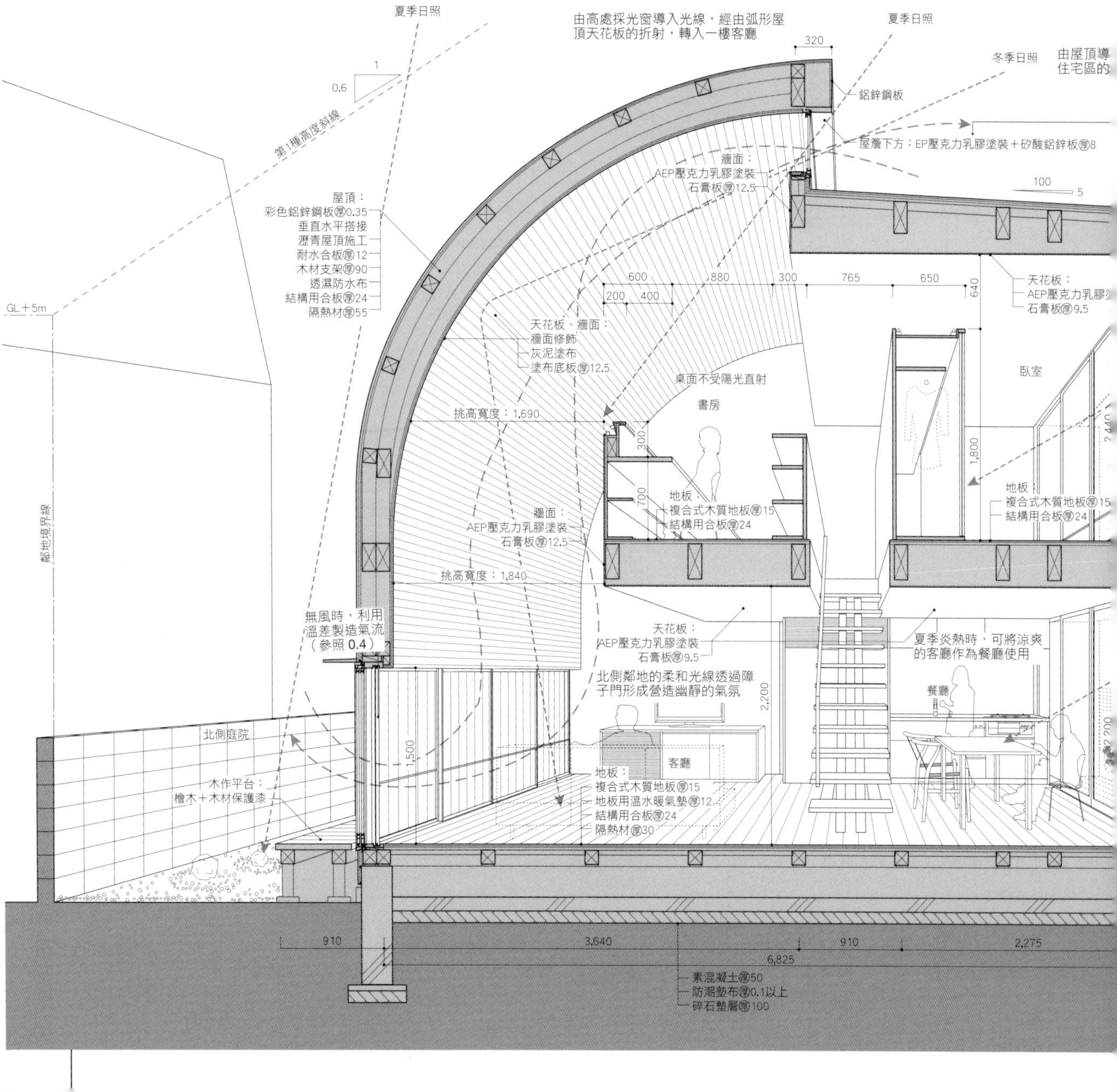

夏季日照
由高處採光窗導入光線，經由弧形屋頂天花板的折射，轉入一樓客廳
夏季日照
冬季日照
由屋頂導
住宅區的
320
1
0.6
第1種高度斜線
鋁鋅鋼板
屋簷下方：EP壓克力乳膠塗裝＋矽酸鋁鋅板厚8
牆面：
AEP壓克力乳膠塗裝
石膏板厚12.5
100
5
屋頂：
彩色鋁鋅鋼板厚0.35
垂直水平搭接
瀝青屋頂施工
耐水合板厚12
木材支架厚90
透濕防水布
結構用合板厚24
隔熱材厚55
GL＋5m
600
880
300
765
650
640
200
400
天花板：
AEP壓克力乳膠
石膏板厚9.5
天花板、牆面：
牆面修飾
灰泥塗布
塗布底板厚12.5
桌面不受陽光直射
書房
臥室
挑高寬度：1,690
300
1,800
700
地板：
複合式木質地板厚15
結構用合板厚24
地板：
複合式木質地板厚15
結構用合板厚24
鄰地境界線
牆面：
AEP壓克力乳膠塗裝
石膏板厚12.5
挑高寬度：1,840
無風時，利用溫差製造氣流（參照0.4）
天花板：
AEP壓克力乳膠塗裝
石膏板厚9.5
夏季炎熱時，可將涼爽的客廳作為餐廳使用
北側鄰地的柔和光線透過障子門形成營造幽靜的氣氛
2,200
餐廳
北側庭院
1,500
木作平台：
檜木＋木材保護漆
客廳
地板：
複合式木質地板厚15
地板用溫水暖氣墊厚12
結構用合板厚24
隔熱材厚30
910
3,640
910
2,275
6,825
素混凝土厚50
防潮墊布厚0.1以上
碎石墊層厚100

1.5 Claiming a slice of nature

利用白牆間接採光

密集地區的住屋緊鄰鄰宅，採光尤其不易。打開窗戶，看到的盡是鄰居的窗戶和空調機組，不得已只好終日窗簾緊閉。這時候，不妨參考京都的傳統民宅，利用庭院倉庫白色粉刷牆的陽光折射，將光線導入室內。一旦將此手法應用在現代的住屋設計中，即便身處密集的住宅區，一樣可能讓居住者獲享充足的光線和舒適的通風環境。

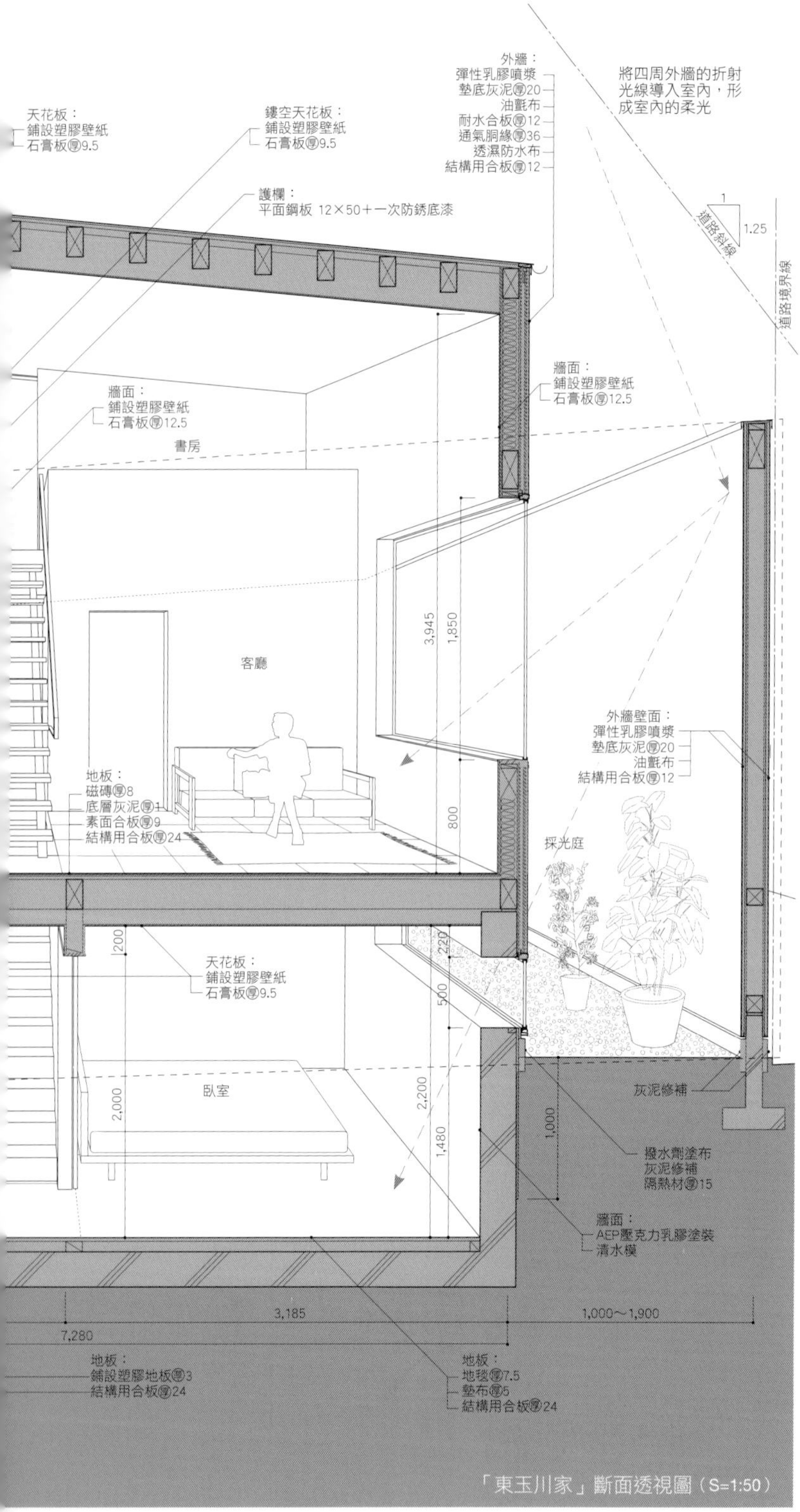

「東玉川家」斷面透視圖（S=1:50）

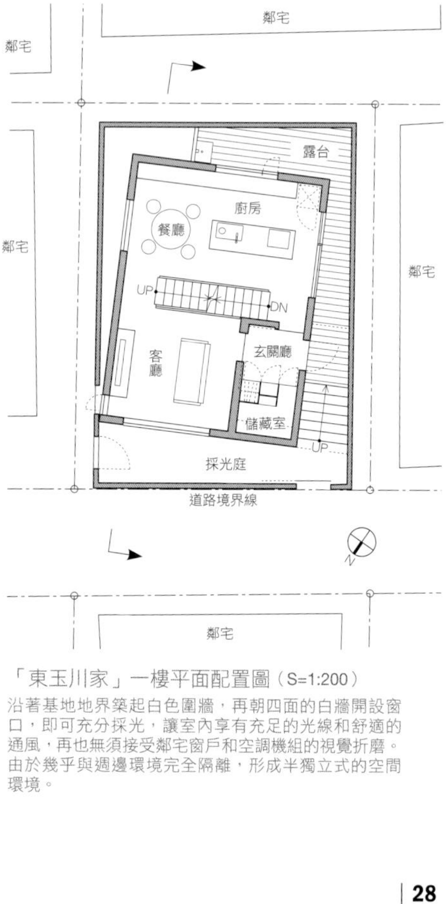

「東玉川家」一樓平面配置圖（S=1:200）

沿著基地地界築起白色圍牆，再朝四面的白牆開設窗口，即可充分採光，讓室內享有充足的光線和舒適的通風，再也無須接受鄰宅窗戶和空調機組的視覺折磨。由於幾乎與週邊環境完全隔離，形成半獨立式的空間環境。

外牆的高度取決於法令的斜線限制，目的是為了完全截斷周圍鄰宅的視線。

透過白牆的光線反射，讓室內更顯明亮。

採用半獨立式的空間設計，藉以擷取更多的自然光線和通風。

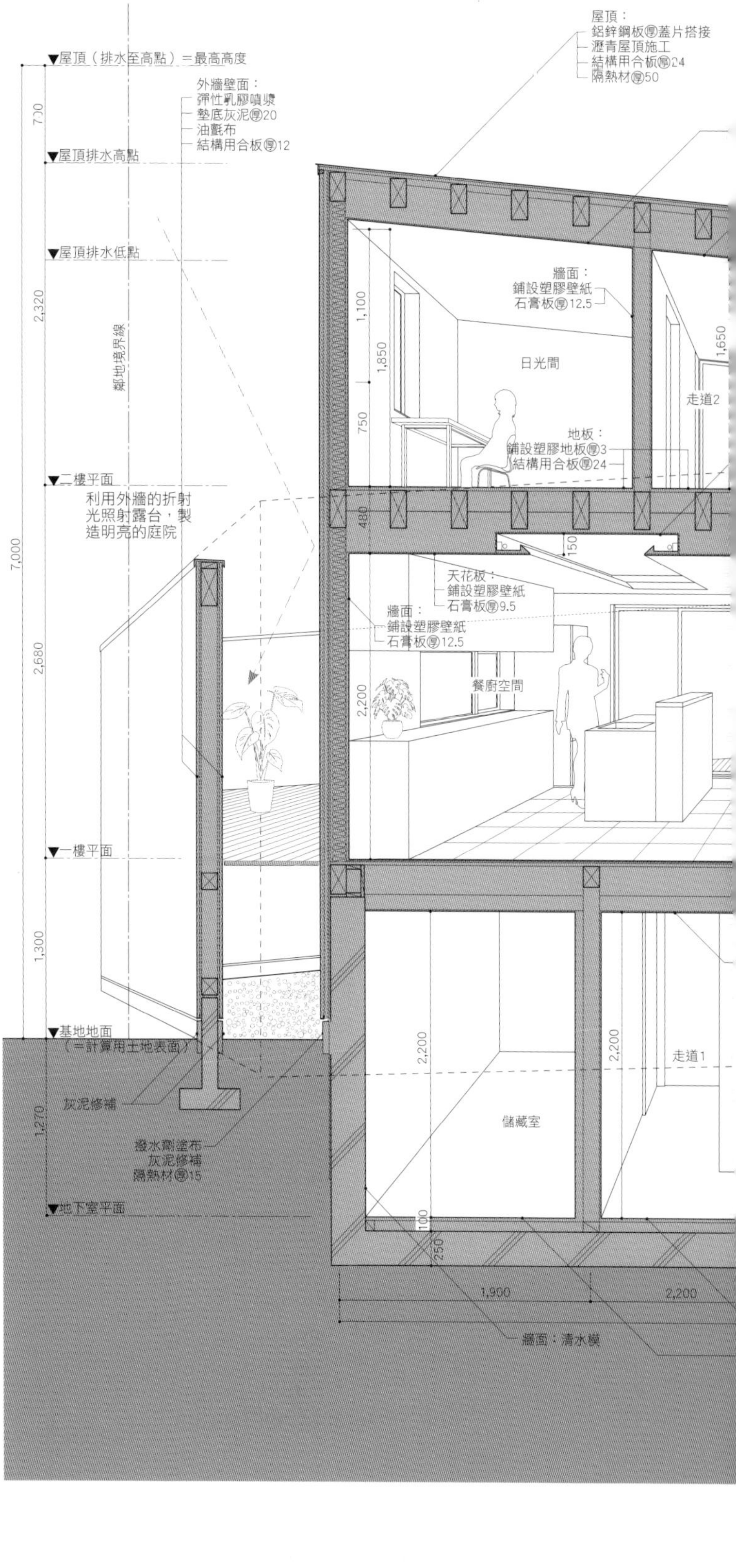

屋頂：
鋁鋅鋼板㊢蓋片搭接
瀝青屋頂施工
結構用合板㊢24
隔熱材㊢50
▼屋頂（排水至高點）＝最高高度
外牆壁面：
彈性乳膠噴塗
墊底灰泥㊢20
油氈布
結構用合板㊢12
▼屋頂排水高點
▼屋頂排水低點
鄰地境界線
牆面：
鋪設塑膠壁紙
石膏板㊢12.5
日光間
走道2
地板：
鋪設塑膠地板㊢3
結構用合板㊢24
▼二樓平面
利用外牆的折射光照射露台，製造明亮的庭院
天花板：
鋪設塑膠壁紙
石膏板㊢9.5
牆面：
鋪設塑膠壁紙
石膏板㊢12.5
餐廚空間
▼一樓平面
▼基地地面
（＝計算用土地表面）
灰泥修補
撥水劑塗布
灰泥修補
隔熱材㊢15
▼地下室平面
儲藏室
走道1
牆面：清水模
700
2,320
2,680
7,000
1,300
1,270
1,100
1,850
750
480
150
2,200
1,650
100
250
1,900
2,200

1.6 Road decides the "face" of dwelling
依道路決定建物外觀

當基地同時面對著兩條道路時，只要分別在道路邊各設一個入口，即可強調出基地本身的特性。城市裡的每一塊街區多半是跟隨道路而形成的，因此只需試著把四周街區連結起來，建物的外觀也會自然成形。換言之，街區和街區之間的連結方式具有舉足輕重的地位，將直接影響到街區的街景乃至於市容。

一般的情況，建築設計師多會藉由設置外牆來保護住屋一樓的隱私，不過往往會讓居住者產生些許封閉感，並不是每個人都喜歡。因此在設計同時面對著兩條私設道路的「目白家」時，我們刻意把客廳安排在地下室，解除一樓的隱私之虞，再將客廳上方挑高處理，既利於採光，也強化了客廳本身的開放性。而一樓也就不再需要增設圍牆，直接讓居住者可以和路人四目相接，凸顯出街區的開放感。

在基地的東南角也設置了一處入口。儘管入口一分為二，這裡才是真正的正門。

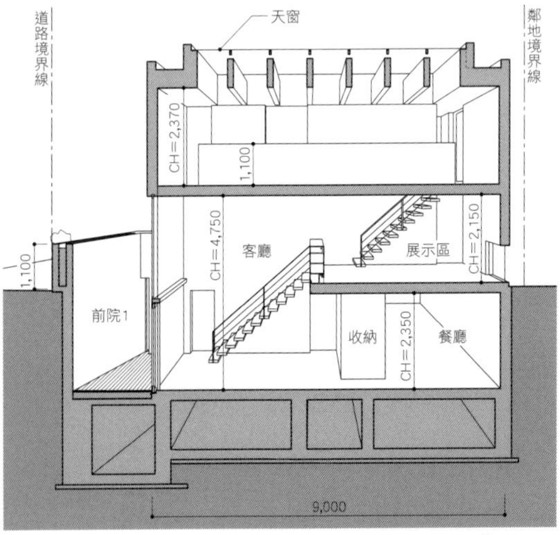

「目白家」斷面透視圖（S=1:200）

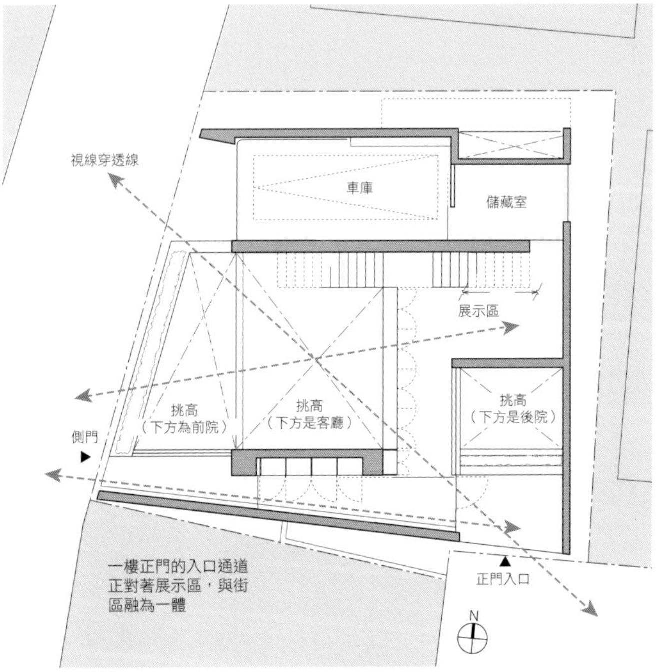

「目白家」一樓平面配置圖（S=1:200）

西面側門的外觀採用杉木板模清水混凝土牆。一樓設有開放式入口展示區，完全無須增設外牆、窗簾或百葉窗。客廳、餐廳、廚房全部設在地下室，加上室內挑高，毫無隱私之虞。

從正門望向側門的光景。兩個入口是互通的，強化了空間的通透性。

由展示區穿過挑高空間望向道路的光景。

四周享有南阿爾卑斯山、旱田、雜木林、八岳山，將基地三百六十度自然景觀極大化的山中別墅。

1.7 Mine, mine, mine
讓週邊環境極大化

相較於必須留意隱私、採光、通風的都市住宅，山水環繞的別墅又是全然不同的設計思維。必須考量的不是如何採光、保護居住者的隱私，而是該如何將四周圍的自然景觀「極大化」。

「八岳山莊」南側面對了一整片的扇形旱田，遠處則是南阿爾卑斯山。設計時盡可能設置窗口，以便導入南阿爾卑斯的風景和陽光，將基地的潛力發揮到極致。

障子門外是綿延的南阿爾卑斯山脈。

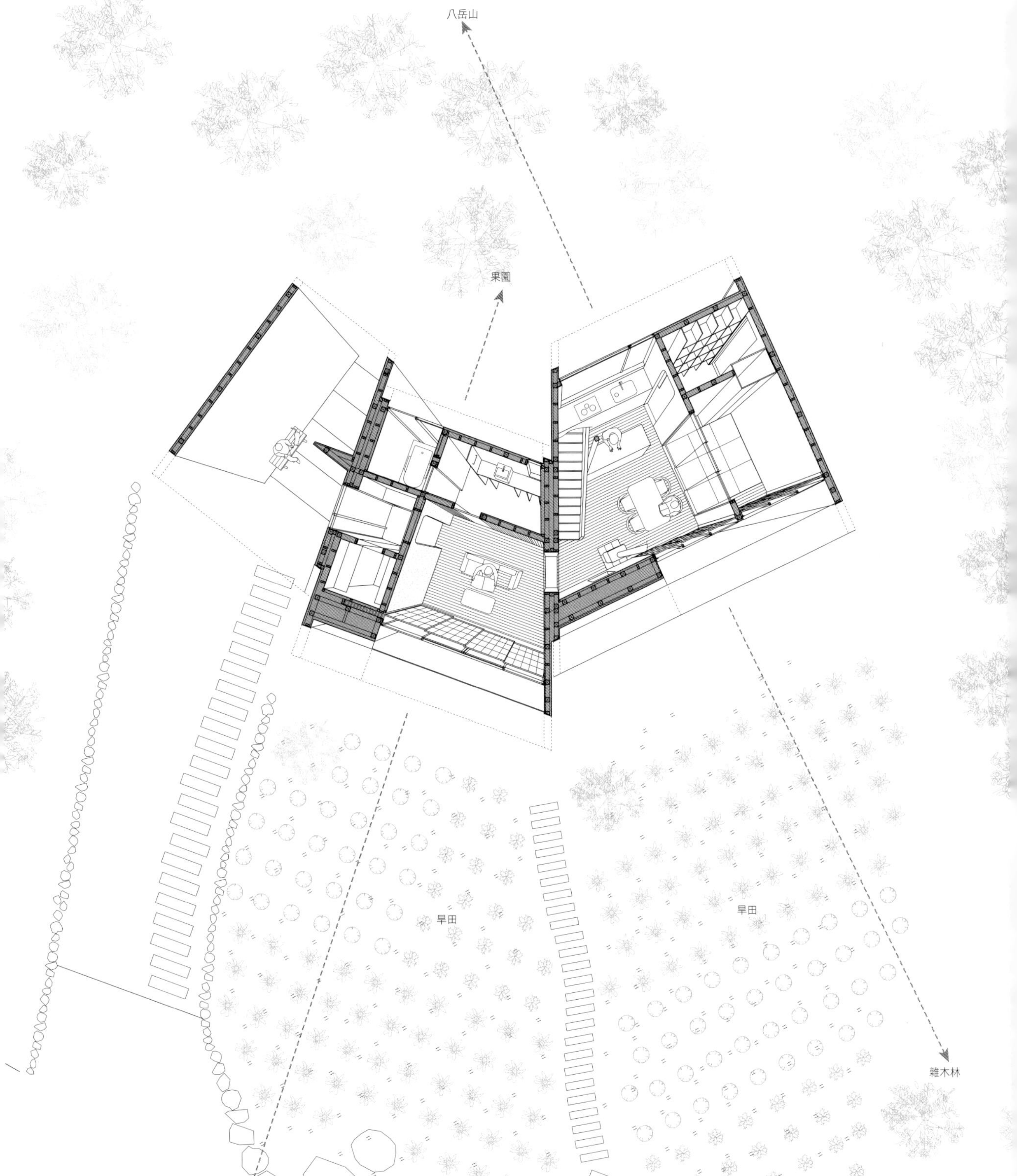

「八岳山莊」一樓平面配置透視圖（S=1:150）

1.8 Utilize environment from afar

重視遠景

儘管距離遙遠，一塊可以望見富士山和東京鐵塔的基地，除了方位和基地形狀完整之外，最大的特色就在它的景觀視野，可謂極具潛力。要想發揮它的特色，無庸置疑，就是絕不可因為景色遙遠，而忽略了周遭可見的景觀。

「各務原家」正是一間根據案主的需求：房間必須順著山勢排列，並且設置可以觀賞到遠處煙火的屋頂露台，所打造而成。

右上／走道的底端設置了一座採光庭。　右下／從橫向的連續窗可以望見遠方的山群。
左／從客廳望向和室的光景。光源來自上方採光庭的折射光線。

「各務原家」
斷面透視圖
（S=1:60）

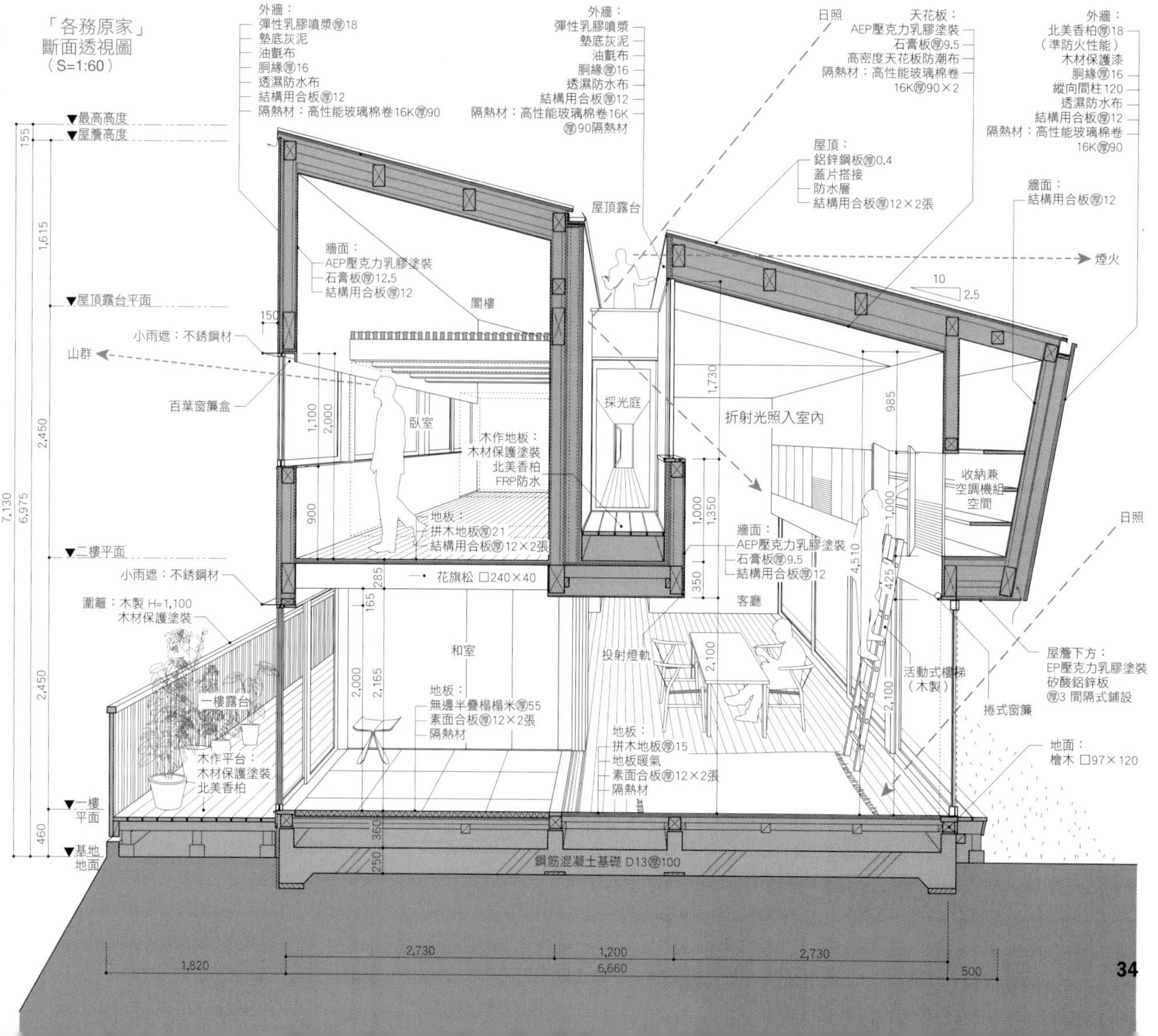

外牆：
彈性乳膠噴漿㊢18
墊底灰泥
油氈布
胴緣㊢16
透濕防水布
結構用合板㊢12
隔熱材：高性能玻璃棉卷16K㊢90
外牆：
彈性乳膠噴漿
墊底灰泥
油氈布
胴緣㊢16
透濕防水布
結構用合板㊢12
隔熱材：高性能玻璃棉卷16K㊢90隔熱材
日照
天花板：
AEP壓克力乳膠塗裝
石膏板㊢9.5
高密度天花板防潮布
隔熱材：高性能玻璃棉卷16K㊢90×2
外牆：
北美香柏㊢18
（準防火性能）
木材保護漆
胴緣㊢16
縱向間柱120
透濕防水布
結構用合板㊢12
隔熱材：高性能玻璃棉卷16K㊢90
屋頂：
鋁鋅鋼板㊢0.4
蓋片搭接
防水層
結構用合板㊢12×2張
牆面：
結構用合板㊢12
屋頂露台
煙火
▼最高高度
▼屋簷高度
▼屋頂露台平面
▼二樓平面
▼一樓平面
▼基地地面
牆面：
AEP壓克力乳膠塗裝
石膏板㊢12.5
結構用合板㊢12
閣樓
小雨遮：不銹鋼材
山群
百葉窗簾盒
臥室
採光庭
折射光照入室內
木作地板：
木材保護塗裝
北美香柏
FRP防水
地板：
拼木地板㊢21
結構用合板㊢12×2張
收納兼
空調機組
空間
日照
牆面：
AEP壓克力乳膠塗裝
石膏板㊢9.5
結構用合板㊢12
小雨遮：不銹鋼材
花旗松 □240×40
圍籬：木製 H=1,100
木材保護塗裝
客廳
和室
投射燈軌
活動式樓梯
（木製）
屋簷下方：
EP壓克力乳膠塗裝
矽酸鋁鋅板
㊢3 間隔式鋪設
捲式窗簾
一樓露台
地板：
無邊半疊榻榻米㊢55
素面合板㊢12×2張
隔熱材
木作平台：
木材保護塗裝
北美香柏
地板：
拼木地板㊢15
地板暖氣
素面合板㊢12×2張
隔熱材
地面：
檜木 □97×120
鋼筋混凝土基礎 D13㊢100
7,130
6,975
155
1,615
2,450
2,450
460
150
1,100
2,000
900
285
165
2,000
2,165
360
250
1,730
985
1,000
1,350
350
4,510
1,000
425
2,100
2,100
10
2.5
1,820
2,730
1,200
2,730
6,660
500

屋頂露台不僅可以望見煙火和遠山，更為
室內和外觀帶來了相當豐富的變化。

1.9 Cherishing the relationship with "mother house"
顧及新舊建物的互動

設計三代同堂的合併式住宅，或計畫在父母親主建物的基地上另建造子女居住的住宅時，尤其必須考量到新建物和主建物之間的互動關係，諸如隱私、日照，乃至窗外可見的風景。

「岡崎家」正是這樣的住宅案例。將外觀設計成刻意壓低高度的單坡屋頂平房，除了想藉此減輕新建物可能帶給主建物的壓迫感外，也是為了避免遮住主建物原本享有的晨間日照和視野，讓主建物仍能繼續享見開闊的藍天美景。

新建物的黃昏景致。刻意壓低了屋頂的高度，並將單坡屋頂朝向西側的主建物。

從主建物正前方的日式庭院望見的新建物。

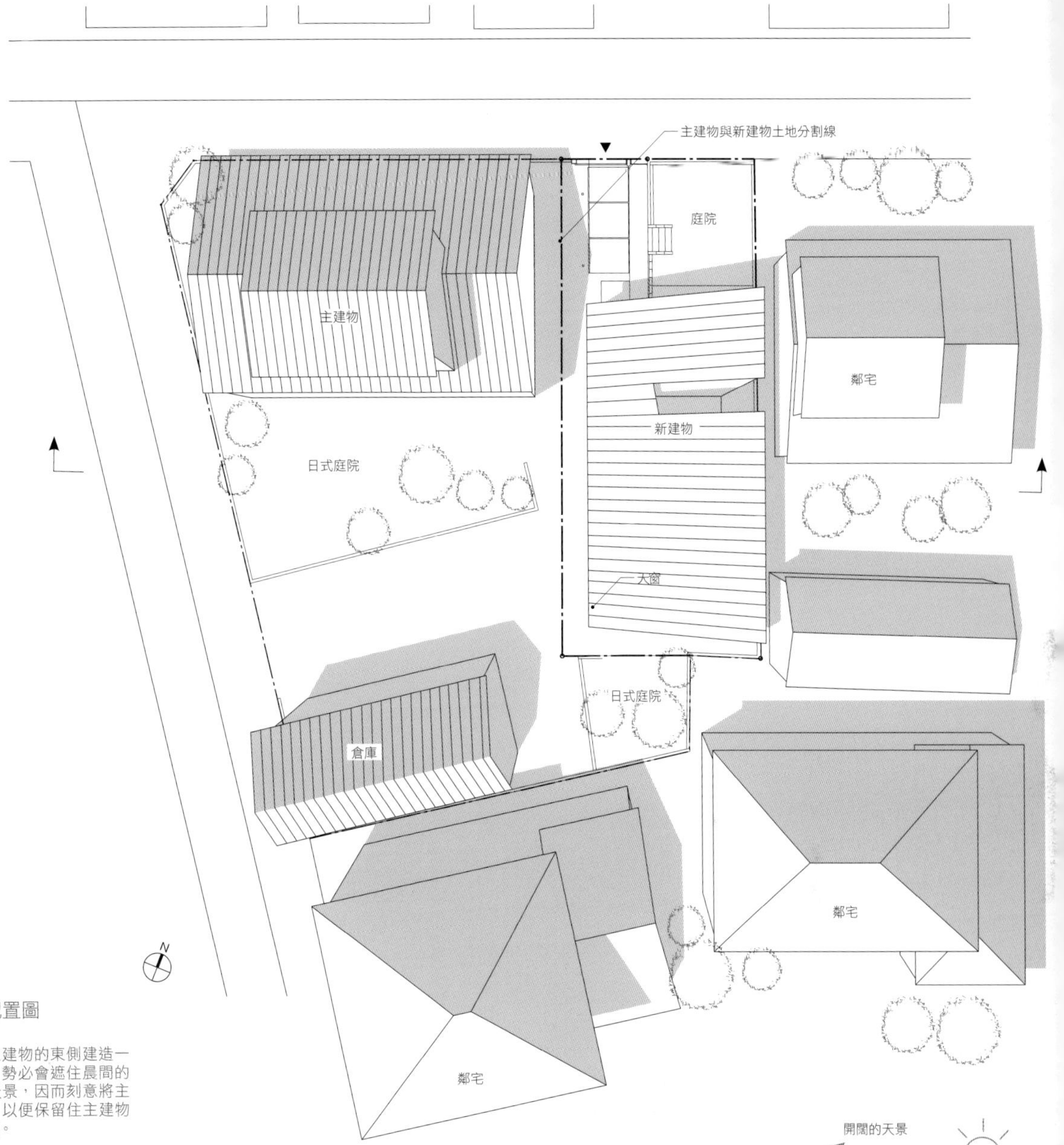
主建物與新建物土地分割線
庭院
主建物
鄰宅
新建物
日式庭院
大窗
日式庭院
倉庫
鄰宅
鄰宅

「岡崎家」配置圖
（S=1:300）

考量到倘若在主建物的東側建造一幢普通的高樓，勢必會遮住晨間的日照和開闊的天景，因而刻意將主建物稍往南移，以便保留住主建物原有的視野景觀。

「岡崎家」斷面透視圖
（S=1:300）

透過單坡屋頂平房的外型設計，壓低高度且減輕對主建物可能產生的壓迫感。新建物的窗口也因考量到西曬和居住者的隱私，刻意完全遮蔽了來自主建物的視線。

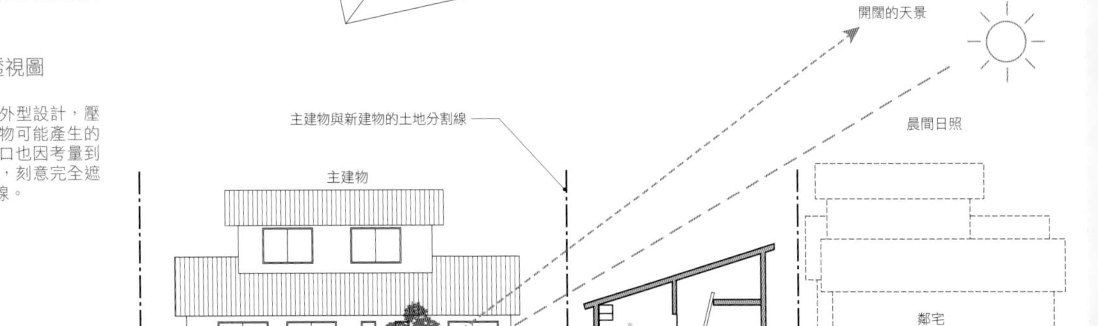
開闊的天景
主建物與新建物的土地分割線
晨間日照
主建物
鄰宅
道路

chapter

2

傾聽「土地」的聲音

Inquire your site

所有的案主在為自己建造住屋之前都必先完成一樁大事，那就是「找地」。絕大多數的案主在尋找的過程中，都會因為心中對於「家」的憧憬和理想而預設條件，在眾多的物件中精挑細選。遺憾的是，現實往往事與願違，幾乎每一個人都很難物色到一處真正理想的土地。而這時候也正是建築設計師發揮所長、一顯身手的時候，透過大大小小的設計手法和概念，協助案主更趨近於他們的嚮往。

土地的狀況繁多，好比說平地和坡地的建造方法便完全不同；土地的形狀有方正、有畸形（譬如呈L字形或三角形）、有的狹長，也各有各的建法。此外，例如臨路的方向朝南或朝北、是否是轉角地，乃至一般人相當陌生的土地法規限制等等，即便形狀相同的兩塊基地，狀況卻可能完全不同。

如前所述，在正式著手設計之初，我們一定會親自站在基地上觀察四周狀況和鄰近道路。可能的話，也會試著站在鄰地上，從基地外圍感受案主真正的需求。之後再彙整出這塊土地的加分點和減分點。當基地屬狹長形時，我們還會特別留意它的境界線，慎重考量建物和地界之間的設計，亦即室外空間的設計。因為我們認為，基地內建物內外的區分絕非取決於屋頂的有無；住屋的設計必須著重整體，兼顧室內和室外才行。倘若只管設計室內，而忽視了室外的影響，絕不可能將基地的優點發揮到極致。

要言之，要將土地的潛能極大化，必須從設計的初期階段便經常意識到基地地界的存在，按部就班，留意內外所有的細節。

2.1 Polyhedron exterior due to setback regulation

考量上空和街道——

斜線限制下的多面體建築

設計都會區的住宅時，難度最高的任務無非就是要在有限的土地面積上，既符合斜線限制（包括道路限制和日照限制），又能取得最大的使用面積和空間。在這樣的限制前提下，是否能夠設計出一個漂亮美觀的多面體，端賴建築設計師的設計心態和個人的功力。任何一位道地的建築設計師絕不會只是任憑法規的限制，草草訂出形狀就開始大興土木。

住屋外觀的形狀必須在符合斜線限制的前提下取得最大的使用空間，同時還得讓它完整好看。

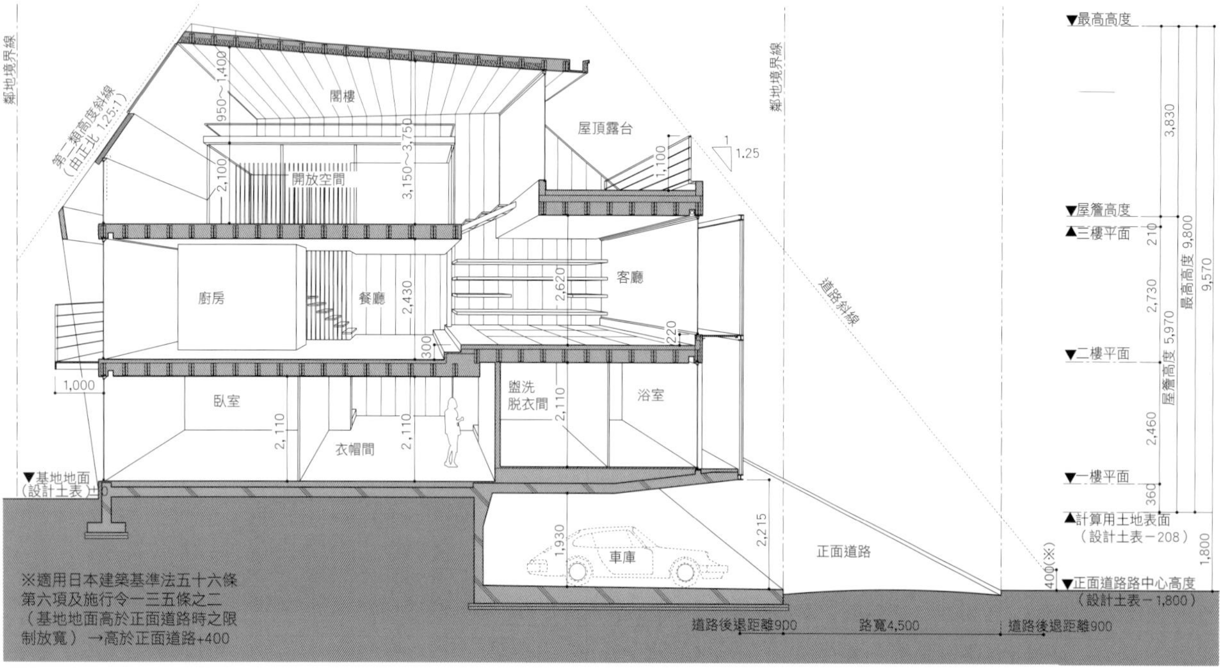

「鐵家」斷面透視圖（S=1:150）

斜線限制：根據日本建築基準法所定之建物高度限制，分為道路限制、日照限制等。

從二樓客廳望向餐廳和廚房的光景。穿過客廳上方的局部挑高，可清楚望見三樓室內的開放空間。

2.2 Additive box form exterior due to total sky amount regulation

考量上空和街道——

藉天空率保全完整造型

在日本有個可以放寬斜線限制的方法，即所謂「天空率」。藉由天空率，即可達成原本因斜線限制所無法建造的高度。顧名思義，天空率係指建物所佔的天空比例，透過此一比例限制建物的高度。天空率最大的好處在於，可以免於因為斜線限制，造成街道處處充斥著斜角的建築。也正因如此，天空率經常被運用在樓層較高的建物。換言之，天空率也是考量街區景觀不可輕視的重要方法。

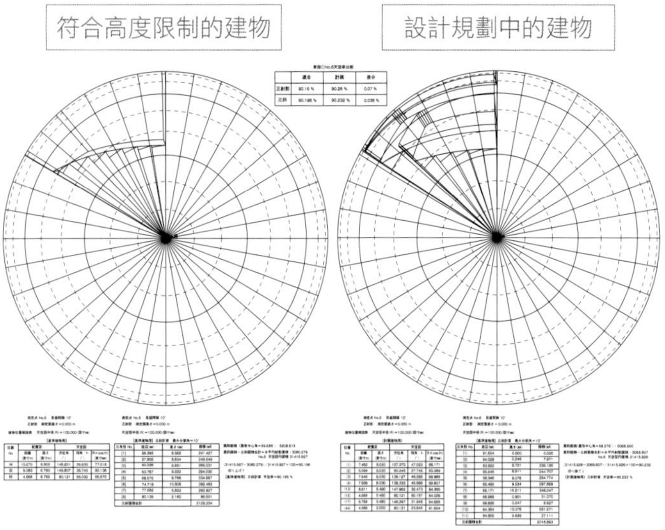

天空率係由測量點垂直仰望所看見的天空比例，當符合高度限制建物的天空率≦設計規劃中建物的天空率時，即可放寬斜線限制

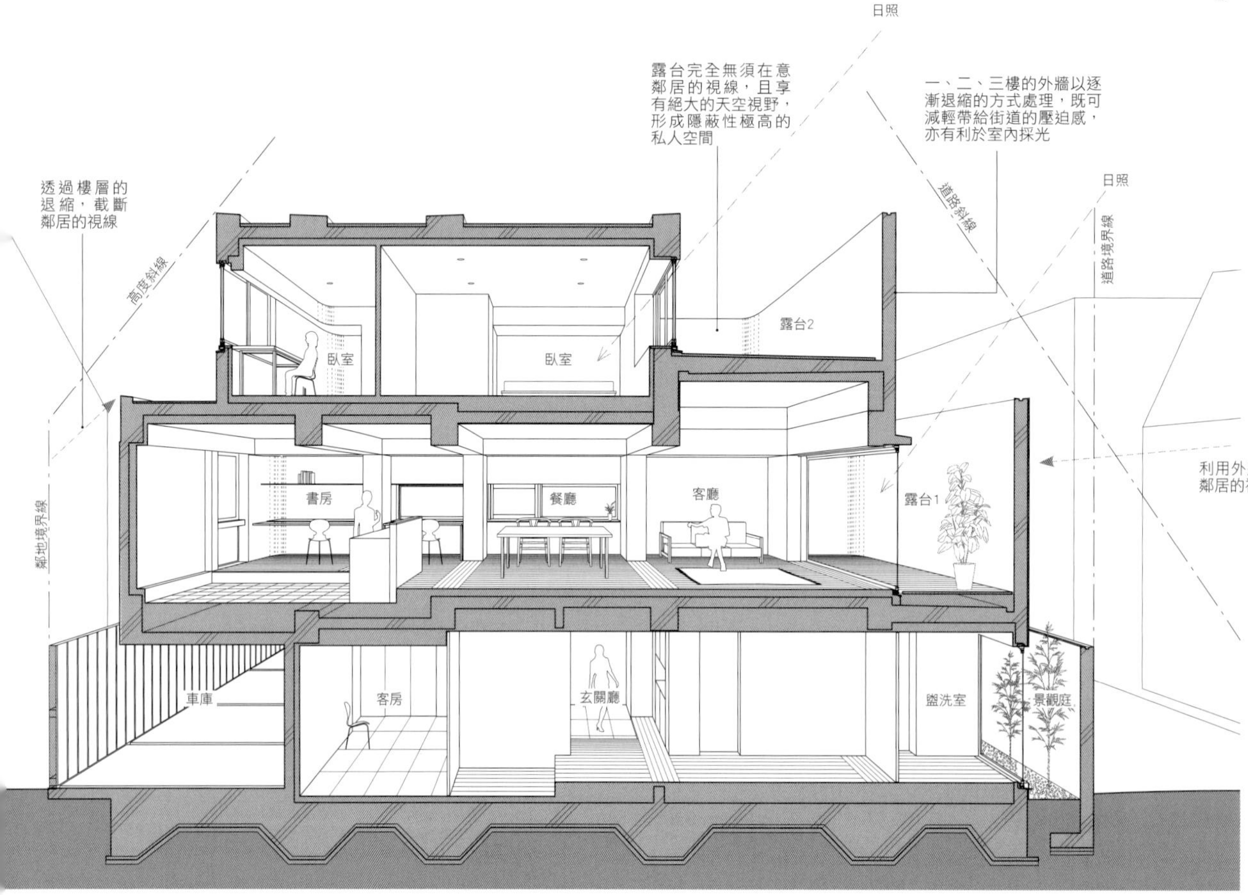

「神樂坂家」B-B' 斷面透視圖（S=1:100）

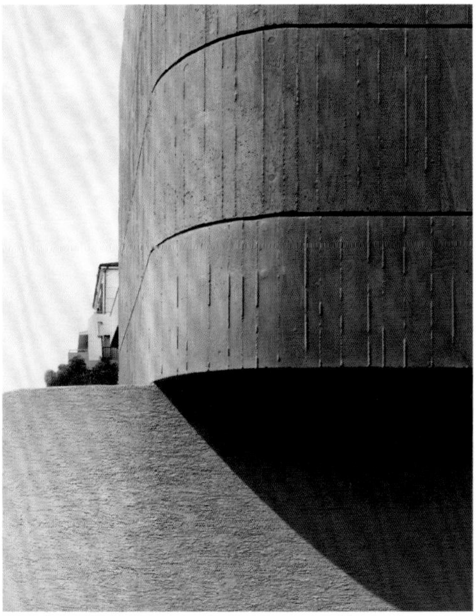

以柳安木合板的格柵板模做成弧形的外牆。

外觀除將邊角做成弧形外，亦採用天空率解除相對較為嚴苛的道路限制。

從廚房望向餐廳和客廳的光景。正對面是來自露台 1 的採光。

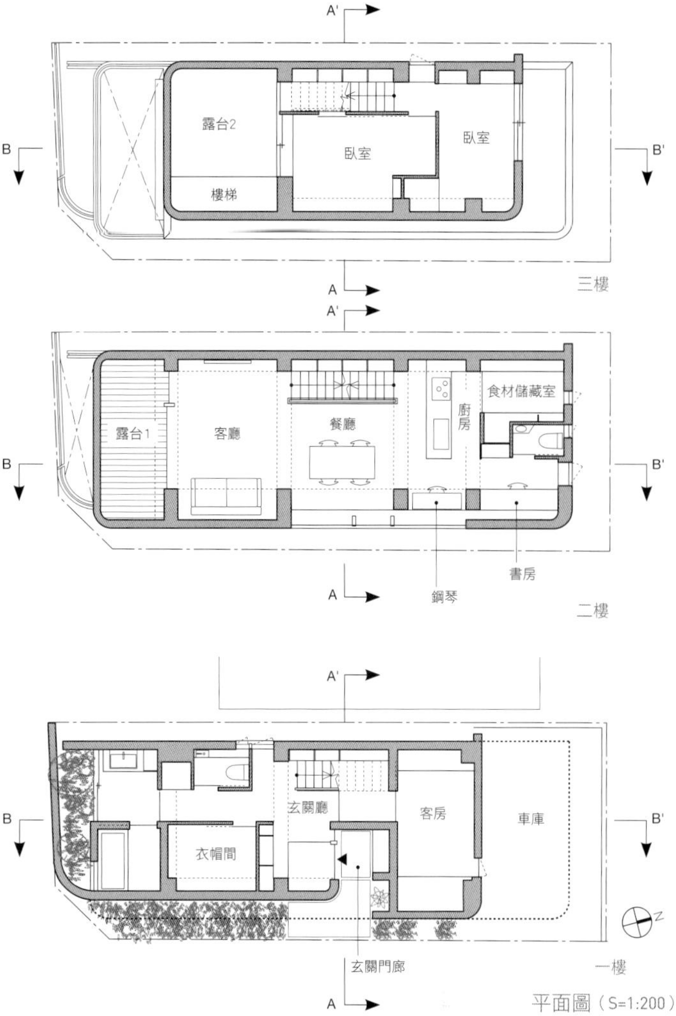
A'
B
B'
A
露台2
樓梯
臥室
臥室
三樓
露台1
客廳
餐廳
廚房
食材儲藏室
鋼琴
書房
二樓
衣帽間
玄關廳
客房
車庫
玄關門廊
一樓

平面圖（S=1:200）

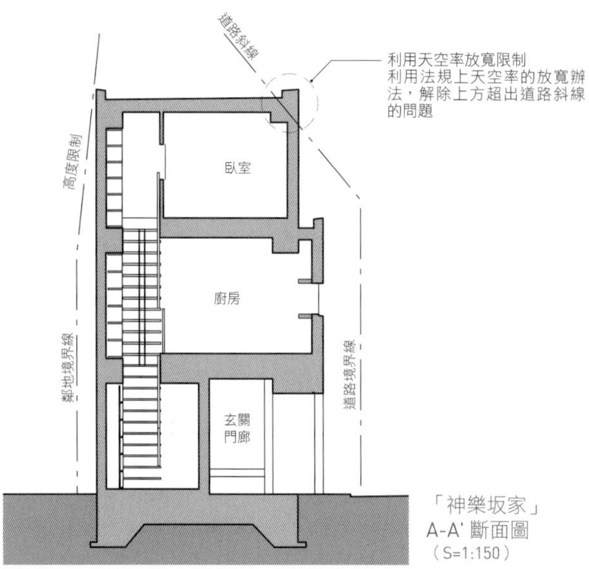
道路斜線
利用天空率放寬限制
利用法規上天空率的放寬辦法，解除上方超出道路斜線的問題
高度限制
臥室
廚房
玄關
門廊
鄰地境界線
道路境界線

「神樂坂家」
A-A' 斷面圖
（S=1:150）

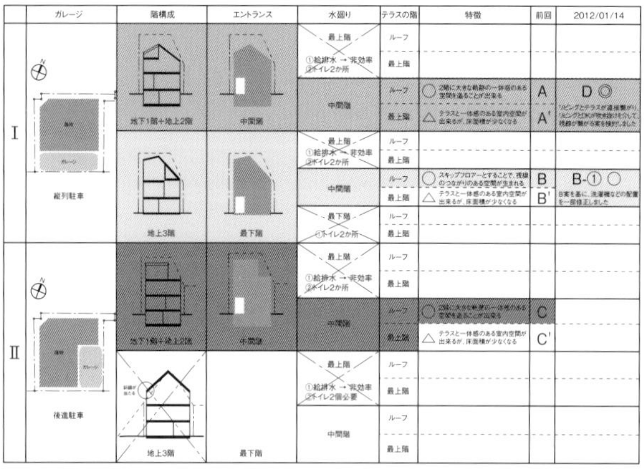

設計方案表的局部。為了找出最合適的方案，必須預先設想出所有的可能。

透過模型設想最合適的方案。

2.3 Urban infill housing is a 3D puzzle
以立體拼圖思考都市住宅

在寸土寸金的東京都會區選購土地時，一般人會以個人需要的室內面積推算出土地面積大小，少數人則會以開挖地下室作為前提，選擇購買極小面積的土地。要在異常狹小的基地上建造房屋，有點像在完成一塊立體拼圖，拼圖包括地下室的開挖方式、車庫是否內嵌在建物內、停車的方式，以及建物的外型等等。即便不同的兩位案主所需要的室內使用面積和土地面積，甚至土地相關的法規限制完全相同，仍可能因為土地的形狀、方位、臨路狀況和週邊環境等條件的不同，而改變定案，幾乎不可能出現可以直接套用的設計方案模組。

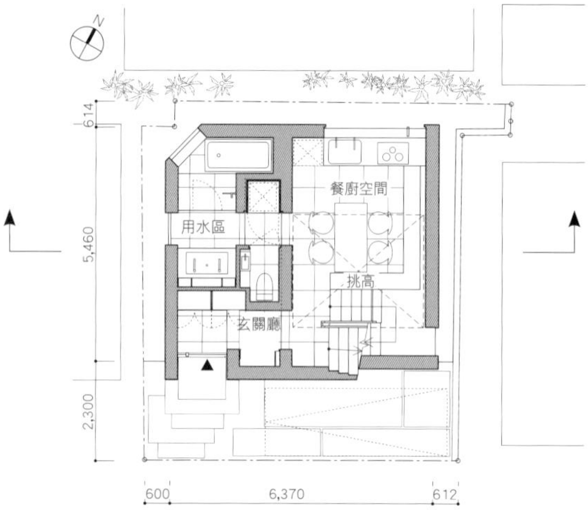

「白金家」最終定案（S=1:200）

主建物緊貼北側鄰地，車庫的方向與道路平行，北側的窗口則借景鄰宅的植栽。

夕陽時分從陽台望向客廳的光景。

透過挑高由陽台為餐廚空間採光。

由客廳望向挑高區的光景。左上方的強光來自北側陽台的陽光折射，光線極為柔和。

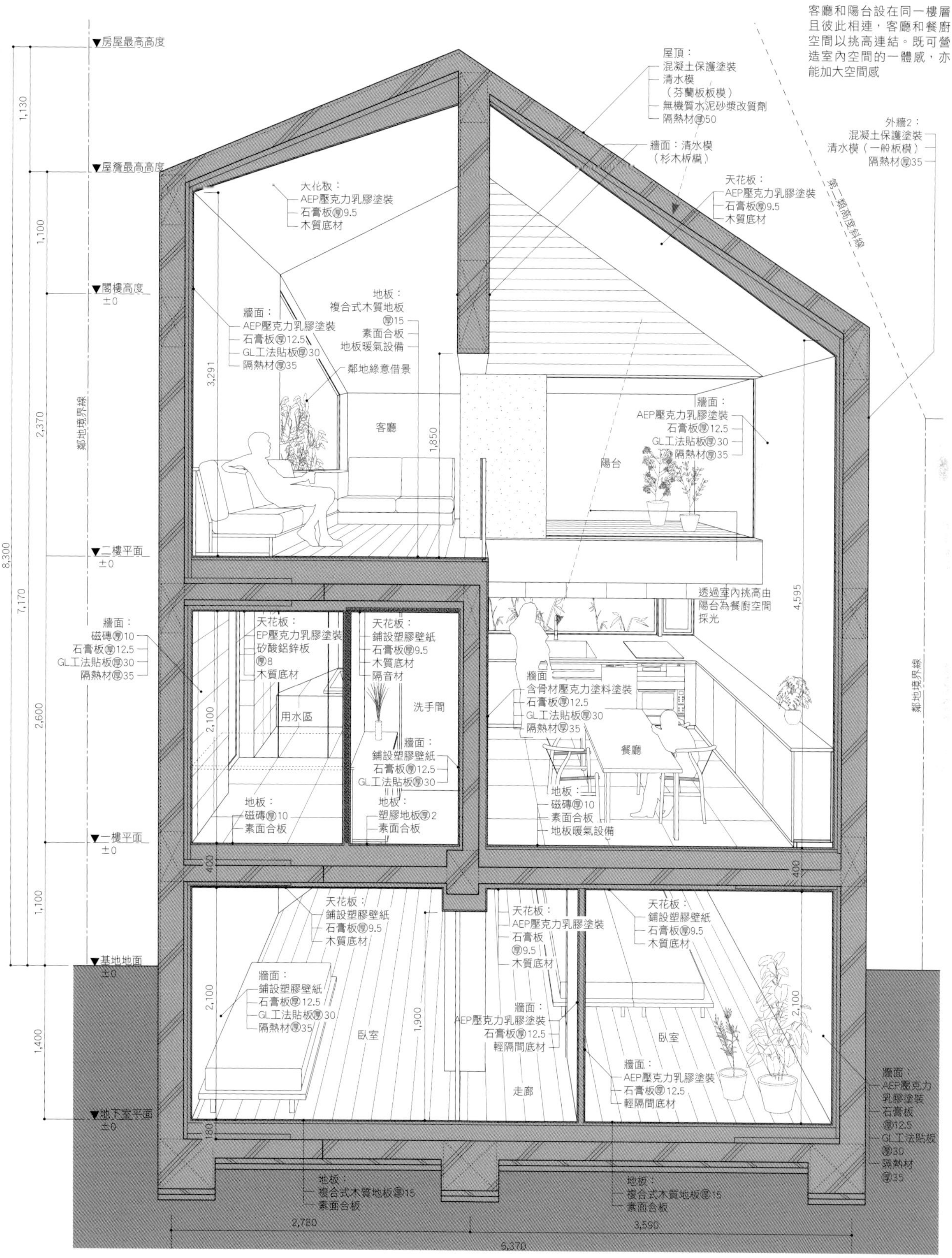
客廳和陽台設在同一樓層且彼此相連，客廳和餐廚空間以挑高連結。既可營造室內空間的一體感，亦能加大空間感
▼房屋最高高度
▼屋簷最高高度
▼閣樓高度
±0
▼二樓平面
±0
▼一樓平面
±0
▼基地地面
±0
▼地下室平面
±0
1,130
1,100
2,370
8,300
7,170
2,600
1,100
1,400
3,291
1,850
4,595
2,100
2,100
1,900
2,100
400
400
180
2,780
3,590
6,370
鄰地境界線
鄰地境界線
第一種高度斜線
屋頂：
混凝土保護塗裝
清水模
（芬蘭板板模）
無機質水泥砂漿改質劑
隔熱材厚50
牆面：清水模
（杉木板模）
外牆2：
混凝土保護塗裝
清水模（一般板模）
隔熱材厚35
天花板：
AEP壓克力乳膠塗裝
石膏板厚9.5
木質底材
天花板：
AEP壓克力乳膠塗裝
石膏板厚9.5
木質底材
牆面：
AEP壓克力乳膠塗裝
石膏板厚12.5
GL工法貼板厚30
隔熱材厚35
地板：
複合式木質地板
厚15
素面合板
地板暖氣設備
鄰地綠意借景
客廳
牆面：
AEP壓克力乳膠塗裝
石膏板厚12.5
GL工法貼板厚30
隔熱材厚35
陽台
透過室內挑高由陽台為餐廚空間採光
牆面：
磁磚厚10
石膏板厚12.5
GL工法貼板厚30
隔熱材厚35
天花板：
EP壓克力乳膠塗裝
矽酸鋁鋅板
厚8
木質底材
用水區
天花板：
鋪設塑膠壁紙
石膏板厚9.5
木質底材
隔音材
洗手間
牆面：
鋪設塑膠壁紙
石膏板厚12.5
GL工法貼板厚30
地板：
磁磚厚10
素面合板
地板：
塑膠地板厚2
素面合板
牆面
含骨材壓克力塗料塗裝
石膏板厚12.5
GL工法貼板厚30
隔熱材厚35
餐廳
地板：
磁磚厚10
素面合板
地板暖氣設備
天花板：
鋪設塑膠壁紙
石膏板厚9.5
木質底材
牆面：
鋪設塑膠壁紙
石膏板厚12.5
GL工法貼板厚30
隔熱材厚35
臥室
天花板：
AEP壓克力乳膠塗裝
石膏板
厚9.5
木質底材
牆面：
AEP壓克力乳膠塗裝
石膏板厚12.5
輕隔間底材
走廊
天花板：
鋪設塑膠壁紙
石膏板厚9.5
木質底材
臥室
牆面：
AEP壓克力乳膠塗裝
石膏板厚12.5
輕隔間底材
牆面：
AEP壓克力
乳膠塗裝
石膏板
厚12.5
GL工法貼板
厚30
隔熱材
厚35
地板：
複合式木質地板厚15
素面合板
地板：
複合式木質地板厚15
素面合板

「白金家」斷面透視圖（S=1:50）

2.4 Utilize small site to its MAX!

樓層內縮創造斜壁停車場

要在一塊面積不大的土地上建造房屋，「蓋滿」幾乎勢所難免。不過恐怕很難把客廳、餐廳、廚房設在同一樓層，大多情況也不太可能設置綠意盎然的庭院。甚至連室內車庫的設置可能性也近乎於零。

「白金家」正是一個典型案例。倘若硬要設置室內車庫，肯定會限縮室內生活空間，因此在把停車空間設在屋外的前提下，為了增加二樓的地板面積，我們決定在建物的正面下方切割出一塊正好足夠停車的斜壁停車位。也因為室內各樓層參差隔間的設計形式，若採用木造，長時間容易變形不耐久，但若改採鋼筋混凝土打造，即可完全化解此一危機。也正因為我們充分運用了鋼筋混凝土的優點，才終於為「白金家」打造出極具個性的室內空間和外觀造型。同時透過屋頂露台向鄰地的綠意借景，形成一幢將基地空間發揮到極致的住屋空間。

右／別緻的天花板造型源自法規上的斜線限制。窗口係根據基地的形狀而設，並且借景於鄰居的綠意。
左上／建物的外觀。建造前充分考量到緊貼在基地四周的鄰宅，最後大膽採以封閉式設計，並由屋頂露台採光。
左下／從樓梯轉角空間望向客廳和書房的光景。

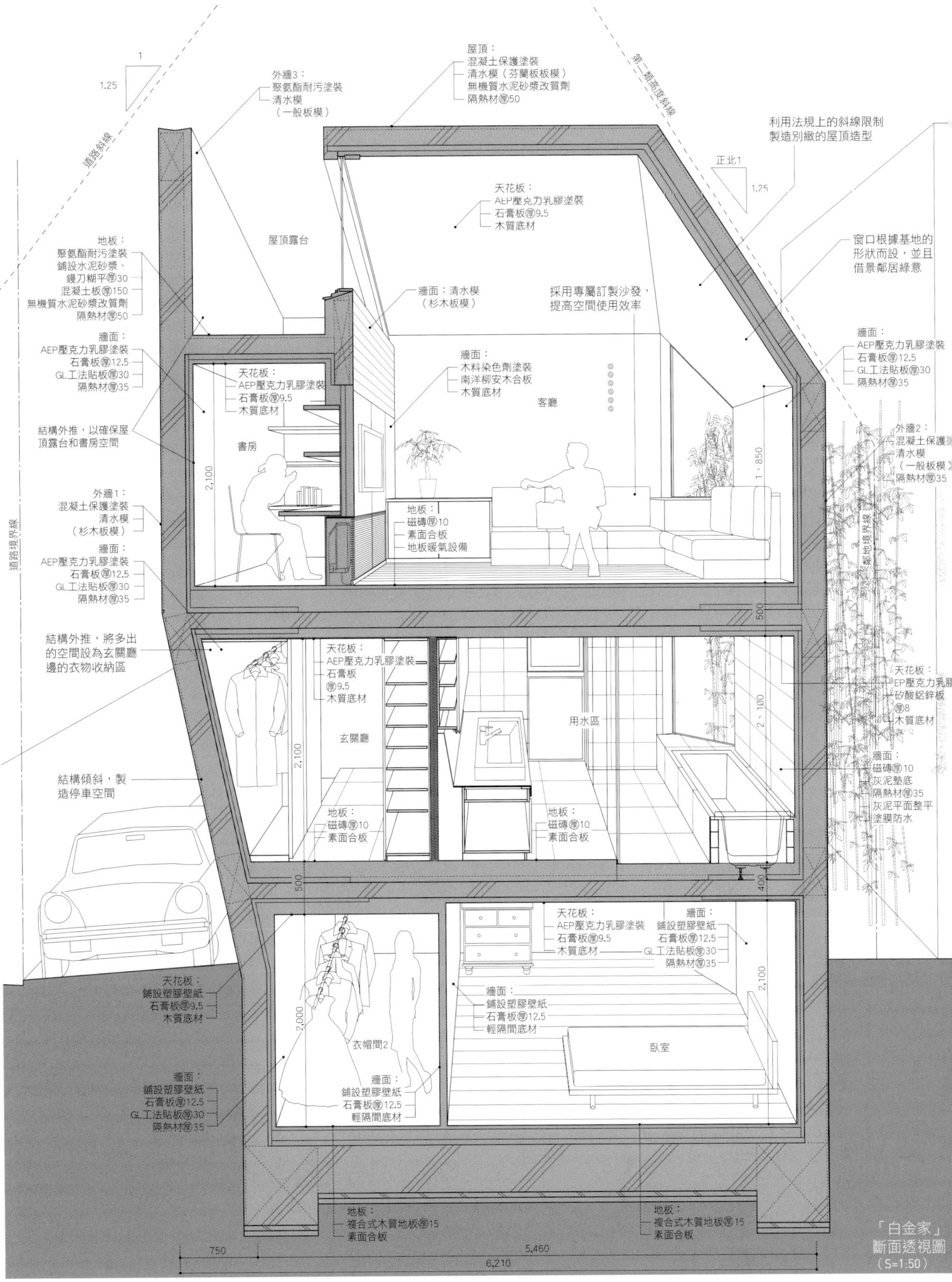

1
1.25
道路斜線
外牆3：
聚氨酯耐污塗裝
清水模
（一般板模）
屋頂：
混凝土保護塗裝
清水模（芬蘭板板模）
無機質水泥砂漿改質劑
隔熱材㊞50
第一種高度斜線
利用法規上的斜線限制
製造別緻的屋頂造型
正北1
1.25
天花板：
AEP壓克力乳膠塗裝
石膏板㊞9.5
木質底材
屋頂露台
窗口根據基地的
形狀而設，並且
借景鄰居綠意
地板：
聚氨酯耐污塗裝
鋪設水泥砂漿、
鏝刀糊平㊞30
混凝土板㊞150
無機質水泥砂漿改質劑
隔熱材㊞50
牆面：清水模
（杉木板模）
採用專屬訂製沙發，
提高空間使用效率
牆面：
AEP壓克力乳膠塗裝
石膏板㊞12.5
GL工法貼板㊞30
隔熱材㊞35
牆面：
木料染色劑塗裝
南洋柳安木合板
木質底材
牆面：
AEP壓克力乳膠塗裝
石膏板㊞12.5
GL工法貼板㊞30
隔熱材㊞35
天花板：
AEP壓克力乳膠塗裝
石膏板㊞9.5
木質底材
客廳
結構外推，以確保屋
頂露台和書房空間
書房
2,100
1,850
外牆2：
混凝土保護
清水模
（一般板模）
隔熱材㊞35
外牆1：
混凝土保護塗裝
清水模
（杉木板模）
地板：
磁磚㊞10
素面合板
地板暖氣設備
道路境界線
牆面：
AEP壓克力乳膠塗裝
石膏板㊞12.5
GL工法貼板㊞30
隔熱材㊞35
鄰地境界線
500
結構外推，將多出
的空間設為玄關廳
邊的衣物收納區
天花板：
AEP壓克力乳膠塗裝
石膏板
㊞9.5
木質底材
天花板：
EP壓克力乳
矽酸鋁鋅板
㊞8
木質底材
用水區
2,100
玄關廳
2,100
結構傾斜，製
造停車空間
牆面：
磁磚㊞10
灰泥墊底
隔熱材㊞35
灰泥平面整平
塗膜防水
地板：
磁磚㊞10
素面合板
地板：
磁磚㊞10
素面合板
500
400
天花板：
AEP壓克力乳膠塗裝
石膏板㊞9.5
木質底材
牆面：
鋪設塑膠壁紙
石膏板㊞12.5
GL工法貼板㊞30
隔熱材㊞35
天花板：
鋪設塑膠壁紙
石膏板㊞9.5
木質底材
牆面：
鋪設塑膠壁紙
石膏板㊞12.5
輕隔間底材
2,100
2,000
衣帽間2
臥室
牆面：
鋪設塑膠壁紙
石膏板㊞12.5
GL工法貼板㊞30
隔熱材㊞35
牆面：
鋪設塑膠壁紙
石膏板㊞12.5
輕隔間底材
地板：
複合式木質地板㊞15
素面合板
地板：
複合式木質地板㊞15
素面合板
750
5,460
6,210

「白金家」
斷面透視圖
（S=1:50）

2.5 Slender site stays slender

善用狹長基地延伸空間

遇到狹長形的基地，通常我們會毫不猶豫地採取針對狹長基地的特有設計手法。以「櫻丘家」為例，先將停車空間旁邊剩餘的狹長空間設為浴室和盥洗室，再由此順勢延伸出用水區域（廚房和洗手間），設計成一般密集住宅區所難以想像、正對景觀庭且採光充足的用水空間；當然，也充分考量隱私和通風等細節。用水區上方是個隱蔽陽台，既保護居住者的隱私，也善用了基地狹長的特性，形成了最高品質的空間配置。

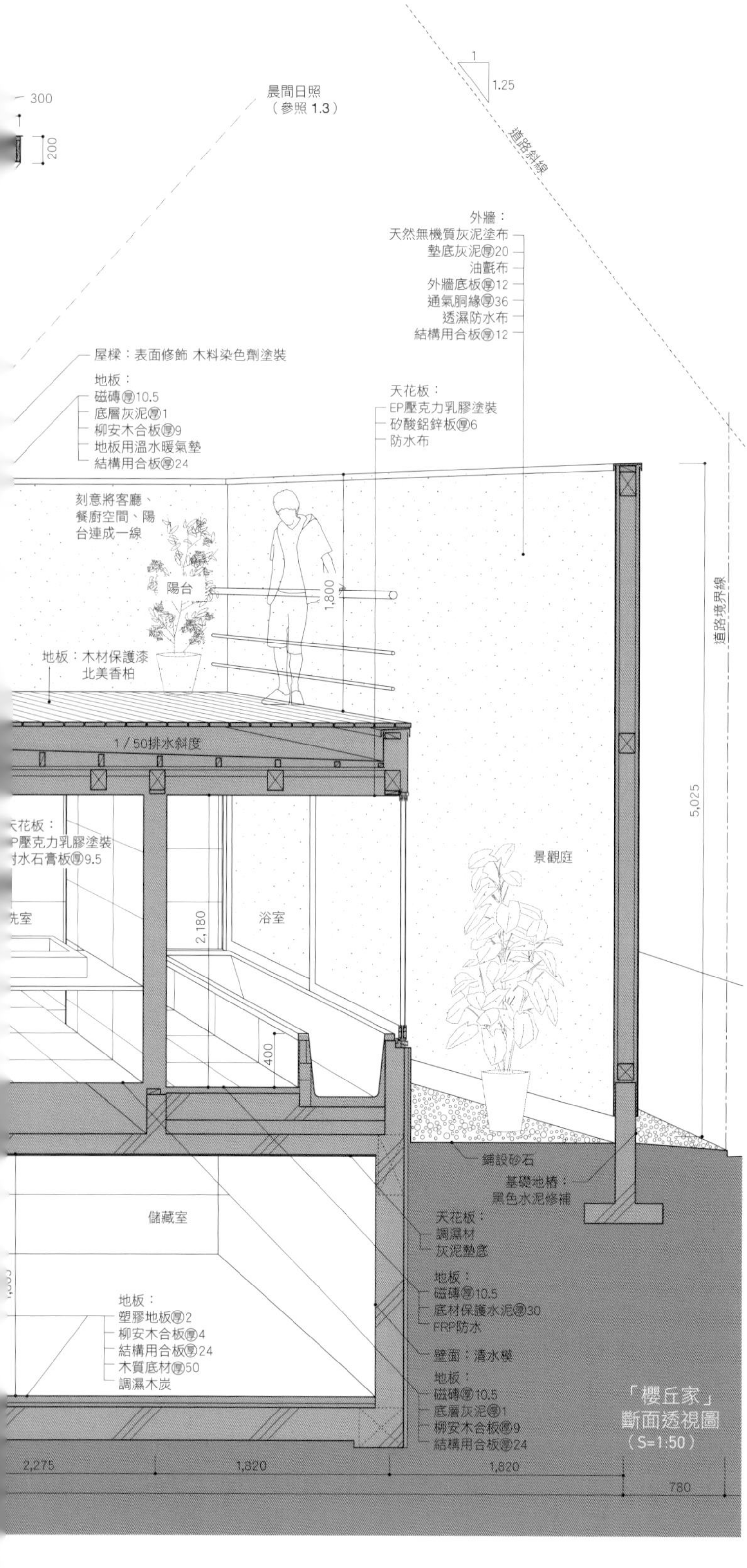

「櫻丘家」
斷面透視圖
（S=1:50）

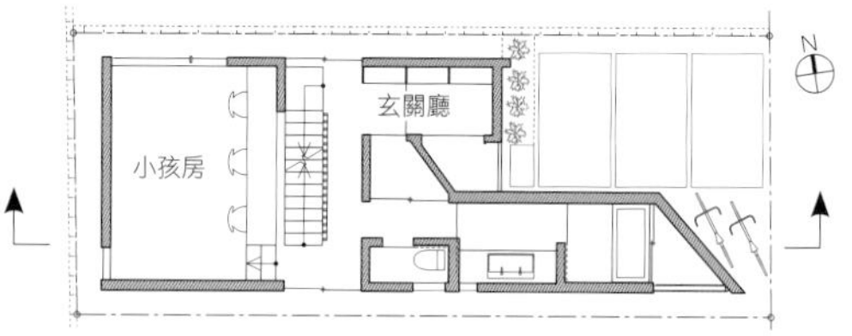

「櫻丘家」平面圖（S=1:250）

右上／從二樓客廳望向陽台的光景。 右下／盥洗室。穿過浴室，外頭是景觀庭。 左上／從餐廳望向客廳的光景。左下／建物外觀。

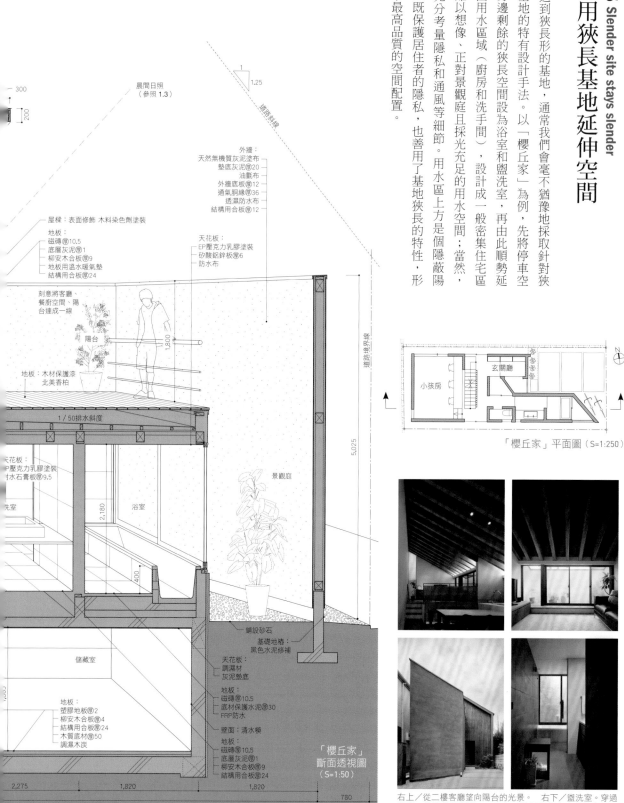

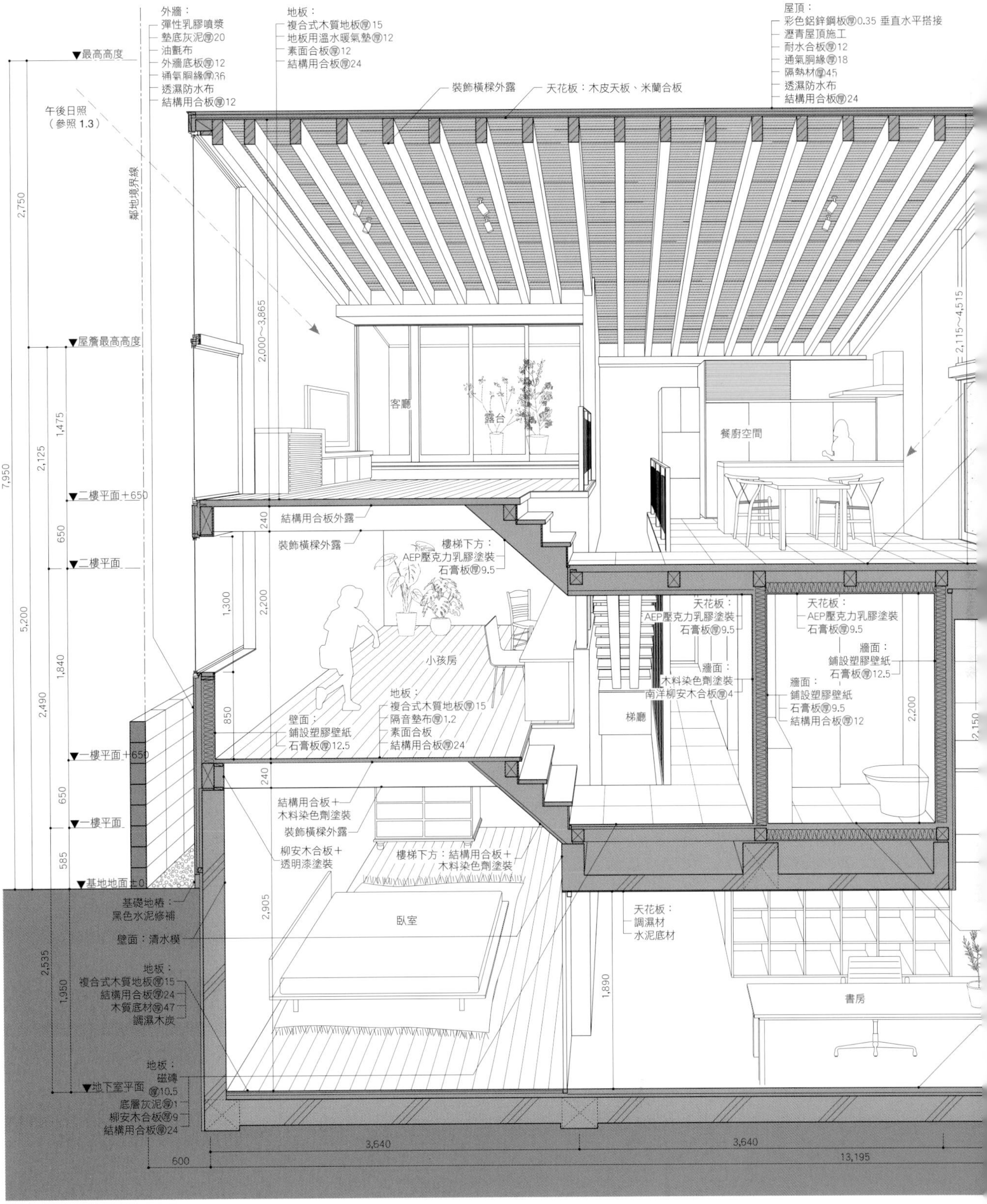

外牆：
彈性乳膠噴漿
墊底灰泥⑮20
油氈布
外牆底板⑮12
通氣胴緣⑮36
透濕防水布
結構用合板⑮12
地板：
複合式木質地板⑮15
地板用溫水暖氣墊⑮12
素面合板⑮12
結構用合板⑮24
屋頂：
彩色鋁鋅鋼板⑮0.35 垂直水平搭接
瀝青屋頂施工
耐水合板⑮12
通氣胴緣⑮18
隔熱材⑮45
透濕防水布
結構用合板⑮24
裝飾橫樑外露
天花板：木皮天板、米蘭合板
▼最高高度
午後日照
（參照 1.3）
鄰地境界線
▼屋簷最高高度
▼二樓平面＋650
▼二樓平面
▼一樓平面＋650
▼一樓平面
▼基地地面±0
▼地下室平面
客廳
露台
餐廚空間
結構用合板外露
裝飾橫樑外露
樓梯下方：
AEP壓克力乳膠塗裝
石膏板⑮9.5
小孩房
天花板：
AEP壓克力乳膠塗裝
石膏板⑮9.5
牆面：
木料染色劑塗裝
南洋柳安木合板⑮4
梯廳
天花板：
AEP壓克力乳膠塗裝
石膏板⑮9.5
牆面：
鋪設塑膠壁紙
石膏板⑮12.5
牆面：
鋪設塑膠壁紙
石膏板⑮9.5
結構用合板⑮12
地板：
複合式木質地板⑮15
隔音墊布⑮1.2
素面合板
結構用合板⑮24
壁面：
鋪設塑膠壁紙
石膏板⑮12.5
結構用合板＋
木料染色劑塗裝
裝飾橫樑外露
柳安木合板＋
透明漆塗裝
樓梯下方：結構用合板＋
木料染色劑塗裝
基礎地樁：
黑色水泥修補
壁面：清水模
臥室
天花板：
調濕材
水泥底材
書房
地板：
複合式木質地板⑮15
結構用合板⑮24
木質底材⑮47
調濕木炭
地板：
磁磚
⑮10.5
底層灰泥⑮1
柳安木合板⑮9
結構用合板⑮24
7,950
2,750
2,125
1,475
650
5,200
1,300
1,840
2,490
850
650
585
2,535
1,950
2,000～3,865
240
2,200
240
2,905
1,890
2,115～4,515
2,200
2,150
3,640
3,640
600
13,195

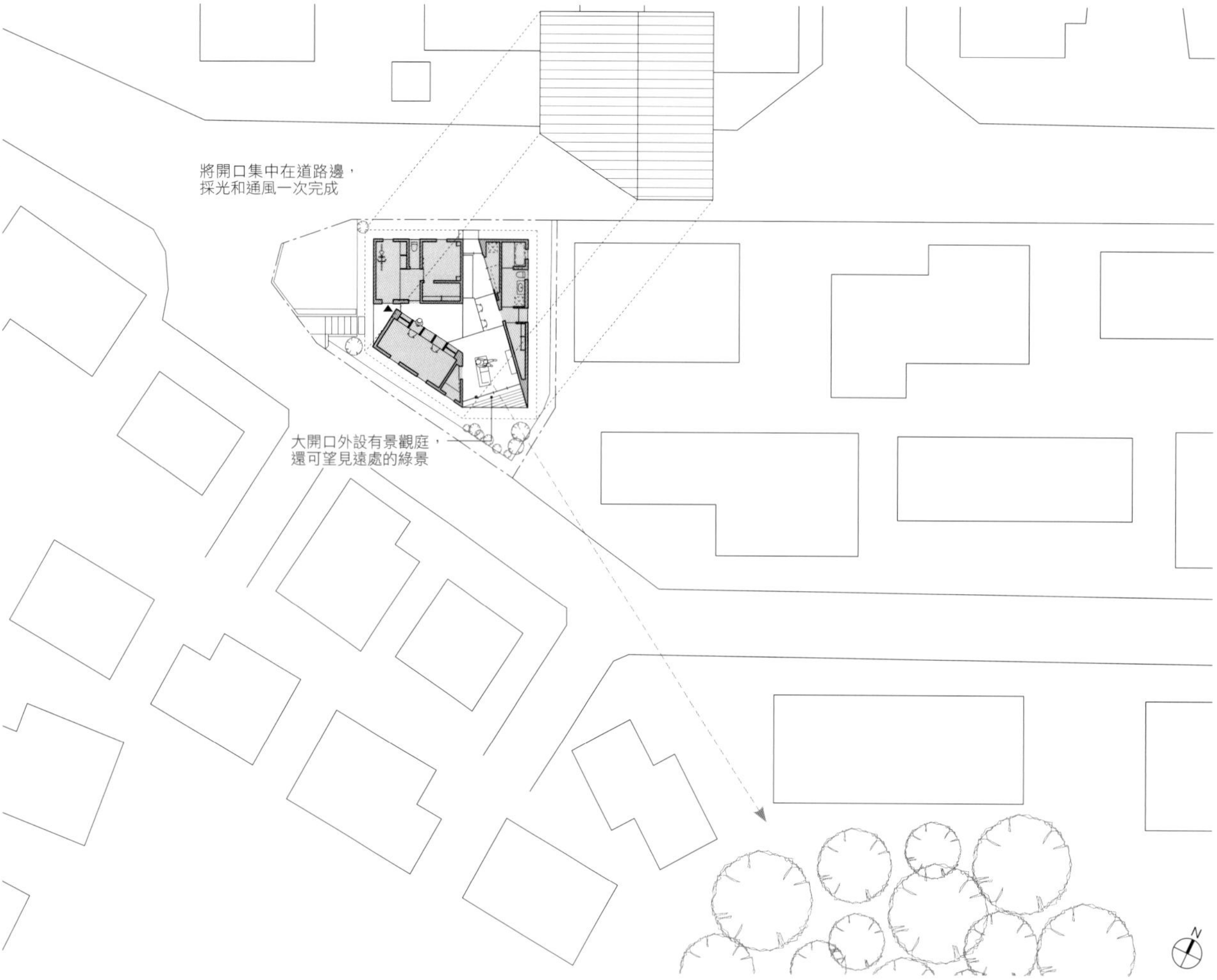
將開口集中在道路邊，
採光和通風一次完成
大開口外設有景觀庭，
還可望見遠處的綠景

「成瀨家」週邊配置圖（S=1:500）

2.6 Asymmetric charisma
順應畸零地形打造個性宅

相較於形狀方正的基地，畸零地形（L形、三角形或多邊形）其實更能發揮建築設計師的實力。一般而言，只要稍為觀察，定能發掘其中獨特的個性，進而設計出別具特色的住屋空間。也因為畸零地形的設計軸線不只一條，能夠採用的建法和窗口的方向自然也不只一種，當中也必然隱藏著更多設計的可能。

當基地形狀歪斜、多邊又高低不平時，必然會影響到房屋內部的空間設計和家具擺設的方式。「成瀨家」便是在特有地形地勢上打造的個性住宅。

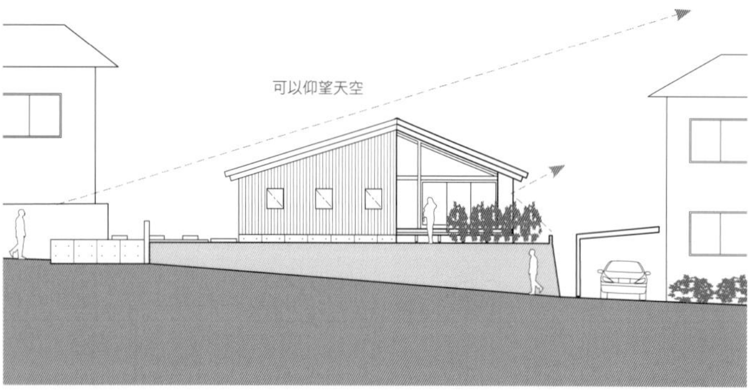
可以仰望天空

「成瀨家」立面圖（S=1:300）

利用和道路間的高低差與植栽，截斷來自外部的視線。刻意壓低從三叉路望向建物的高度，目的是為了擴大天景，降低視覺上的壓迫感。

主要的採光來自北側窗口，為了截斷午後西曬，將西側窗口縮到最小。

利用和道路間的高低差與植栽，截斷來自外部的視線。

外觀採用單純的雙坡屋頂。

從玄關也能直接穿越客廳望見大開口外遠處的綠意。

平房的優點在於可以輕易連結內外，打造極為舒適的居住空間。

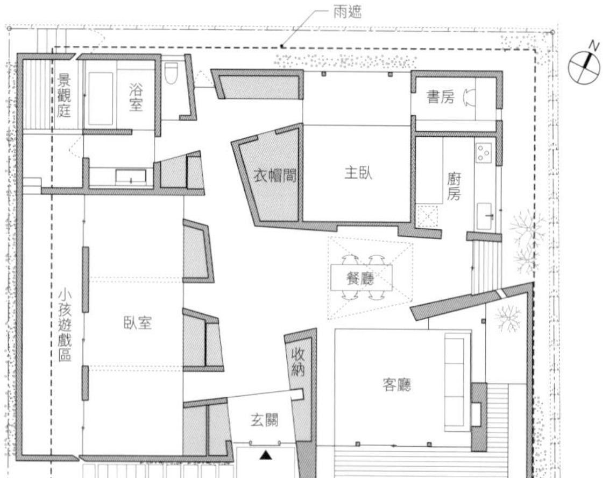

雨遮
N
景觀庭
浴室
書房
衣帽間
主臥
廚房
餐廳
小孩遊戲區
臥室
收納
客廳
玄關
水庭

「赤塚家」
平面圖
（S=1:250）

2.7 Yup, let's make it wide and broad

沒錯，平房的優點無可取代！

當案主的基地夠大的時候，我們直覺想到，是否可能用一般小型基地所辦不到的設計手法來打造。手法之一正是「平房」。透過獨棟的平房設計，創造出有別於單層公寓的特色和個性。住在一樓和住在二、三樓最大的不同點在於和土地的親密性，獨棟的一樓平房也無須介意樓上住戶，可以任意設計天花板。要言之，即便基地位在住宅密集的都會區，只要案主預算沒問題，我們一定會思考平房的可行性。

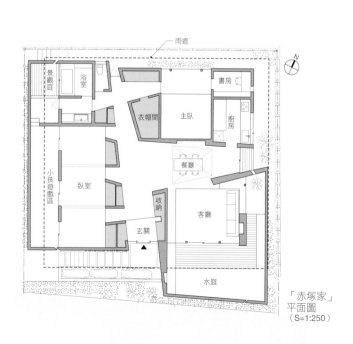

2.8 Doubt the obvious

坡地住屋的水平設計

看似平坦的土地一經測量，可能會發現它其實是塊坡地，說不定坡度還超乎想像的大。坡度高低差和住屋地板平面，勢必會影響到整棟住屋的設計形式，譬如可以藉此製造內外之間的連續性，或者窗外的視野景觀，以及窗內的隱密性。倘若在室內局部保留土地高低差，還可能營造出和全平面地板全然不同的空間氛圍。

就斷面來看，「岡崎家」的南北兩個庭院高度相差約六〇厘米。最終我們決定以二〇厘米的連續高低差，將室內切分開來，讓在廚房做飯、在餐廳用餐、在客廳休息，乃至坐在臥室床上讀書的居住者，視線在同一條水平線上。如此一來，不僅營造空間的整體感，也為原本單調的大套房式設計帶來更有趣的視覺感受和變化。

從廚房望向客廳的光景。採用大套房式設計，同時運用基地的高低差，創造極具變化的室內空間。

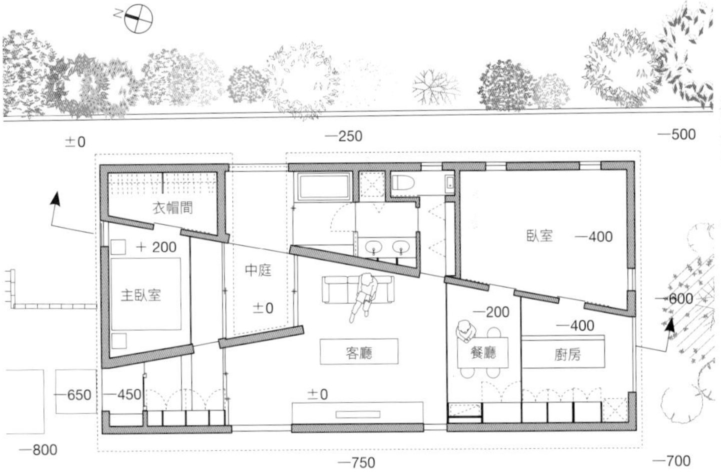

N
±0
−250
−500
衣帽間
+200
主臥室
中庭
±0
臥室
−400
−600
−200
−400
客廳
餐廳
廚房
−650
−450
±0
−800
−750
−700

「岡崎家」平面圖（S=1:200）

位在基地邊陲的主臥室，隔著中庭，和客廳保持著似遠還近的距離。

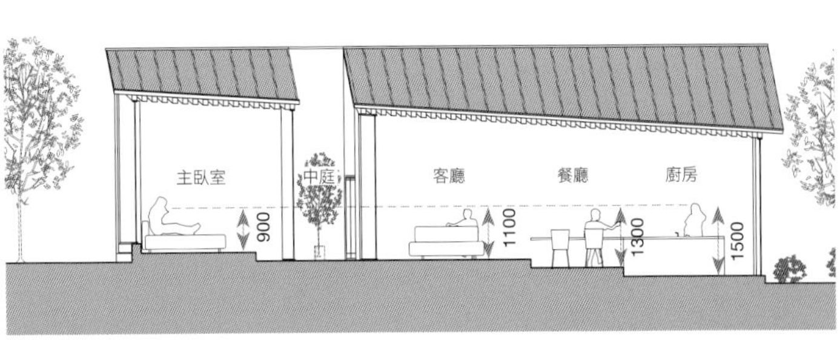

主臥室
中庭
客廳
餐廳
廚房
900
1100
1300
1500

「岡崎家」斷面圖（S=1:200）

2.9 Above-grade basement
地面上的地下室

許多由山坡地開挖而成的基地，基地地面往往會比道路平面高出約一至兩米，要在這類土地上建造房屋，選擇性會比一般基地豐富得多（譬如玄關位置或樓層結構等）。當案主需要的使用面積較大時，一般建築設計師多會透過地下室取得容積率的放寬和解決斜線限制等手法處理，不過實際上，也可以利用所謂的「地下庭園」（dry area），將地下室蓋成類似一樓的感覺（註）。以「包家」為例，它的地下室不僅擁有充足的採光和通風，甚至可以直接享受到戶外公園綠地的美景。

註：請留意，地下庭園和土地面積的計算和限制會因所在地的法規而稍有出入。

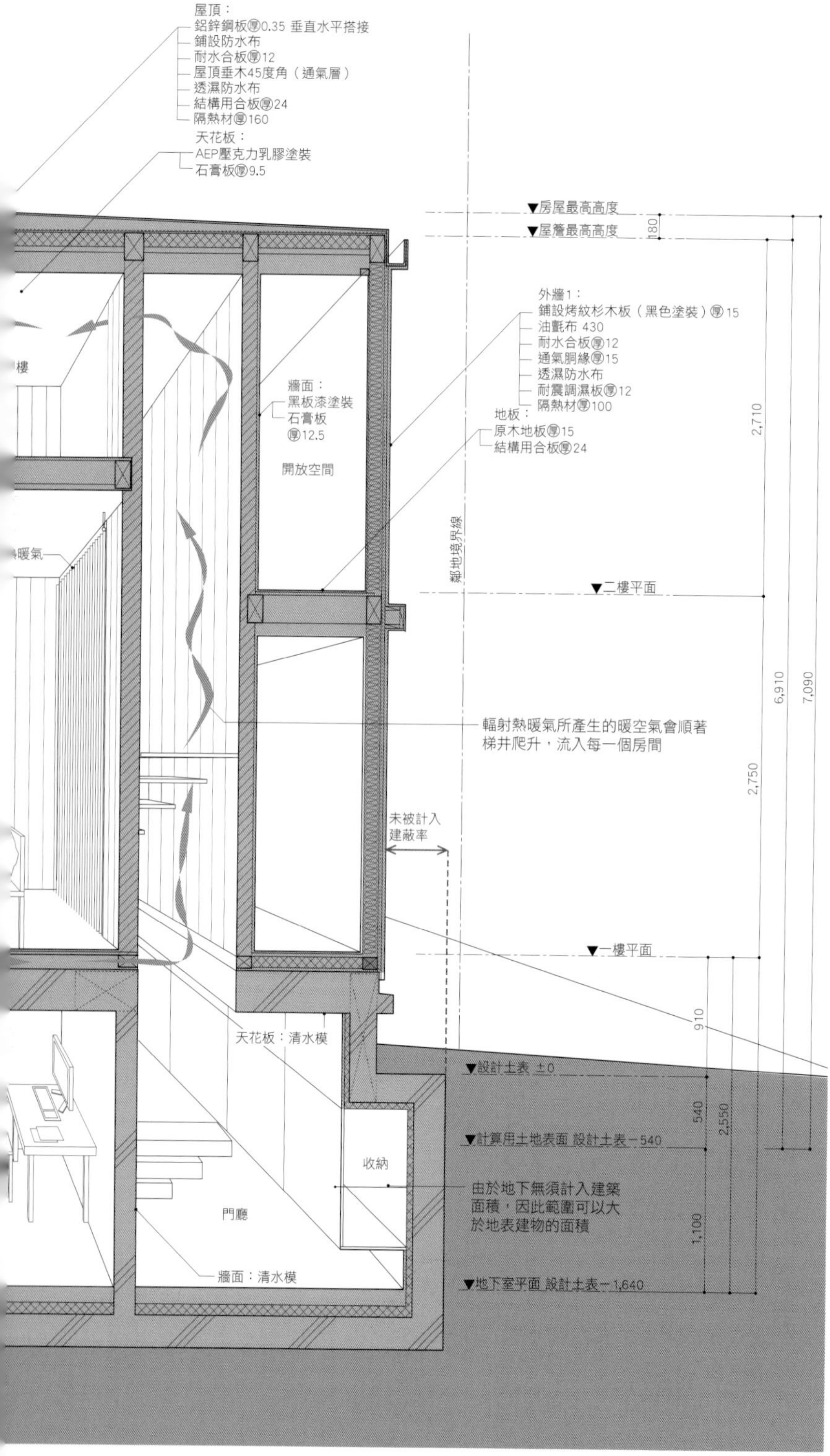

屋頂：
鋁鋅鋼板厚0.35 垂直水平搭接
鋪設防水布
耐水合板厚12
屋頂垂木45度角（通氣層）
透濕防水布
結構用合板厚24
隔熱材厚160
天花板：
AEP壓克力乳膠塗裝
石膏板厚9.5
▼房屋最高高度
▼屋簷最高高度
180
外牆1：
鋪設烤紋杉木板（黑色塗裝）厚15
油氈布 430
耐水合板厚12
通氣胴緣厚15
透濕防水布
耐震調濕板厚12
隔熱材厚100
牆面：
黑板漆塗裝
石膏板
厚12.5
開放空間
地板：
原木地板厚15
結構用合板厚24
二樓
暖氣
鄰地境界線
▼二樓平面
2,710
6,910
7,090
輻射熱暖氣所產生的暖空氣會順著梯井爬升，流入每一個房間
2,750
未被計入建蔽率
▼一樓平面
910
天花板：清水模
▼設計土表 ±0
540
2,550
▼計算用土地表面 設計土表－540
收納
由於地下無須計入建築面積，因此範圍可以大於地表建物的面積
門廳
1,100
牆面：清水模
▼地下室平面 設計土表－1,640

「包家」
斷面透視圖
（S=1:50）

左／從公園望向建物的光景。可清楚望見建物前的停車位。
右／由盥洗室穿越浴室望向地下庭園。不僅保護了室內隱私，也讓居住者時時都能感受到自然光和風景。

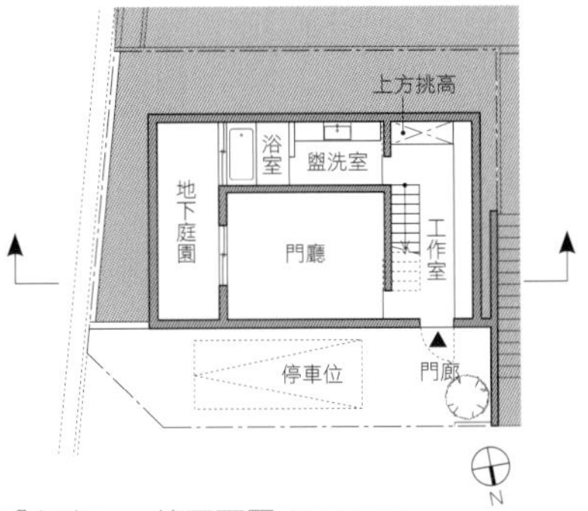

上方挑高
浴室
盥洗室
地下庭園
門廳
工作室
停車位
門廊
N

「包家」一樓平面圖（S=1:300）

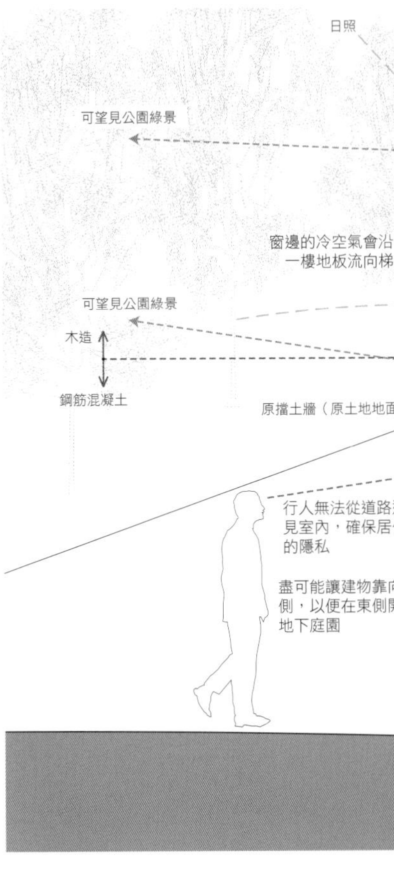

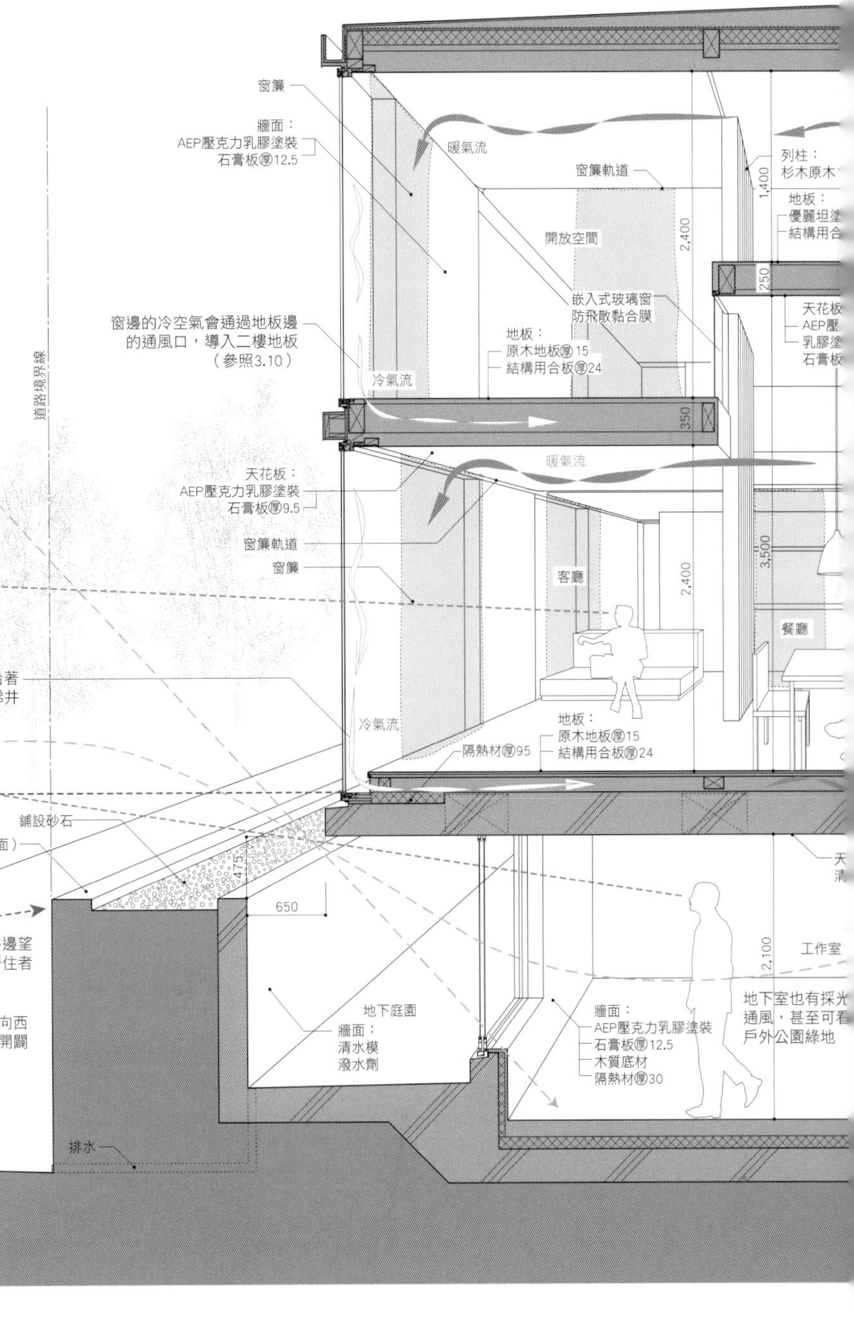

窗簾
牆面：
AEP壓克力乳膠塗裝
石膏板厚12.5
暖氣流
窗簾軌道
列柱：
杉木原木
地板：
優麗坦塗
結構用合
1,400
開放空間
2,400
250
天花板
AEP壓
乳膠塗
石膏板
嵌入式玻璃窗
防飛散黏合膜
窗邊的冷空氣會通過地板邊
的通風口，導入二樓地板
（參照3.10）
地板：
原木地板厚15
結構用合板厚24
冷氣流
350
道路境界線
日照
暖氣流
天花板：
AEP壓克力乳膠塗裝
石膏板厚9.5
窗簾軌道
窗簾
可望見公園綠景
客廳
2,400
3,500
餐廳
窗邊的冷空氣會沿著
一樓地板流向梯井
冷氣流
地板：
原木地板厚15
結構用合板厚24
隔熱材厚95
可望見公園綠景
木造
鋼筋混凝土
鋪設砂石
原擋土牆（原土地地面）
475
650
天
清
行人無法從道路邊望
見室內，確保居住者
的隱私
盡可能讓建物靠向西
側，以便在東側開闢
地下庭園
地下庭園
牆面：
清水模
潑水劑
2,100
工作室
地下室也有採光
通風，甚至可看
戶外公園綠地
牆面：
AEP壓克力乳膠塗裝
石膏板厚12.5
木質底材
隔熱材厚30
排水

chapter

3

重視街坊間的「空間距離」

“MA” between house and vicinity

若非基地本身佔地遼闊、四周自然山水環繞、和最近的道路與鄰宅相隔一段距離，否則一般來說，建築設計師多少都得花心思在保護住宅內的隱私或私密性上。和隱私同樣重要的還有採光，是住屋設計的重點。然而，就住家緊鄰的都市住宅而言，這兩點需求恐怕難以兼得。許多人家為求保護隱私，要不是外牆高築，要不就是窗簾、百葉窗成天緊閉，顧了隱私卻丟失採光。到頭來，等於失去了住屋設計的意義，一點也稱不上是好設計。如今，日本都市更新正緊鑼密鼓地進行，的確，建築設計師真的很難預料住屋未來的週邊環境，不過在某種程度上，仍可能稍做預測，例如五十年後週邊的道路仍舊是道路，應該不會有太大改變。換句話說，要想打造出擁有明亮採光、開放視野，不必再受外來視線干擾的都市住宅，首要之務便是詳細觀察基地本身的條件，同時在平面和斷面的設計上投入心力。

其次則是留意和隱私密不可分的開口設計。因為不同的設計，勢必會為室內空間帶來全然相異的感受。好比說可以設置景觀窗（picture window），借景於外部的風景；設置天窗或高處採光窗，由屋頂或高處導入光線；設置地窗，由低處採光。方法不一而足。有些建築設計師或案主則可能特別偏好大面積的玻璃窗，不過誠如谷崎潤一郎在《陰翳禮讚》一書中所提示的概念：日本自古存在著所謂的「陰暗美學」。局部陰影永遠是必要的，因為陰影讓人感覺沉穩、寧靜。我們認為，打造像一整面玻璃窗的溫室般的建築，在技術上毫無問題的今日，最重要的設計手法即「陰影設計」。要言之，此時此刻，對於一向追求採光的建築設計師們來說，正是重新找回早已被遺忘的陰暗空間的大好時機。

3.1 Below road level

改變視線——

低於路面的隱私保護

住家邊的道路人來人往，因此在設計規劃時，自然必須針對隱私的保護進行檢討，而且在觀察斷面圖和模型時，不僅水平方向，更須考量垂直方向。而保護隱私最有效的方法，就是把房間降到路面之下。如此一來，既可維持室內的開放性，又能截斷行人的視線，而非只是單純把住屋給封鎖起來。

一般來說，建築設計師多半會為了確保隱私而在道路水平面的樓層邊搭建圍牆，或直接用窗簾或百葉窗遮蔽。我們在「目白家」的作法則採取了更為恰當的斷面結構設計：在道路水平面的一樓，安排了一段和地下室上下相連的挑高，同時將一樓室內設為展示區，在視覺上完全對外開放。

同時兼顧採光、通風和隱私保護的地下客廳。

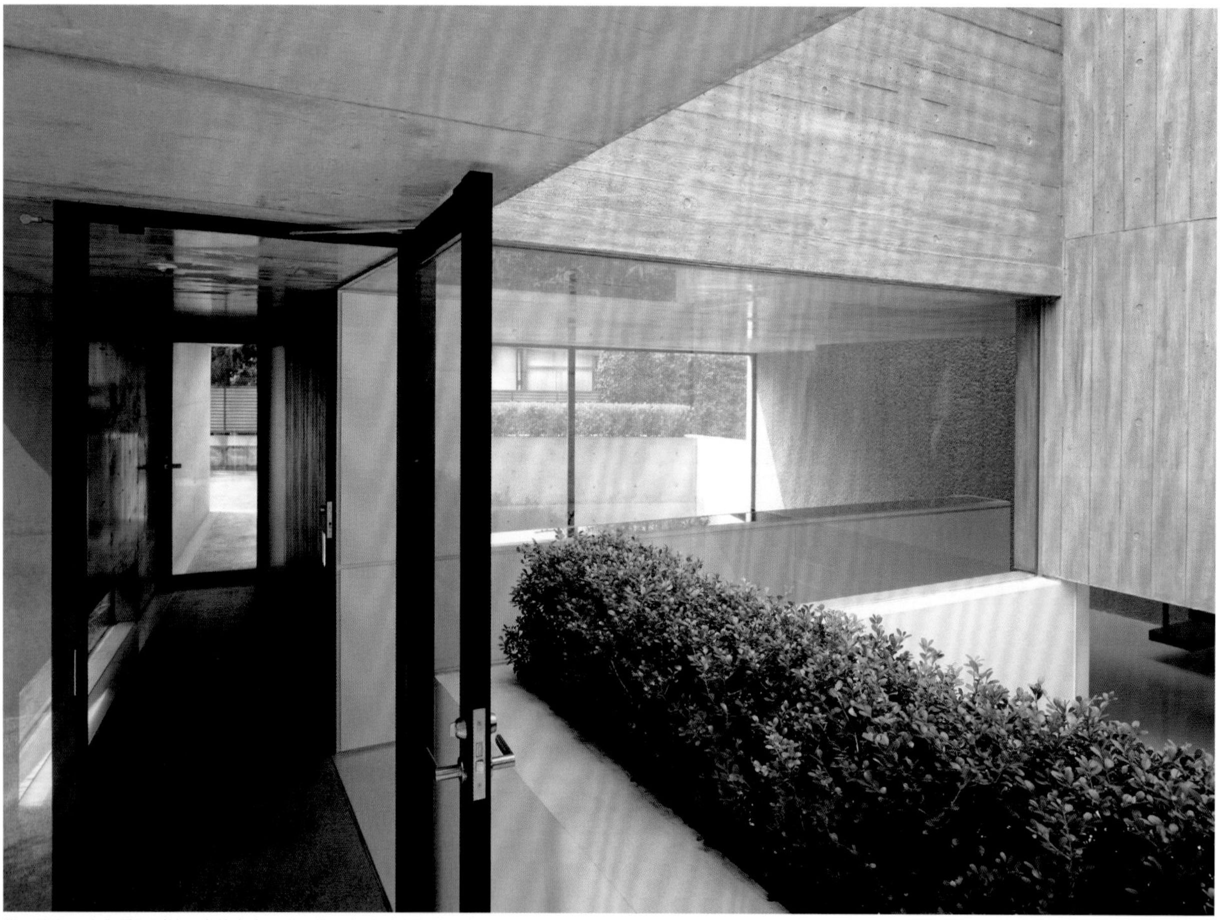

從正門入口完全看不到地下室的客廳。從一樓門窗看到的是房屋另一側的光景。

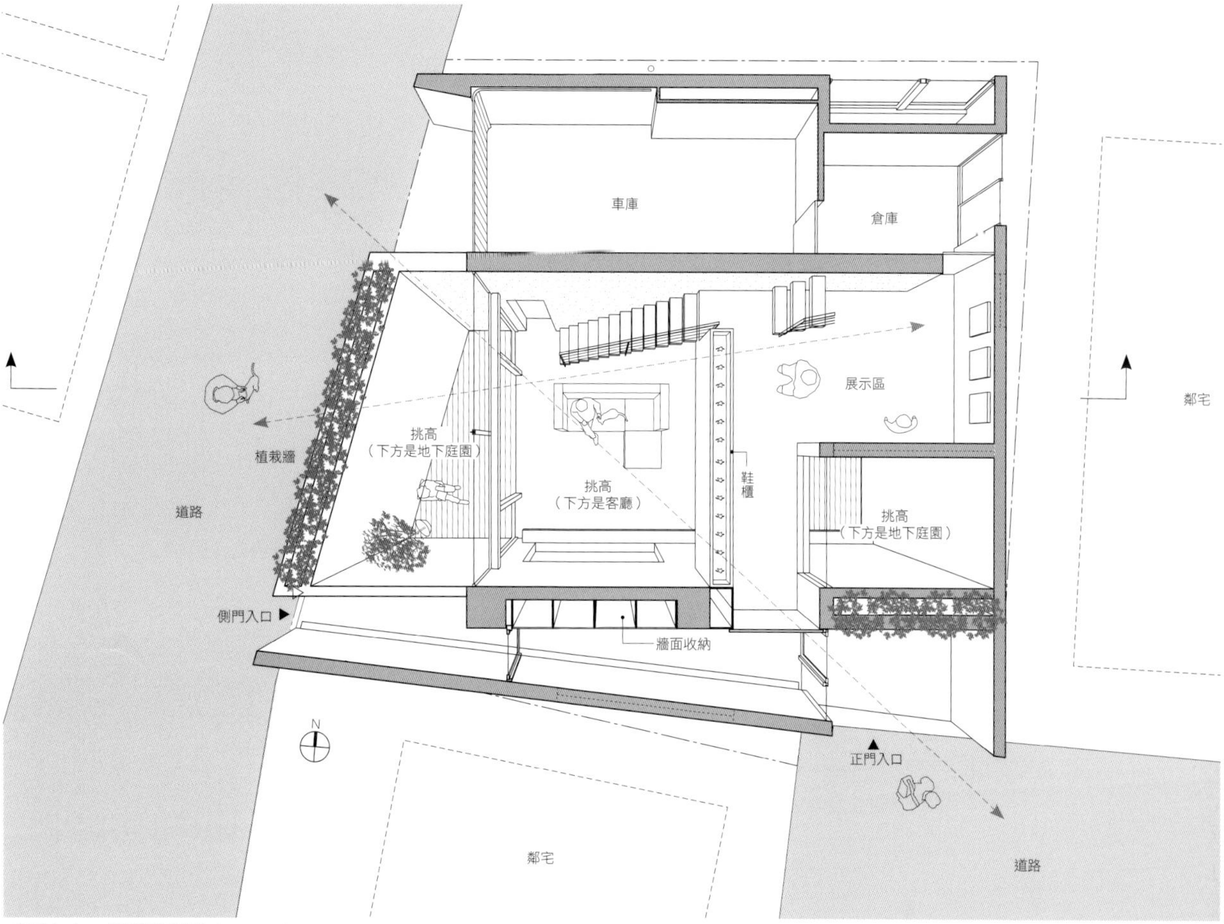

「目白家」平面透視圖（S=1:125）

兩面臨路的「目白家」。入口、車庫、倉庫設在一樓。連結正門和側門的通道設有牆面收納。進入正門以後以隱藏式鞋櫃為收納設計兼防墜護欄（參照 10.5），並且搭配著對外開放的展示區。

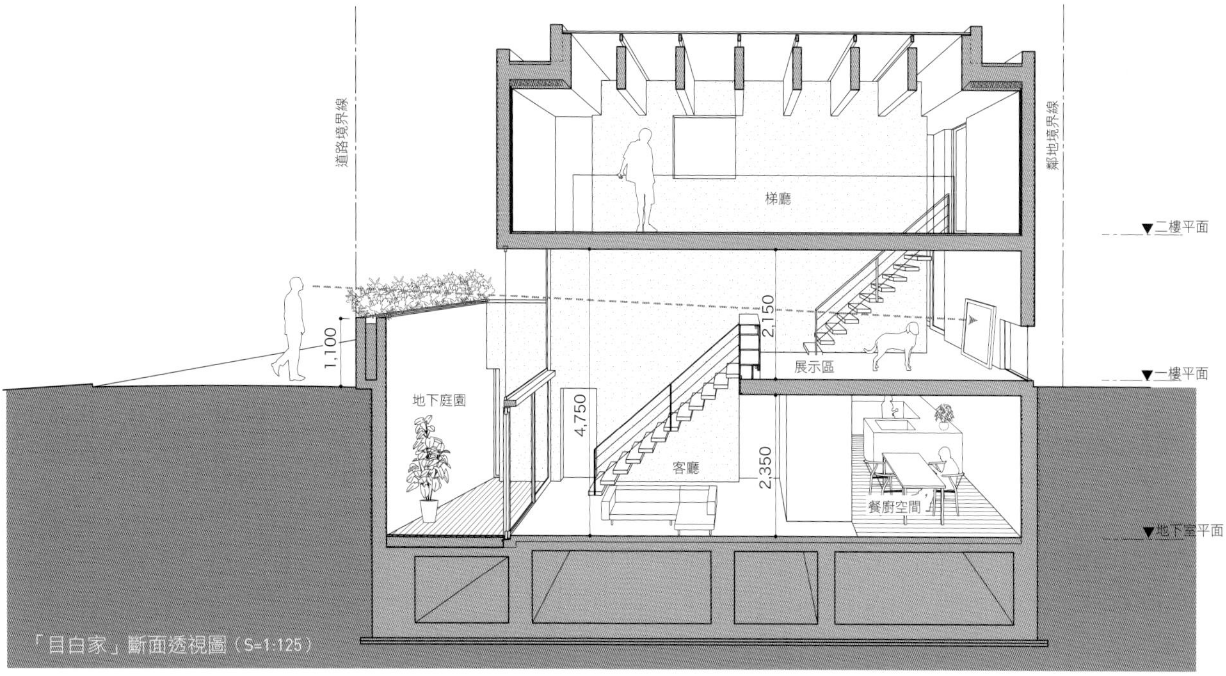

「目白家」斷面透視圖（S=1:125）

3.2 Above road level

改變視線——
高於路面的隱私保護

當基地平面高於路面，形成高台式住宅用地時，行人即便抬頭，也看不見二樓室內。倘若加上露台的設置，更可以截斷行人的視線，徹底確保二樓的隱密性。

在規劃「薊野家」時，我們決定利用道路和基地間的高低差，一方面保護室內隱私，營造二樓客餐廚空間的開放性，同時在一樓的正面增設一面帷幕玻璃，讓路人頂多只能穿過大片的玻璃窗望見室內造型美觀的木製天花板。

室內全無被窺視的疑慮，更可隨時居高臨下，眺望遠方的風景。

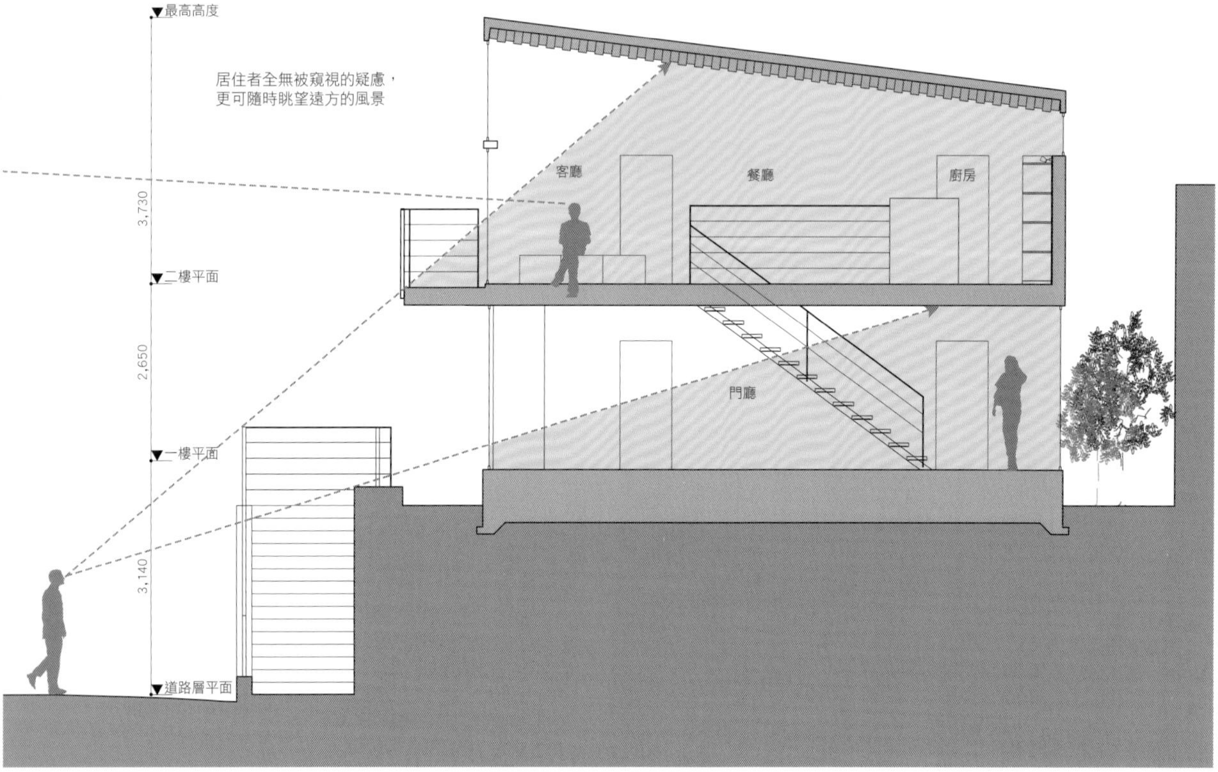
最高高度
居住者全無被窺視的疑慮，
更可隨時眺望遠方的風景
3,730
二樓平面
2,650
一樓平面
3,140
道路層平面
客廳
餐廳
廚房
門廳

入夜後由於露台的遮蔽，行人看不見室內，頂多只能望見室內的天花板。且越往內看，視線到達的位置越高，確保了居住者的隱私。白天則因為外亮內暗，加上玻璃帷幕的反光，更不可能望見室內。

「薊野家」斷面圖（S=1:100）

從道路面抬頭望向整棟建築的光景。穿過大片的玻璃窗，頂多只能望見室內造型美觀的木製天花板（參照 7.6）。

3.3 Cross sectional composition

改變視線——在斷面結構上下功夫

要想同時兼顧居住者的隱私（截斷來自路上行人和鄰居的視線）和室內採光（營造良好日照條件的舒適空間），兩個原本衝突的需求，我們認為最好的方法就是在住屋的斷面結構上下功夫。

以「鷺沼家」設計案為例，我們刻意避開臨路的南側，把客廳安排在房屋背後的北側，並且在南側設置了一個比客廳高約半層樓的屋頂露台。如此一來，既保住了居住者的隱私，也可從露台上方取得南面直射的陽光。

比客廳高約半層樓的屋頂露台設在臨路面，截斷來自行人的視線，並透過露台上方為北側的客廳採光。（參照 4.2）

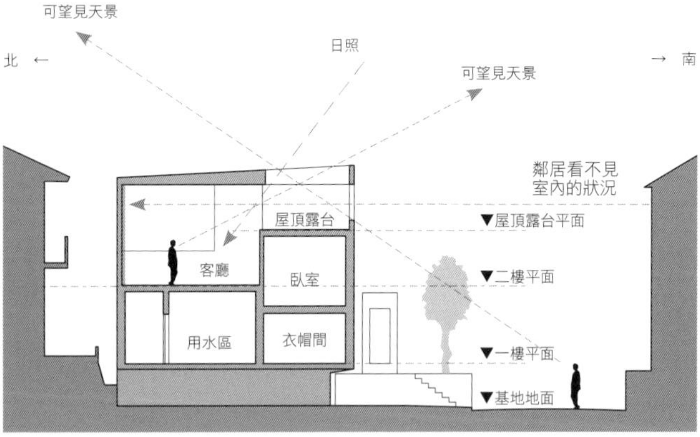
可望見天景
日照
北 ←
→ 南
可望見天景
鄰居看不見室內的狀況
屋頂露台
▼屋頂露台平面
客廳
臥室
▼二樓平面
用水區
衣帽間
▼一樓平面
▼基地地面

「鷺沼家」斷面圖（S=1:300）

從安排在北側的客廳望向南側屋頂露台的光景。

為求保護隱私，將可以望見天景的開口設在屋頂露台，形成造型簡單卻獨特的封閉式正面設計。

3.4 Ensuring privacy from above

改變視線——上方的隱私保護

在公寓、大樓混合的地區規劃住屋的時候，不只是道路行人的視線，建築設計師還必須特別留意來自上方的視線。

譬如在第十一頁舉過的案例。為了截斷來自上方的視線，保護居住者的隱私，我們為「赤塚家」設計了一整面深長的屋簷。不僅越往內部隱密性越高，還在屋簷的四周安排了日本傳統建築的緣側，形成既像內也像外、既安全又親近自然的半開放式屋簷空間。

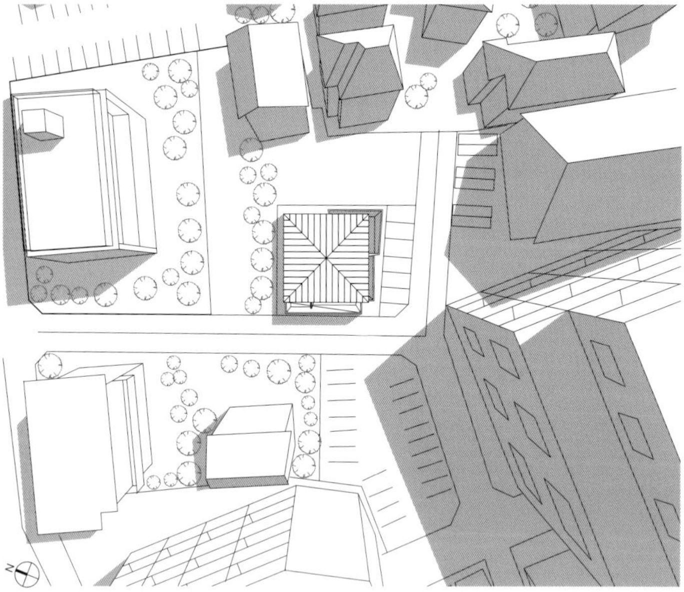

「赤塚家」配置圖（S=1:1200）

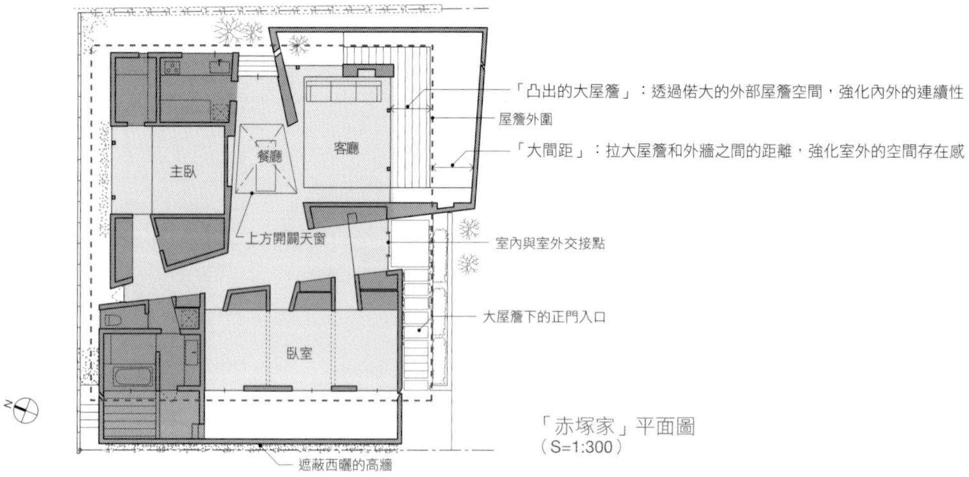

主臥
餐廳
客廳
臥室
上方開闊天窗
「凸出的大屋簷」：透過偌大的外部屋簷空間，強化內外的連續性
屋簷外圍
「大間距」：拉大屋簷和外牆之間的距離，強化室外的空間存在感
室內與室外交接點
大屋簷下的正門入口
遮蔽西曬的高牆

「赤塚家」平面圖
（S=1:300）

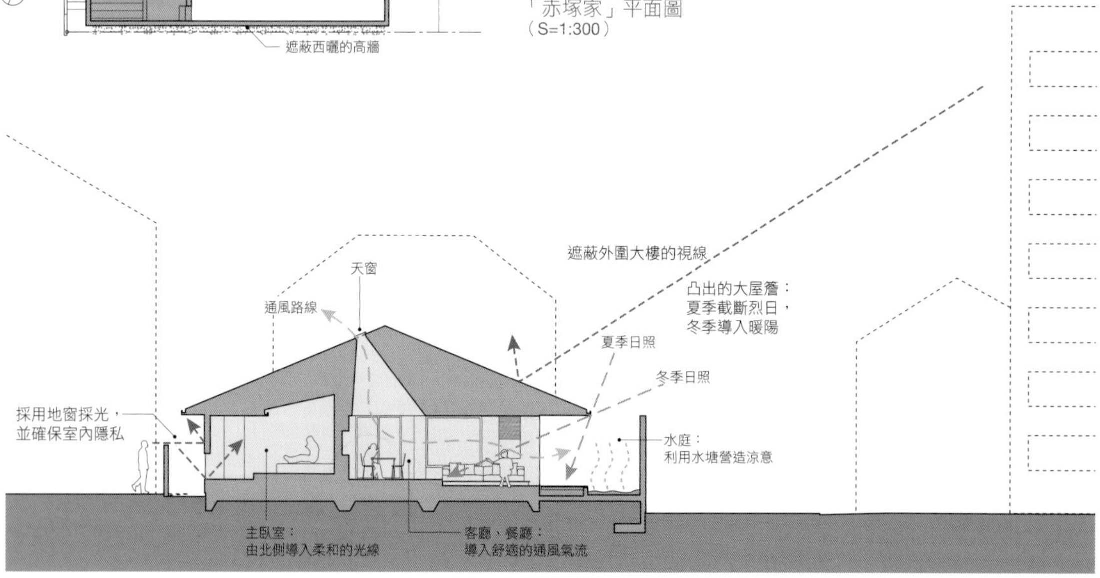

遮蔽外圍大樓的視線
天窗
通風路線
凸出的大屋簷：
夏季截斷烈日，
冬季導入暖陽
夏季日照
冬季日照
採用地窗採光，
並確保室內隱私
水庭：
利用水塘營造涼意
主臥室：
由北側導入柔和的光線
客廳、餐廳：
導入舒適的通風氣流

外觀採樸實的造型，上方架設一面大屋頂，並利用低矮延伸的屋簷，遮住來自上方的視線。越靠向屋頂的中心，越能感受與戶外喧囂的隔離，形成一處寧靜、沉穩的屋簷空間（參照9.4）。

「赤塚家」斷面圖
（S=1:250）

從戶外望去，是一面罩在外牆上的大屋頂。外牆和屋頂、屋簷間的距離即是通風氣流的出入口。

與客廳相連的私家水庭。利用大屋頂和外牆，全面屏蔽了來自上方和牆外的視線。

建物內部的光景。身處室內，會因屋簷和外牆的位置、方向和角度，感受到不同的內外關係，形成處處與室外相連的舒適空間。

3.5 Authentic blinds

改變視線——帷幕設計

為確保住家隱私，「遮蔽」或「截斷視線」確實不失為直接又有效的方法。京都的傳統民宅町家向來採以木條格柵作為遮蔽的緩衝，同時也維持了街區的整體美。而現代一般的住家則大多採用額外加裝的方式，譬如安裝和式的簾幕或暖簾，或者西式的百葉窗或布窗簾。不過，我們更期許能夠設計出一種與建物完全整合的遮蔽方式。

在「鐵家」這個案例中，我們嘗試透過一面由兩層不銹鋼擴張網交疊形成的「疊紋」（Moiré pattern）效果，設計成既兼顧通風和採光，又對外若隱若現的帷幕。並且將這面帷幕覆蓋在建物南面上。此外，帷幕並非完全封閉，而是以一片片活動式、可開闔的窗格的形式呈現，藉由開放的設計，避免室內產生不必要的窒悶感。

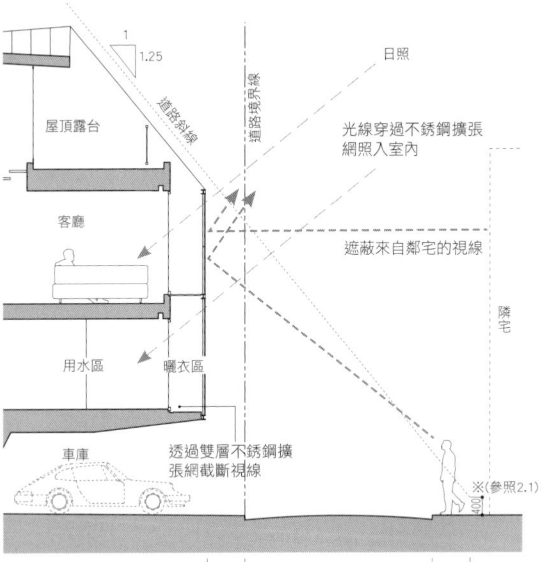
1
1.25
日照
道路斜線
道路境界線
屋頂露台
光線穿過不銹鋼擴張網照入室內
客廳
遮蔽來自鄰宅的視線
隣宅
用水區
曬衣區
車庫
透過雙層不銹鋼擴張張網截斷視線
※(參照2.1)
400
道路後退距離900
路寬4,500
道路後退距離900
「鐵家」的視線與採光（S=1:200）

不銹鋼擴張網完全關閉時的光景。

由雙層不銹鋼擴張網交疊所形成的「疊紋」效果。

日照穿過不銹鋼擴張網形成柔和的光線，照在客廳的榻榻米地板上。

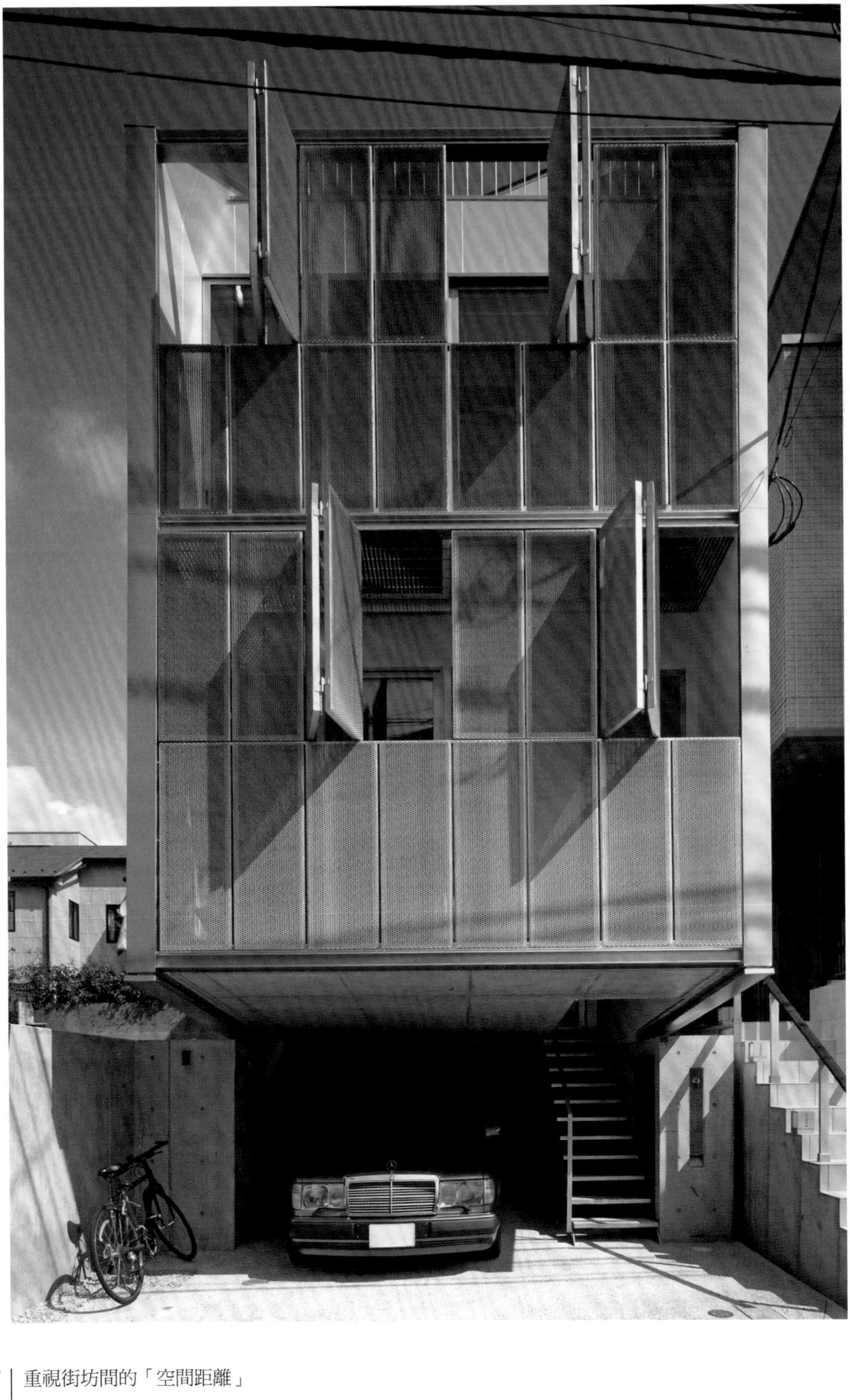

透過活動式的不銹鋼擴張網窗格，讓居住者可以自由控制室內的通風和對外的視線。

3.6 Manipulating sightline-seize the sky

改變視線──圈出天空

一幢三層樓住宅，即便基地極為狹小，要想同時擁有露台而又無須緊閉窗簾的開放空間，並非絕無可能。

我們將「神樂坂家」一、二、三樓的外牆以逐層退縮的方式處理，圈出隱藏式的露台，並且藉此在各樓層中開設大窗口，即可確保每層樓室內的採光和隱密性。

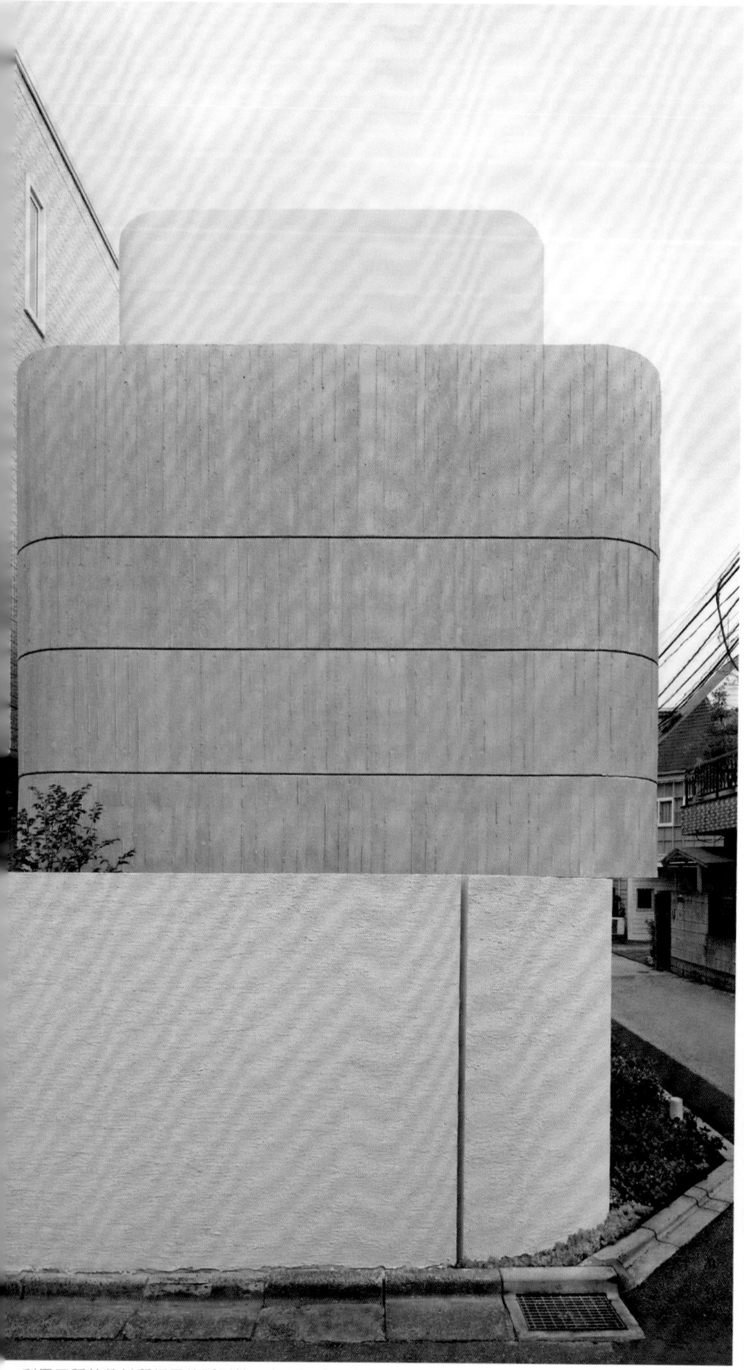

利用三種外牆材質相異的弧形箱，交互退縮、堆疊而成的外觀造型。

外牆退縮之後所形成的露台。營造出擁有一片私家天空且高度隱密的私人空間。

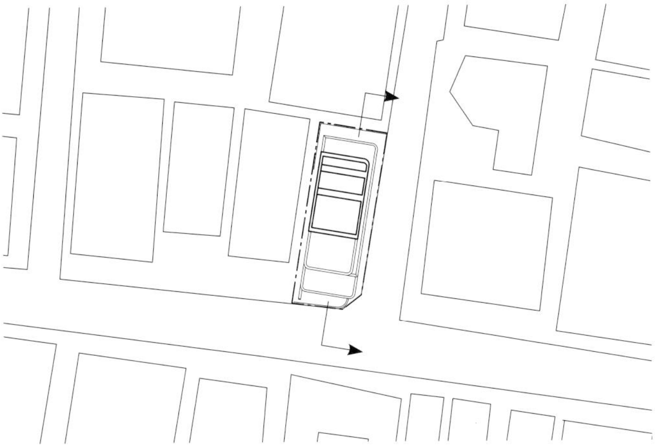

「神樂坂家」配置圖
（S=1:600）

由於基地位處密集住宅區，規劃時尤其需要充分考量來自鄰宅和道路行人的視線。

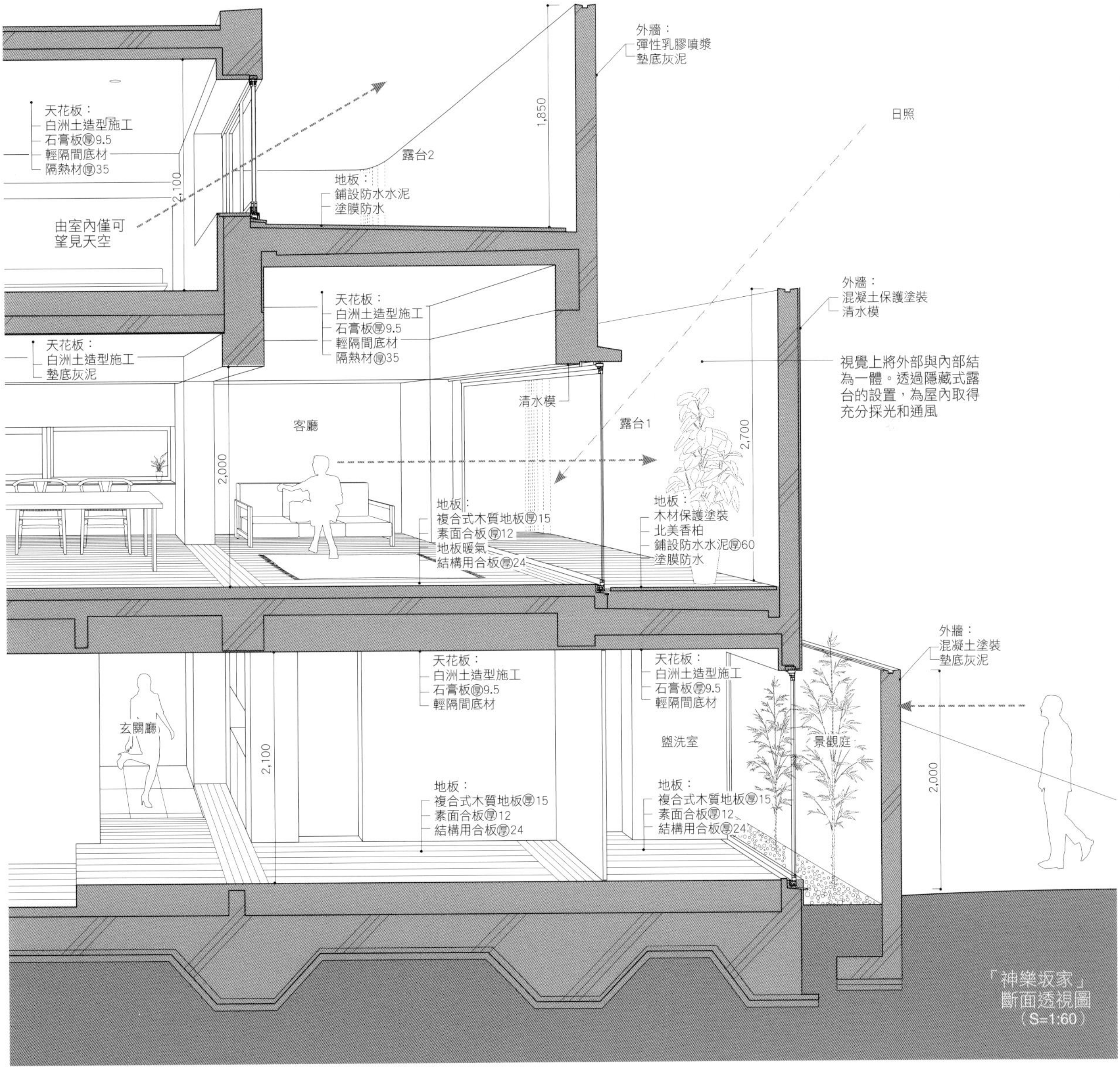
外牆：
彈性乳膠噴漿
墊底灰泥
日照
天花板：
白洲土造型施工
石膏板厚9.5
輕隔間底材
隔熱材厚35
1,850
2,100
露台2
地板：
鋪設防水水泥
塗膜防水
由室內僅可
望見天空
天花板：
白洲土造型施工
石膏板厚9.5
輕隔間底材
隔熱材厚35
外牆：
混凝土保護塗裝
清水模
天花板：
白洲土造型施工
墊底灰泥
視覺上將外部與內部結
為一體。透過隱藏式露
台的設置，為屋內取得
充分採光和通風
清水模
客廳
露台1
2,700
2,000
地板：
複合式木質地板厚15
素面合板厚12
地板暖氣
結構用合板厚24
地板：
木材保護塗裝
北美香柏
鋪設防水水泥厚60
塗膜防水
外牆：
混凝土塗裝
墊底灰泥
天花板：
白洲土造型施工
石膏板厚9.5
輕隔間底材
天花板：
白洲土造型施工
石膏板厚9.5
輕隔間底材
玄關廳
2,100
盥洗室
景觀庭
2,000
地板：
複合式木質地板厚15
素面合板厚12
結構用合板厚24
地板：
複合式木質地板厚15
素面合板厚12
結構用合板厚24

「神樂坂家」
斷面透視圖
（S=1:60）

3.7 Curtain ⇔ Partition
兼具隔間作用的窗簾

一般來說，即使經過詳細規劃的住屋，窗簾大多只有在入夜後、室內點燈時才會派上用場，白天幾乎用不到。也正因如此，我們才會嘗試把「包家」白天用不著的窗簾設計兼具隔間作用，延伸了窗簾本身的功能。

由於窗簾先天上便具有「可變性」，因此決定利用這個特性，增加室內空間運用的彈性。雖然窗簾的材質並不能完全取代實體隔間，但卻可用作臨時隔間，譬如當家中出現了不速之客，只要拉上窗簾，即可迅速將客、餐廳和廚房區隔開。或者當孩子還小時並不需要隔間，一旦孩子長大，窗簾即可充當暫時性的簡易隔間牆。要言之，窗簾其實是一種具有提高室內隔間靈活度的特殊材料。

可輕易達成簡易隔間的窗簾。

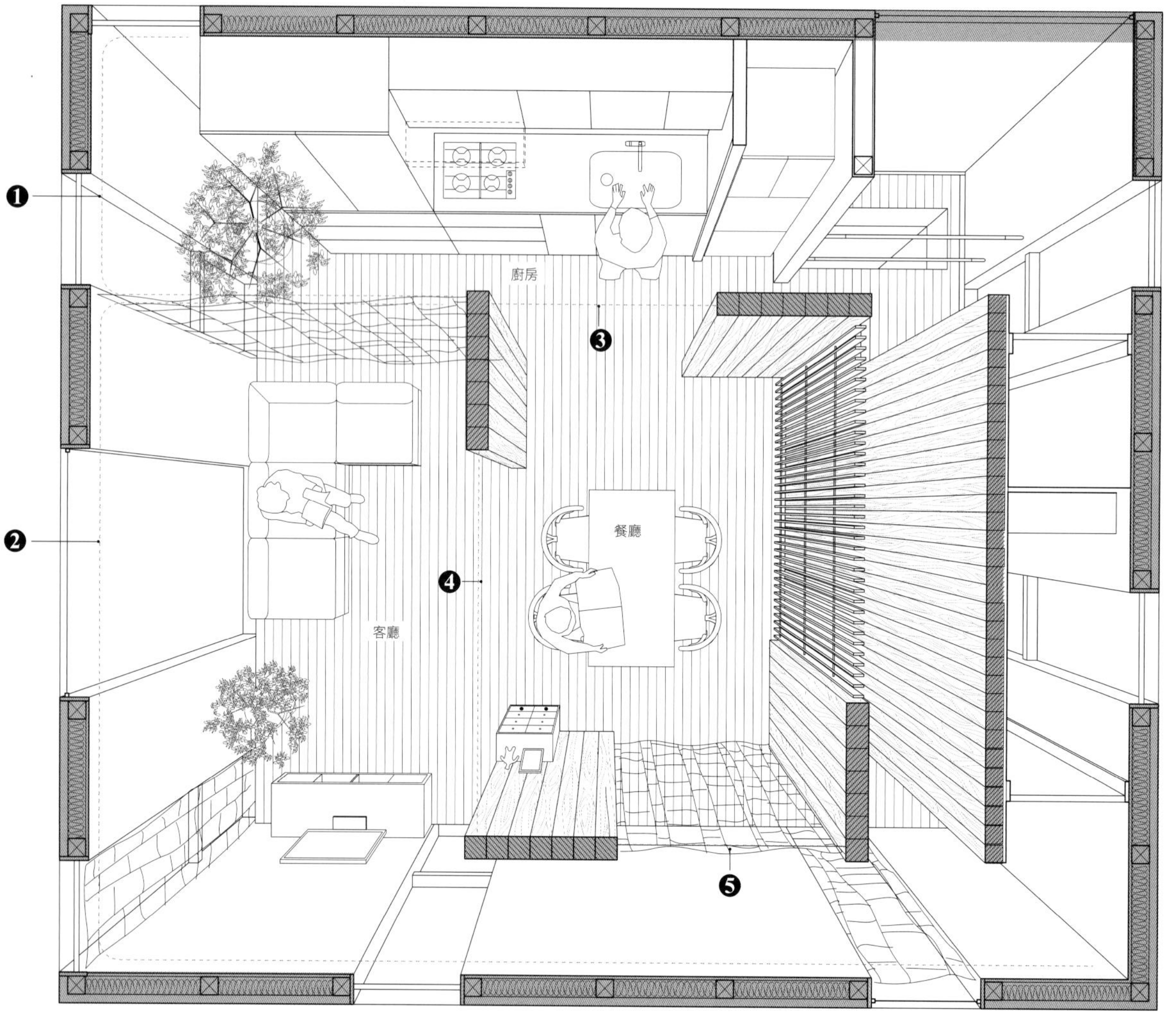

❶～❺都是預先安裝好的窗簾和窗簾軌道。可因不同狀況和時間，將窗簾變換成簡易的隔間牆。

「包家」平面透視圖（S=1:50）

可自由變動的窗簾不僅是裝潢的一部分，更可用作遮蔽外來視線，以及充當簡易的隔間。

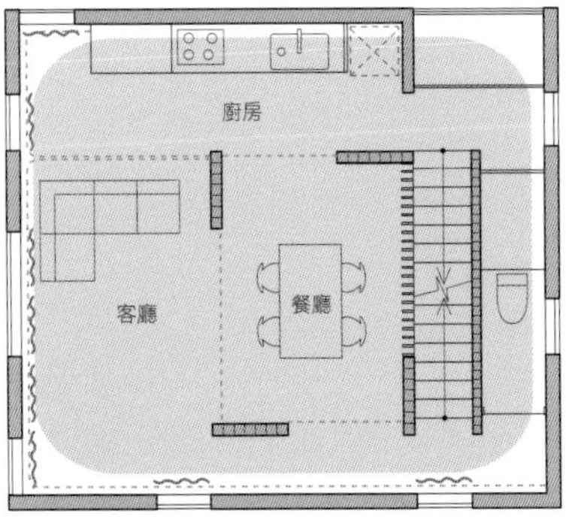

狀況 1
將窗簾完全對外封閉，形成一間偌大的獨立 LDK。

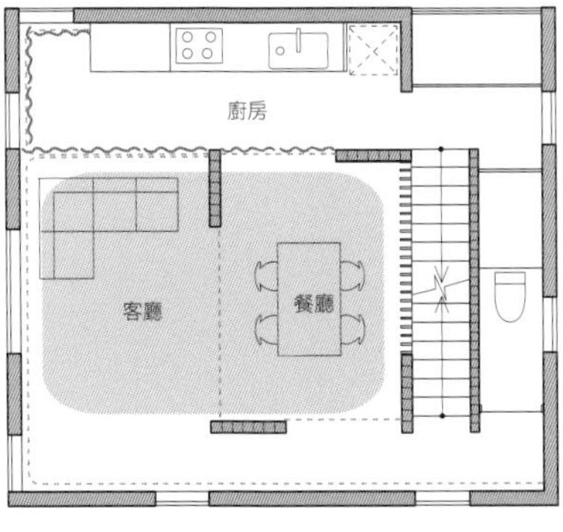

狀況 2
臨時出現訪客，可立即隱藏廚房。

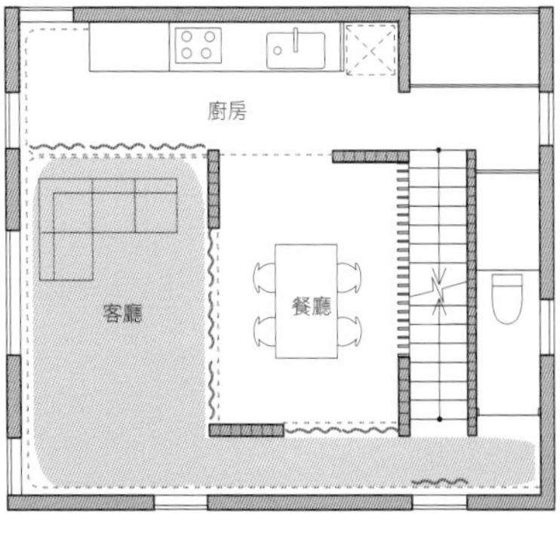

狀況 3
僅圍出客廳，將整個空間一分為二。

〰〰：窗簾
------：窗簾軌道

「包家」平面圖（S=1:150）

3.8 Altering light and shade 窗的陰影設計

西方傳統中最常見的就是石造的砌體結構建築。由於本身結構的關係，建築設計師很難在這類建物中安排大型窗口。隨著建築技術日新月異，明亮的空間遂成了西方建築設計師所共同追求的目標。然而相反的，在多以樑柱所組成的木造建築為主的日本，正如谷崎潤一郎在《陰翳禮讚》中所提到的，日本自古以來的住宅設計，皆存在著對於「陰暗」的追求。反觀在可以輕易為空間打造出一整面玻璃窗口的今天，儼然「棄暗投明」，幾乎完全忘卻了日本傳統建築製造陰暗、凸顯光明，透過明暗的對比，對照出建材質感的設計精髓。要言之，「陰影設計」正是當前每一位建築設計師所該面對的重要課題。

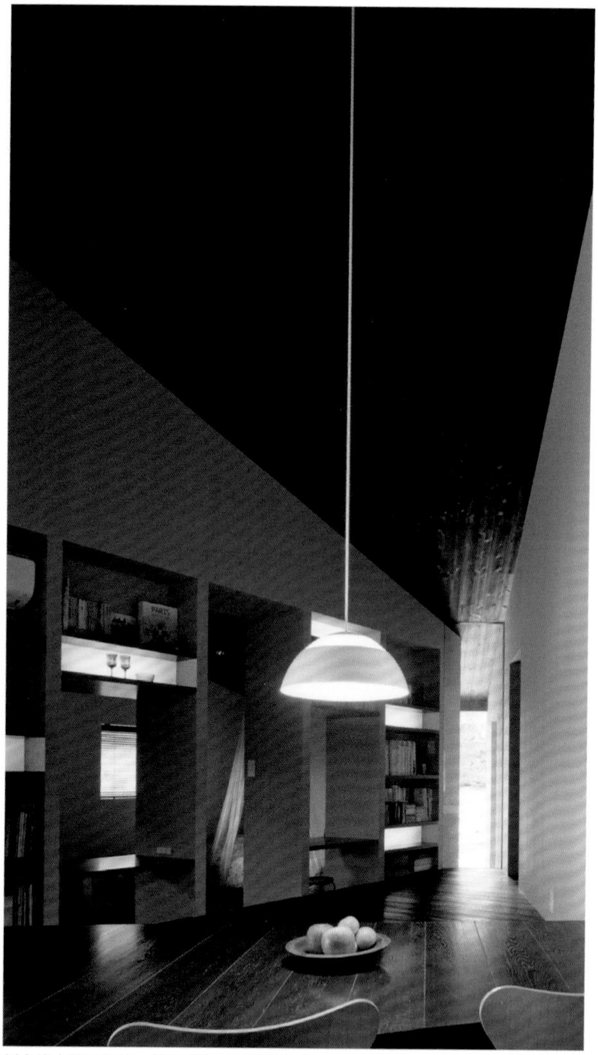

刻意縮小開口面積，營造室內的明暗對比。

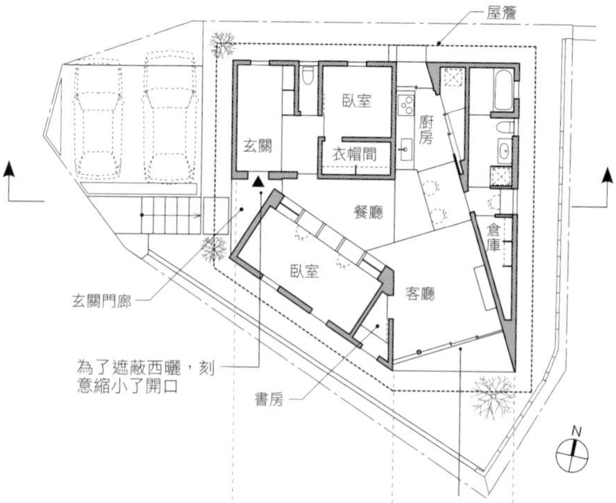
屋簷
臥室
廚房
玄關
衣帽間
餐廳
倉庫
臥室
客廳
玄關門廊
為了遮蔽西曬，刻意縮小了開口
書房
N
南面開闢了一面大窗口，並且藉由屋簷控制室內採光

「成瀨家」平面圖
（S=1:1:300）

黑色地板同樣具有折射光線的作用。有限的光線反而凸顯出建材質感，創造出極度沉穩的幽暗空間。

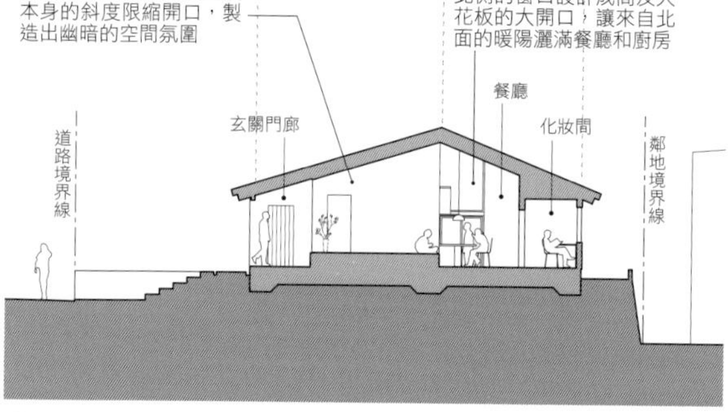
藉由造型單純的雙坡屋頂本身的斜度限縮開口，製造出幽暗的空間氛圍
北側的窗口設計成高及天花板的大開口，讓來自北面的暖陽灑滿餐廳和廚房
餐廳
玄關門廊
化妝間
道路境界線
鄰地境界線

「成瀨家」斷面圖（S=1:1:300）

3.9 The delicate light filter through shoji

障子門柔光

「障子門」總會給人一種極為強烈的「日本」印象。僅僅一紙之隔，即可在與外圍的窗戶之間製造空氣層，輕柔地將夏日的暑熱和冬季的寒涼阻絕在外，為室內隔熱。此一手法是在玻璃窗尚未發明的年代，關上之後還能採光的重要設計。演變至今，在缺乏屋簷的現代，障子門甚至具有阻擋烈日，把刺眼的日照轉變成柔光的功能。隨著時代改變，功能也隨之而變的障子門，已然不再只是「日式」的代表，卻是非常值得善加運用的設計素材。

藉由障子門將太陽光改變成柔和的擴散光，呈現在室內對外的整塊牆面上。

夕陽時分的餐廳光景。微弱的燈光照在障子門上，營造出一處悠悠蕩蕩的奇幻空間。

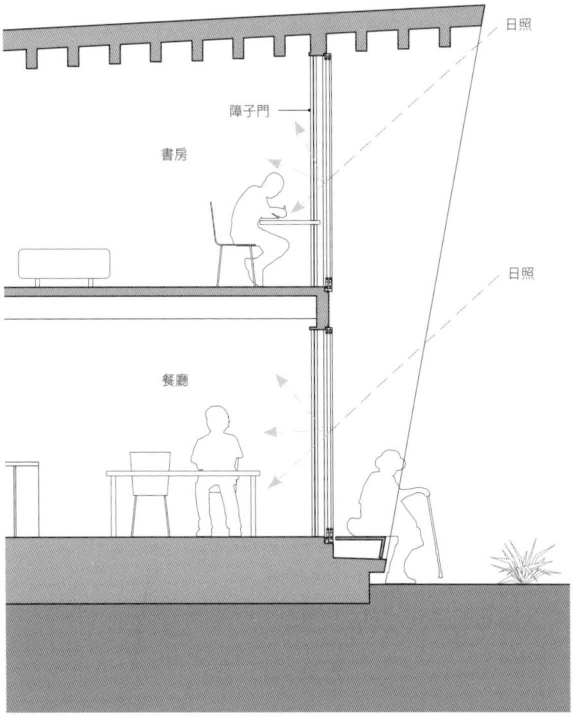

「八岳山莊」局部斷面圖（S=1:80）

3.10 Window? Wall? 選擇窗戶或是牆壁？

許多人認為「窗戶」不過就是在牆壁上鑿開的一個洞，他們可能不知道「窗戶」的形式其實取決於建築本身結構和建材，好比說在日本傳統建築裡，只要在柱與柱之間安裝幾片襖門（和室紙門）或障子門，也是「開口」的一種。「獨立窗」指的是指上下左右有牆壁包夾，像是要截取室外風景。相對於「獨立窗」，還另有一種表現更為強烈的開口形式：落地窗。由於僅左右有牆、頂「天」立「地」，純粹就是一面透明（玻璃）牆，完全不見「牆壁」的蹤影。

在「包家」案子中，三個夾層（屋頂及一、二樓地板）之間便設計了幾面玻璃牆，儘管每個夾層的結構各不相同，我們仍決定將它們設計成同樣的造型。

從長方形開口可清楚望見公園中的綠景。

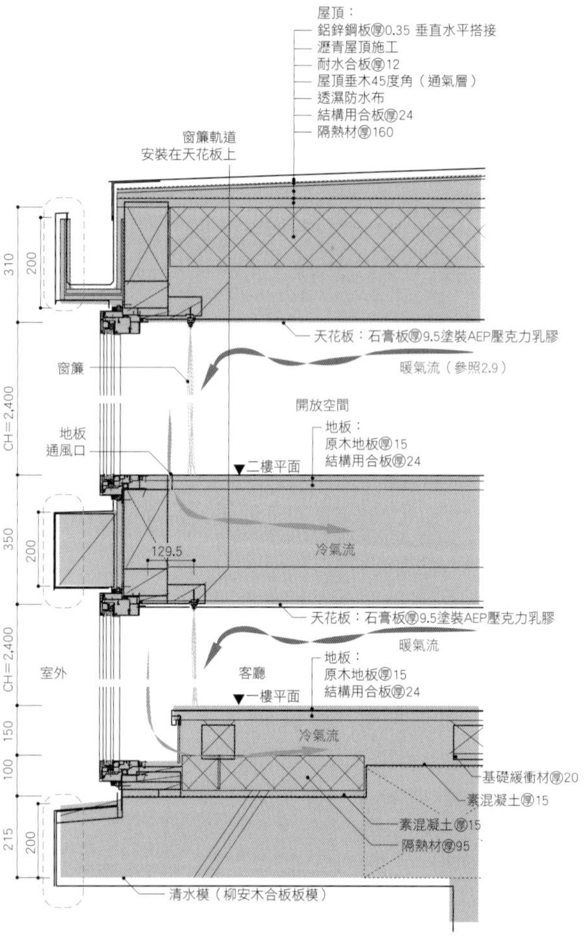
屋頂：
鋁鋅鋼板厚0.35 垂直水平搭接
瀝青屋頂施工
耐水合板厚12
屋頂垂木45度角（通氣層）
透濕防水布
結構用合板厚24
隔熱材厚160
窗簾軌道
安裝在天花板上
310
200
天花板：石膏板厚9.5塗裝AEP壓克力乳膠
窗簾
暖氣流（參照2.9）
開放空間
CH=2,400
地板
通風口
地板：
原木地板厚15
結構用合板厚24
▼二樓平面
350
200
129.5
冷氣流
天花板：石膏板厚9.5塗裝AEP壓克力乳膠
暖氣流
CH=2,400
室外
客廳
地板：
原木地板厚15
結構用合板厚24
▼一樓平面
150
冷氣流
100
基礎緩衝材厚20
素混凝土厚15
素混凝土厚15
隔熱材厚95
215
200
清水模（柳安木合板板模）
「包家」開口部斷面詳圖（S=1:20）
刻意將此三塊結構完全不同的夾層，設計成同樣的外觀。

在屋頂和樓層地板之間呈現長形牆面和窗口並排的建物外觀。

3.11 Cut out a hole in a wall
設置單純景觀窗

當基地的四周環繞著美景，或僅局部面對著優美的風景時，建築設計師自然會想把這些景色擷取至室內，設計一面所謂的「景觀窗」。景觀窗就像是掛在牆面上的一幅圖畫。既然是圖畫，當然愈單純愈好，最好連窗框也能省掉。可惜大多住家的窗口都必須同時兼具通風的用途，因此設計起來並不容易。不過在某些情況下，仍舊可以把通風的功能交給別的窗口，設計出純粹觀景、不具其他任何功能的觀景窗（參照10.3）。

擷取戶外美景的無框式觀景窗。其實是把窗框隱藏在牆壁裡。

大大的窗口就像在一個厚實的大箱子上鑿開的洞。

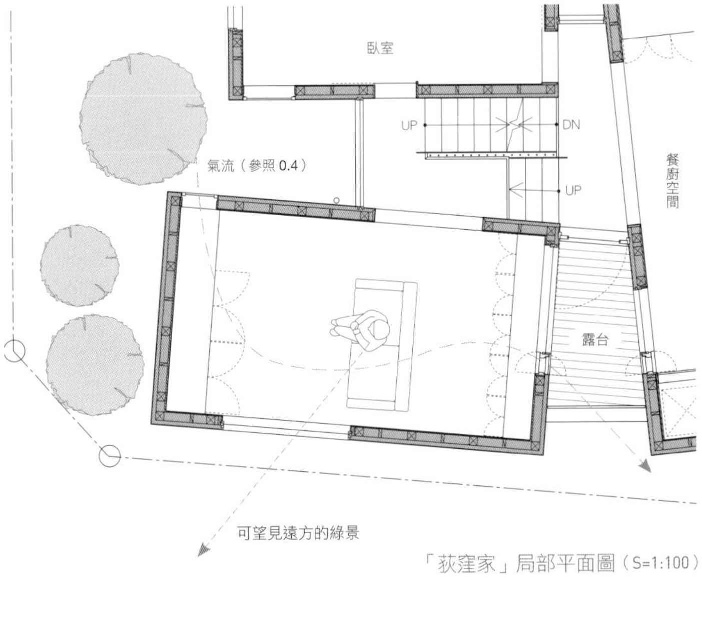
臥室
UP
DN
餐廚空間
氣流（參照0.4）
UP
露台
可望見遠方的綠景

「荻窪家」局部平面圖（S=1:100）

3.12 Window at the subtracted space
深凹窗設計

窗戶其實是根據建物本身的設計概念進行規劃必然形成的結果。譬如在規劃設計「富士見野家」（參照4.3）時，為了取得合法的建築面積、符合斜線限制和法定的容積率，最後不得不採取局部削除（局部鑿空）的權宜之計。因此結果並不像一般的建築那樣直接在外牆上設置窗口，而是將窗口設在鑿空後的「凹處」裡。不過也正因為窗口位在外牆的深凹處內，既可避開直接正對鄰居窗口的窘境，亦能確保居住者的隱私和室內的採光。

位在「凹處」，四周用玻璃隔間的陽台。（參照4.3）

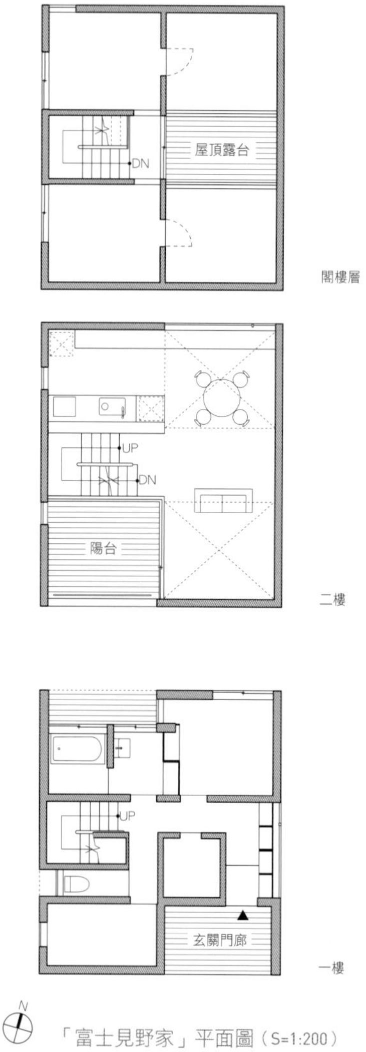

「富士見野家」平面圖（S=1:200）

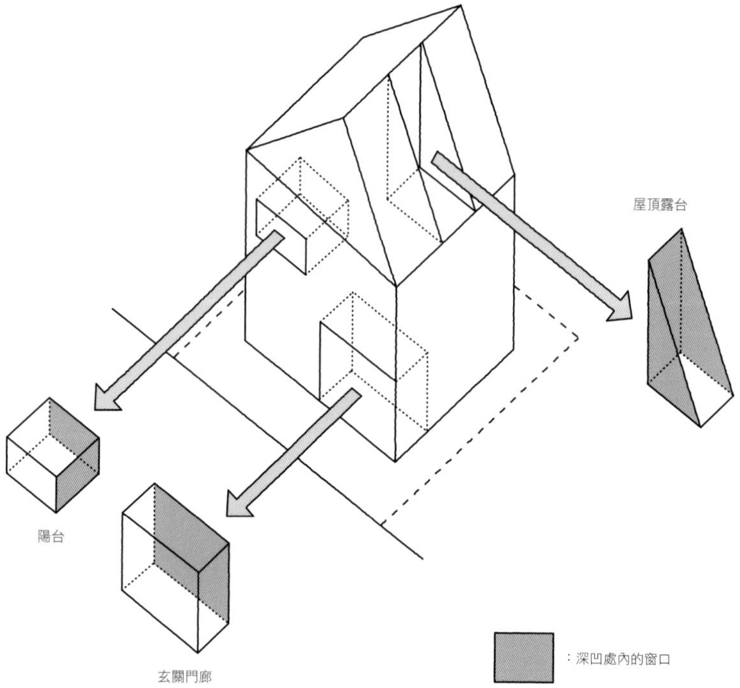

屋頂和外牆採用同款的外磚，局部鑿空的部位包括陽台和玄關門廊。

3.13 盡頭採光之美 The glimpse of light at the end

「盡頭採光」就好比隧道裡或洞穴中的那點光明，不僅凸顯了陰影的存在，也為空間帶來了幾分緊張，強調出空間本身的存在感。即便在難以採光的地下室，總有辦法透過挑高或斷面結構，讓採光變成可能。透過盡頭的採光，讓光線刷過局部的牆面和地板，一處深邃優美的空間於焉形成。

「包家」藉由門廳盡頭的光線，製造出一種熱情迎賓的無聲氛圍。

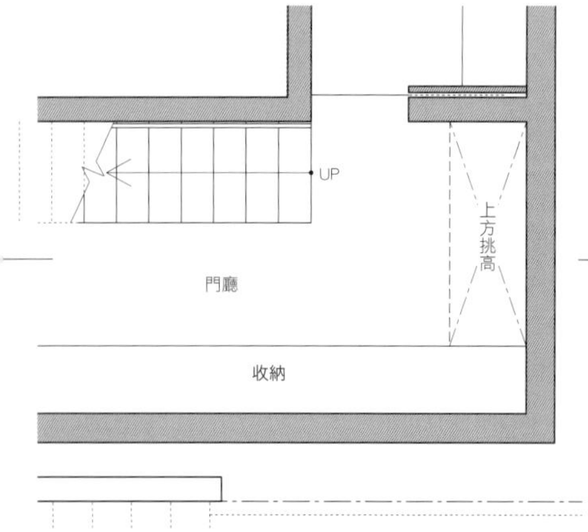
UP
上方挑高
門廳
收納

「包家」
局部平面圖
（S=1:70）

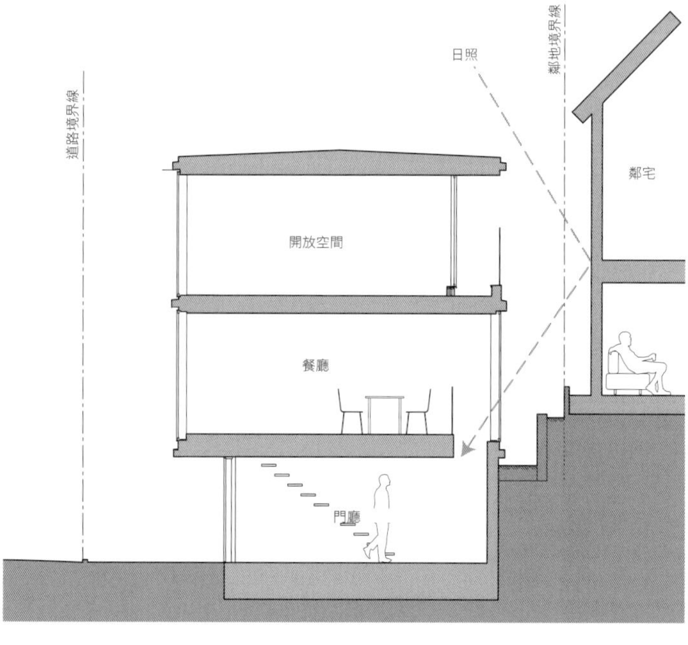
道路境界線
日照
鄰地境界線
鄰宅
開放空間
餐廳
門廳

「包家」斷面圖（S=1:150）

利用鄰宅外牆的光線折射，將太陽光導入門廳的盡頭，透過盡頭的光線，為門廳實現極其舒適明亮的印象。

「代代木上原家」透過設在樓梯盡頭的開口，為室內製造陰影。

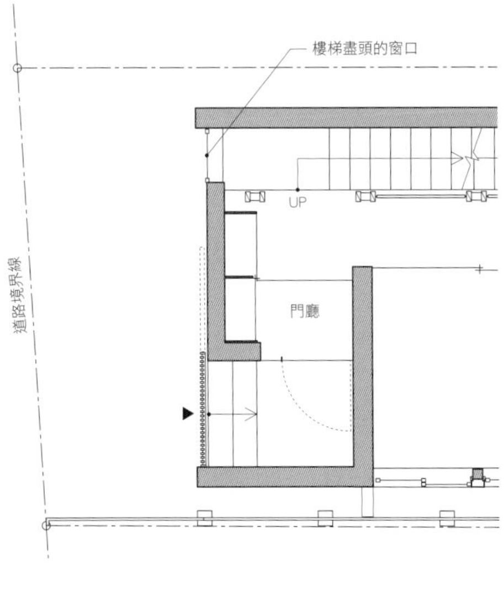

「代代木上原家」局部平面圖
（S=1:100）
樓梯盡頭的窗口採光，使柔和的光線照在樓梯邊的牆面上。

chapter

4

打造安適的「居家場所」

IBASHO-feeling of the place for oneself

貓咪是種最懂得尋找舒適「居所」（IBASHO）的動物。貓咪特別喜愛追逐太陽，窩在暖暖的陽光下，閉上眼睛、靜靜打盹。人類其實也和貓咪一樣，總希望能在最佳的時機找到最合適的處所，而非永遠單純地待在一處任意拼湊成的家或房間裡。換言之，設計住屋時，只要能夠事先考量各種可能的狀況，從室外冬日的暖陽、夏季的涼風，到室內的光線和寬敞度、地板的高低差、天花板的高度，乃至樑柱、牆壁的位置安排，即可創造出最符合「人」真正需要的舒適居所。

室內空間的設計永遠和週邊環境、建築基地的特性，以及隱私的保護脫離不了關係。而室內的狀況則包括了家人的團聚、個人的獨處、呼朋引伴的聚會，以及閱讀、聽音樂等等。唯有綜合這些室內外的關聯和室內可能發生的場景，方能成就一處多樣且豐富的居住空間。而這也正是成功打造舒適居所真正的關鍵。

4.1 Skip floor tips-Design the space in between

錯層樓板的間距設計

除了最常見的牆壁隔間外，還有透過地板高低差區分出空間功能的「錯層式設計」手法。有很多不同狀況會影響建築設計師選用平面樓板設計或錯層式樓板設計，兩者幾乎是完全不同的設計思考方式。

錯層式樓板會因為地板與地板之間的水平距離和各自的天花板高度，產生兩種不同的效果，必須決定為建物本身製造高度上的連續性，或是在各樓層間形塑出高度的連續性。

譬如各相差半層樓高的三塊地板，當然也要視地板和地板之間的水平距離和天花板高度而定，不過這樣的設計通常可以製造若有似無的隔間印象。儘管地板的高低不同，兩兩之間的連續性卻極其明顯，但是又讓人感覺樓上和樓下的距離確實存在。除此之外，此種連續性還會因為樓梯的設置方向而改變，因此必須事先針對樓梯方向進行模擬。

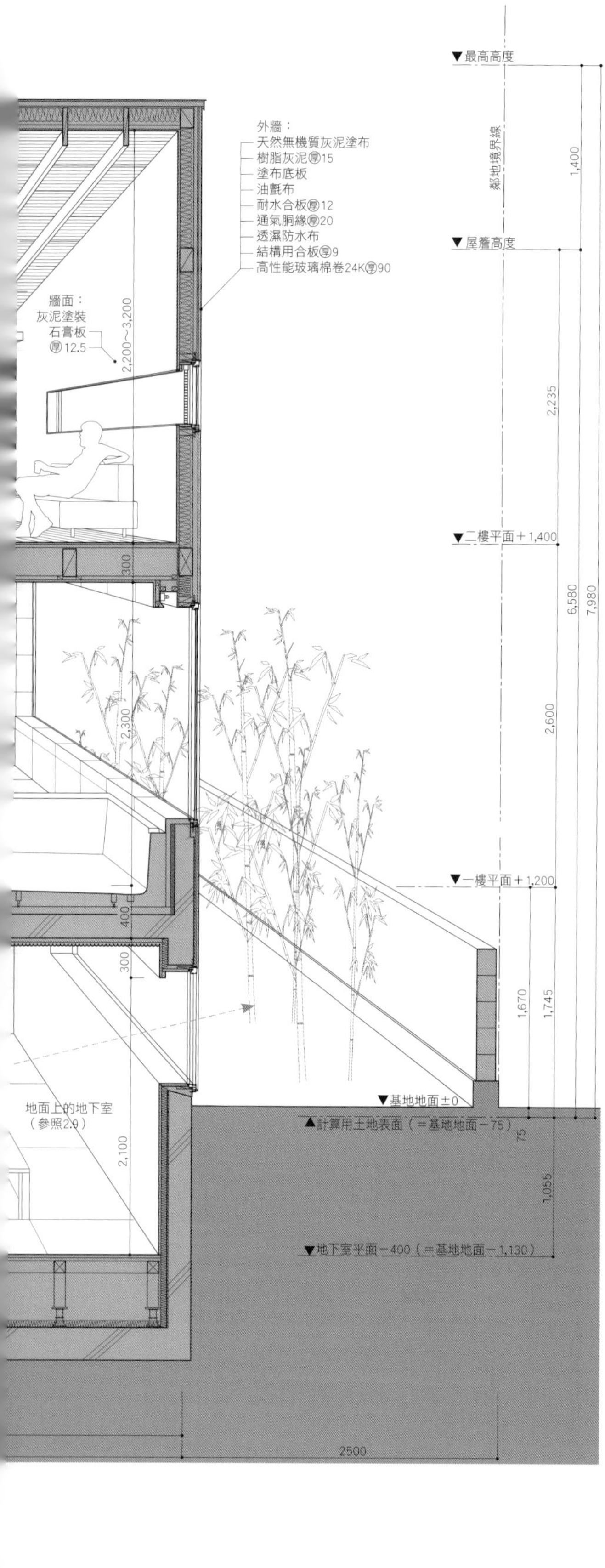

▼最高高度
外牆：
天然無機質灰泥塗布
樹脂灰泥厚15
塗布底板
油氈布
耐水合板厚12
通氣胴緣厚20
透濕防水布
結構用合板厚9
高性能玻璃棉卷24K厚90
鄰地境界線
1,400
▼屋簷高度
牆面：
灰泥塗裝
石膏板
厚12.5
2,200～3,200
2,235
▼二樓平面＋1,400
300
6,580
7,980
2,300
2,600
▼一樓平面＋1,200
400
300
1,670
1,745
地面上的地下室
（參照2.9）
▼基地地面±0
▲計算用土地表面（＝基地地面－75）
75
2,100
1,055
▼地下室平面－400（＝基地地面－1,130）
2500

「七里濱家」斷面透視圖
（S=1:50）

從面對南邊海岸、一望無際的屋頂露台開始，和客廳、餐廳彼此高度各差半個樓層。由於客廳和餐廳的高度僅相差 1.4 米，給人一種看似一體卻又各自獨立的印象。

從餐廳望向客廳的光景。兩個空間看似相連，卻因為彼此相差 1.4 米，相當於半個樓層的高度，加上 750 毫米的間距和 900 毫米的高度差，讓兩者仍舊維持著獨立空間的性質。

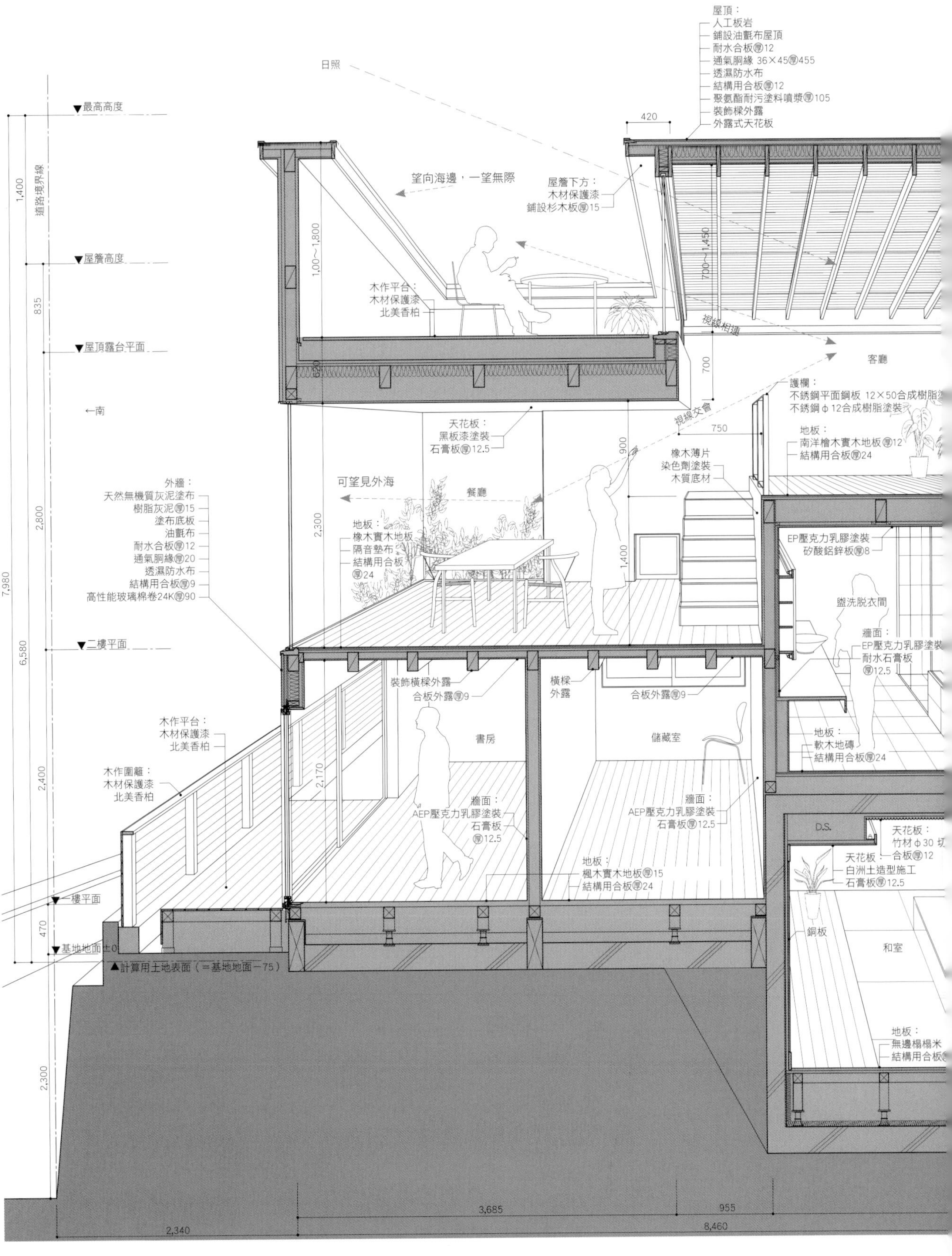
屋頂：
人工板岩
鋪設油氈布屋頂
耐水合板㉘12
通氣胴緣 36×45㉘455
透濕防水布
結構用合板㉘12
聚氨酯耐污塗料噴漿㉘105
裝飾樑外露
外露式天花板
日照
最高高度
屋簷高度
屋頂露台平面
二樓平面
一樓平面
基地地面±0
▲計算用土地表面（＝基地地面－75）
道路境界線
←南
望向海邊，一望無際
屋簷下方：
木材保護漆
鋪設杉木板㉘15
木作平台：
木材保護漆
北美香柏
視線相連
視線交會
客廳
護欄：
不銹鋼平面鋼板 12×50合成樹脂塗裝
不銹鋼 φ 12合成樹脂塗裝
地板：
南洋檜木實木地板㉘12
結構用合板㉘24
天花板：
黑板漆塗裝
石膏板㉘12.5
橡木薄片
染色劑塗裝
木質底材
可望見外海
餐廳
地板：
橡木實木地板
隔音墊布
結構用合板
㉘24
外牆：
天然無機質灰泥塗布
樹脂灰泥㉘15
塗布底板
油氈布
耐水合板㉘12
通氣胴緣㉘20
透濕防水布
結構用合板㉘9
高性能玻璃棉卷24K㉘90
EP壓克力乳膠塗裝
矽酸鋁鋅板㉘8
盥洗脱衣間
牆面：
EP壓克力乳膠塗裝
耐水石膏板
㉘12.5
裝飾橫樑外露
合板外露㉘9
橫樑
外露
合板外露㉘9
書房
儲藏室
地板：
軟木地磚
結構用合板㉘24
木作平台：
木材保護漆
北美香柏
木作圍籬：
木材保護漆
北美香柏
牆面：
AEP壓克力乳膠塗裝
石膏板
㉘12.5
牆面：
AEP壓克力乳膠塗裝
石膏板㉘12.5
D.S.
天花板：
竹材 φ 30
合板㉘12
天花板：
白洲土造型施工
石膏板㉘12.5
地板：
楓木實木地板㉘15
結構用合板㉘24
銅板
和室
地板：
無邊榻榻米
結構用合板
420
1,400
835
2,800
7,980
6,580
2,400
470
2,300
1,00～1,800
700～1,450
700
750
900
2,300
1,400
2,170
3,685
955
2,340
8,460

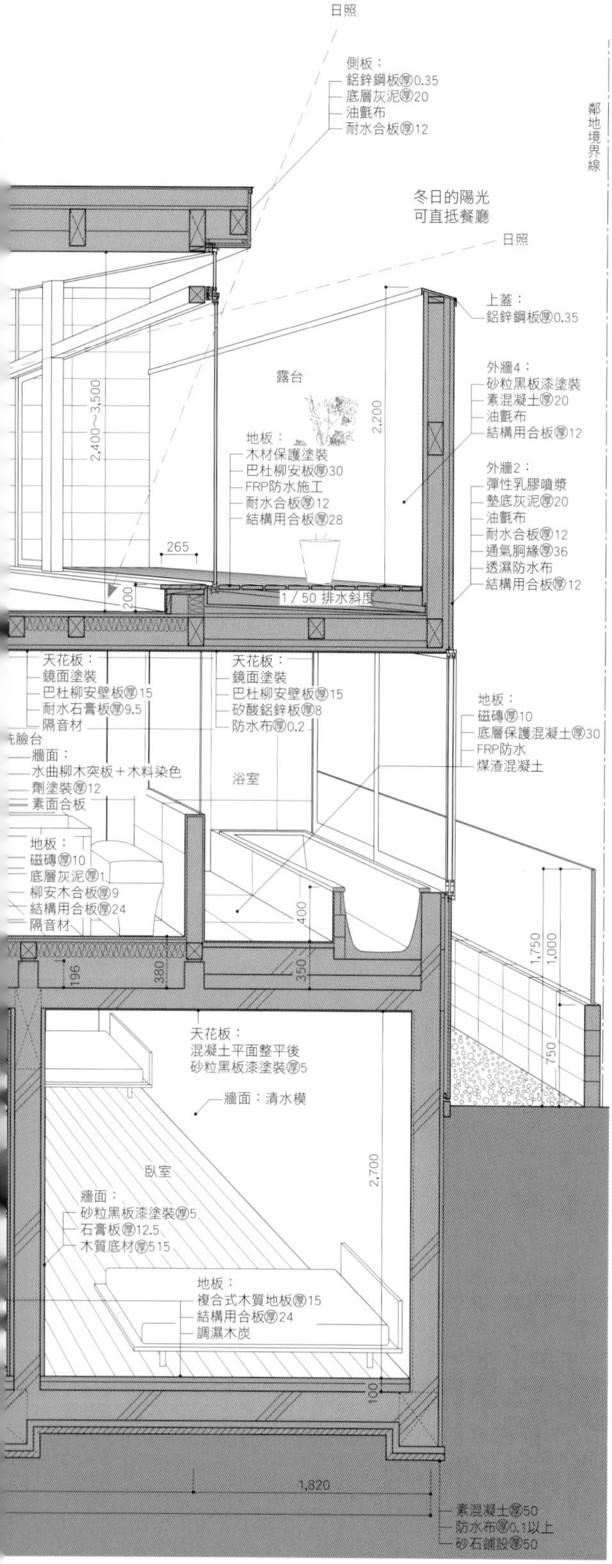

日照
側板：
鋁鋅鋼板厚0.35
底層灰泥厚20
油氈布
耐水合板厚12
鄰地境界線
冬日的陽光
可直抵餐廳
日照
上蓋：
鋁鋅鋼板厚0.35
露台
外牆4：
砂粒黑板漆塗裝
素混凝土厚20
油氈布
結構用合板厚12
2,400～3,500
2,200
地板：
木材保護塗裝
巴杜柳安板厚30
FRP防水施工
耐水合板厚12
結構用合板厚28
外牆2：
彈性乳膠噴漿
墊底灰泥厚20
油氈布
耐水合板厚12
通氣胴緣厚36
透濕防水布
結構用合板厚12
265
200
1／50 排水斜度
天花板：
鏡面塗裝
巴杜柳安壁板厚15
耐水石膏板厚9.5
隔音材
天花板：
鏡面塗裝
巴杜柳安壁板厚15
矽酸鋁鋅板厚8
防水布厚0.2
地板：
磁磚厚10
底層保護混凝土厚30
FRP防水
煤渣混凝土
洗臉台
牆面：
水曲柳木突板＋木料染色
劑塗裝厚12
素面合板
浴室
地板：
磁磚厚10
底層灰泥厚1
柳安木合板厚9
結構用合板厚24
隔音材
400
1,750
1,000
196
380
350
750
天花板：
混凝土平面整平後
砂粒黑板漆塗裝厚5
牆面：清水模
臥室
2,700
牆面：
砂粒黑板漆塗裝厚5
石膏板厚12.5
木質底材厚15
地板：
複合式木質地板厚15
結構用合板厚24
調濕木炭
100
1,820
素混凝土厚50
防水布厚0.1以上
砂石鋪設厚50

由餐廳望向客廳的光景。透過一座寬達 4 米的大階梯，為高度相差 1 米的複層式樓板製造兩者合一的整體感。

「東山家」斷面透視圖（S=1：50）

將與朝南露台相連的客廳，設為比北側的餐廳高出 1 米，再以一座 4 米寬的大階梯連結此二區塊。儘管高度相差 1 米，居住者仍可感覺兩個區塊是同一空間。然後刻意壓低餐廳天花板高度，好在大階梯上方設置一面大開口，為客廳導入來自北側的柔和光線。

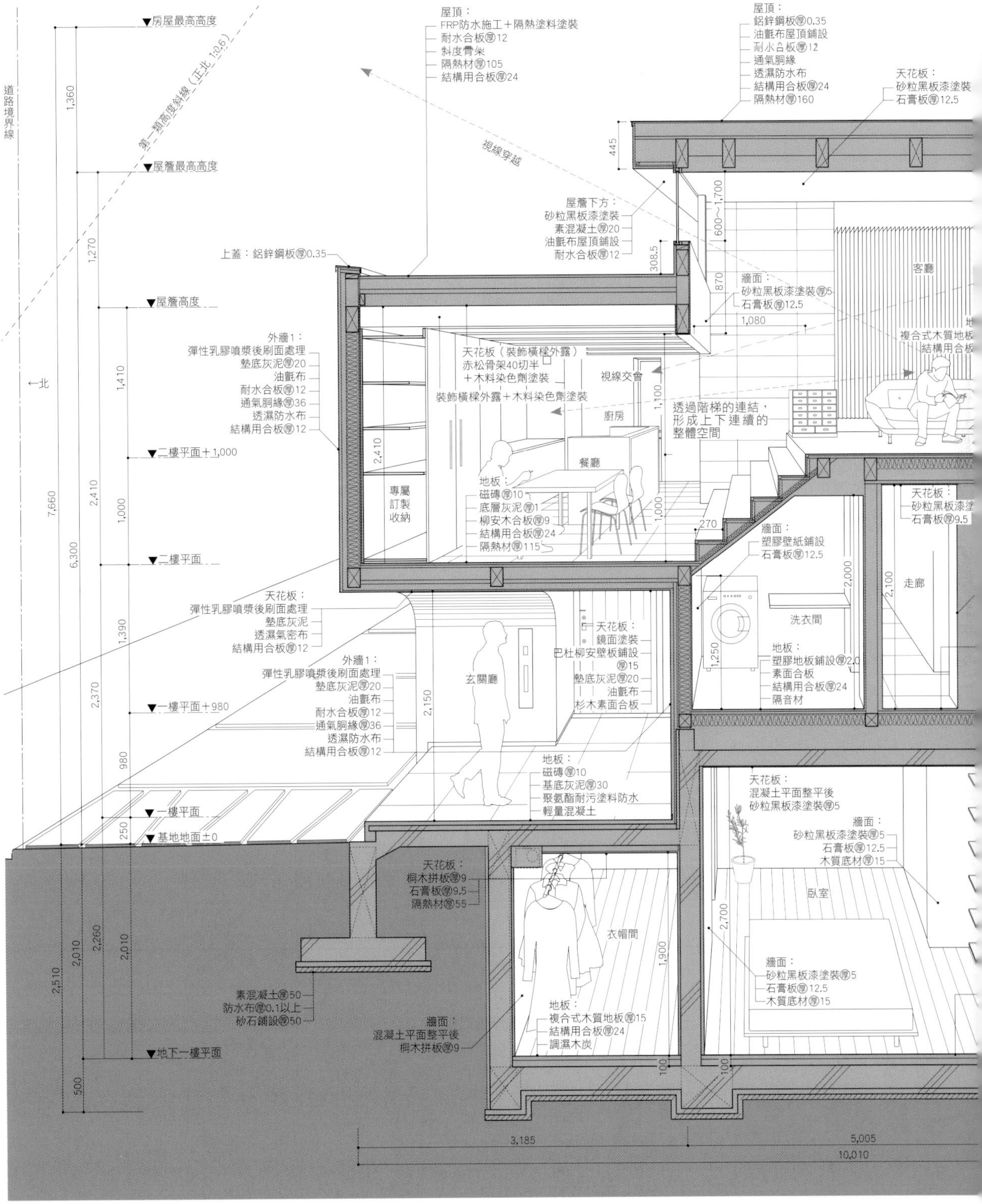
屋頂：
FRP防水施工＋隔熱塗料塗裝
耐水合板厚12
斜度骨架
隔熱材厚105
結構用合板厚24
屋頂：
鋁鋅鋼板厚0.35
油氈布屋頂鋪設
耐水合板厚12
通氣胴緣
透濕防水布
結構用合板厚24
隔熱材厚160
天花板：
砂粒黑板漆塗裝
石膏板厚12.5
▼房屋最高高度
道路境界線
第一類高度斜線（正北1：0.6）
視線穿越
▼屋簷最高高度
屋簷下方：
砂粒黑板漆塗裝
素混凝土厚20
油氈布屋頂鋪設
耐水合板厚12
上蓋：鋁鋅鋼板厚0.35
客廳
牆面：
砂粒黑板漆塗裝厚5
石膏板厚12.5
▼屋簷高度
複合式木質地板
結構用合板
外牆1：
彈性乳膠噴漿後刷面處理
墊底灰泥厚20
油氈布
耐水合板厚12
通氣胴緣厚36
透濕防水布
結構用合板厚12
天花板（裝飾橫樑外露）
赤松骨架40切半
＋木料染色劑塗裝
裝飾橫樑外露＋木料染色劑塗裝
視線交會
廚房
透過階梯的連結，
形成上下連續的
整體空間
←北
▼二樓平面＋1,000
餐廳
專屬
訂製
收納
地板：
磁磚厚10
底層灰泥厚1
柳安木合板厚9
結構用合板厚24
隔熱材厚115
天花板：
砂粒黑板漆塗
石膏板厚9.5
牆面：
塑膠壁紙鋪設
石膏板厚12.5
走廊
▼二樓平面
天花板：
彈性乳膠噴漿後刷面處理
墊底灰泥
透濕氣密布
結構用合板厚12
天花板：
鏡面塗裝
巴杜柳安壁板鋪設
厚15
墊底灰泥厚20
油氈布
杉木素面合板
洗衣間
地板：
塑膠地板鋪設厚2.0
素面合板
結構用合板厚24
隔音材
外牆1：
彈性乳膠噴漿後刷面處理
墊底灰泥厚20
油氈布
耐水合板厚12
通氣胴緣厚36
透濕防水布
結構用合板厚12
玄關廳
▼一樓平面＋980
地板：
磁磚厚10
基底灰泥厚30
聚氨酯耐污塗料防水
輕量混凝土
天花板：
混凝土平面整平後
砂粒黑板漆塗裝厚5
牆面：
砂粒黑板漆塗裝厚5
石膏板厚12.5
木質底材厚15
▼一樓平面
▼基地地面±0
天花板：
桐木拼板厚9
石膏板厚9.5
隔熱材厚55
衣帽間
臥室
素混凝土厚50
防水布厚0.1以上
砂石鋪設厚50
牆面：
砂粒黑板漆塗裝厚5
石膏板厚12.5
木質底材厚15
地板：
複合式木質地板厚15
結構用合板厚24
調濕木炭
牆面：
混凝土平面整平後
桐木拼板厚9
▼地下一樓平面
1,360
1,270
1,410
1,000
1,390
980
250
2,010
500
7,660
6,300
2,410
2,370
2,260
2,010
2,510
445
600～1,700
308.5
870
1,080
1,100
2,410
1,000
270
2,000
2,100
1,250
2,150
1,900
2,700
100
100
3,185
5,005
10,010

4.2 Adding IBASHO 加法：空箱組合

以牆壁隔間是一般最常見的隔間概念，不過還另有一妙法：將臥室和用水區域等空間視為不同的「空箱」，再逕行組合。透過這種手法所生成的空間感，將完全有別於單純以牆壁隔間所生成的空間。

「鷺沼家」正是一幢導入「空箱組合」概念設計而成的作品。除了顧及案主本身對於隱私保護的要求，我們在組合完「空箱」之後，才將剩餘的空間設為公共空間，亦即客廳。基本上，整棟建物採用日本傳統木造工法，但為了避免用水區域的濕氣外露，且顧及浴室的蓄熱能力，維持建物整體的溫熱環境，特別將用水區域改用混凝土建材。另外，也為了強化書房的空間立體感，刻意在外牆包裹一層金屬板，最後再透過巧妙手法為每一個「空箱」開設窗口，將原本各自為政的空間，注入了連續性和空間整體感。

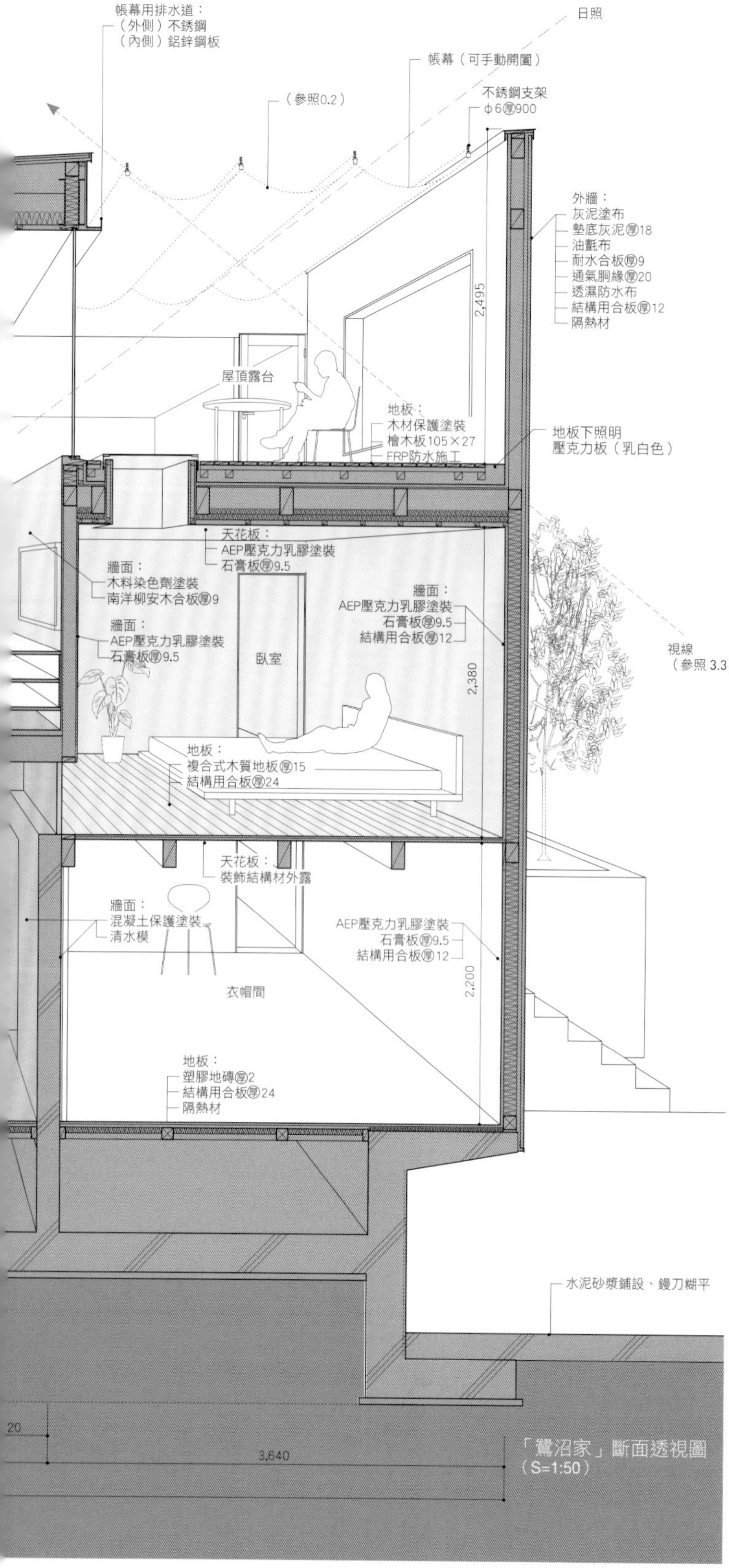

帳幕用排水道：
（外側）不銹鋼
（內側）鋁鋅鋼板
日照
帳幕（可手動開闔）
（參照0.2）
不銹鋼支架
φ6㊎900
外牆：
灰泥塗布
墊底灰泥㊎18
油氈布
耐水合板㊎9
通氣胴緣㊎20
透濕防水布
結構用合板㊎12
隔熱材
2,495
屋頂露台
地板：
木材保護塗裝
檜木板105×27
FRP防水施工
地板下照明
壓克力板（乳白色）
天花板：
AEP壓克力乳膠塗裝
石膏板㊎9.5
牆面：
木料染色劑塗裝
南洋柳安木合板㊎9
牆面：
AEP壓克力乳膠塗裝
石膏板㊎9.5
結構用合板㊎12
牆面：
AEP壓克力乳膠塗裝
石膏板㊎9.5
臥室
2,380
視線
（參照 3.3）
地板：
複合式木質地板㊎15
結構用合板㊎24
天花板：
裝飾結構材外露
牆面：
混凝土保護塗裝
清水模
AEP壓克力乳膠塗裝
石膏板㊎9.5
結構用合板㊎12
2,200
衣帽間
地板：
塑膠地磚㊎2
結構用合板㊎24
隔熱材
水泥砂漿鋪設、鏝刀糊平
20
3,640

「鷺沼家」斷面透視圖
（S=1:50）

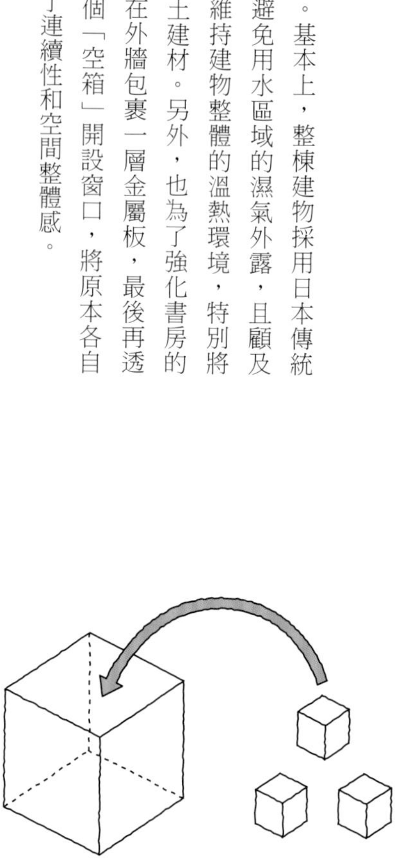

將幾個大小不同的空箱交互組合，形成高度相異、視線交錯的空間，實現活潑生動的動態佈局。照片中右上方的凸出空間，正是經金屬板強化後的立體空箱（＝書房）。

由空箱（臥室）的窗口不僅可以望見天景，亦可望見其他的空箱（客廳）。

正門入口。廚房就在正面上方，清楚可見。

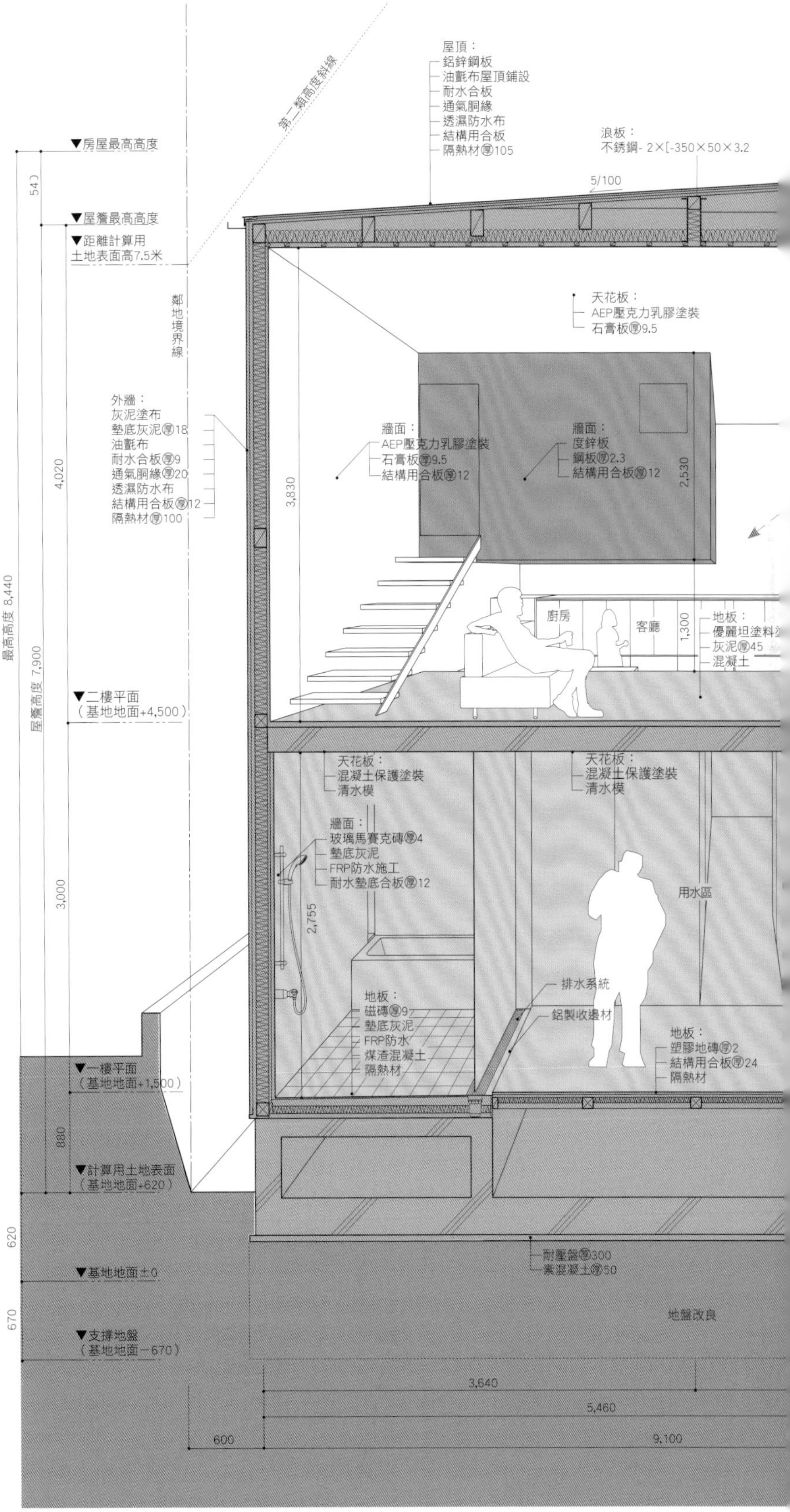

第二類高度斜線
屋頂：
鋁鋅鋼板
油氈布屋頂鋪設
耐水合板
通氣胴緣
透濕防水布
結構用合板
隔熱材厚105
浪板：
不銹鋼- 2×[-350×50×3.2
5/100
▼房屋最高高度
540
▼屋簷最高高度
▼距離計算用
土地表面高7.5米
鄰地境界線
天花板：
AEP壓克力乳膠塗裝
石膏板厚9.5
外牆：
灰泥塗布
墊底灰泥厚18
油氈布
耐水合板厚9
通氣胴緣厚20
透濕防水布
結構用合板厚12
隔熱材厚100
牆面：
AEP壓克力乳膠塗裝
石膏板厚9.5
結構用合板厚12
牆面：
度鋅板
鋼板厚2.3
結構用合板厚12
4,020
3,830
2,530
最高高度 8,440
屋簷高度 7,900
廚房
客廳
1,300
地板：
優麗坦塗料
灰泥厚45
混凝土
▼二樓平面
（基地地面+4,500）
天花板：
混凝土保護塗裝
清水模
天花板：
混凝土保護塗裝
清水模
牆面：
玻璃馬賽克磚厚4
墊底灰泥
FRP防水施工
耐水墊底合板厚12
3,000
2,755
用水區
排水系統
鋁製收邊材
地板：
磁磚厚9
墊底灰泥
FRP防水
煤渣混凝土
隔熱材
地板：
塑膠地磚厚2
結構用合板厚24
隔熱材
▼一樓平面
（基地地面+1,500）
880
▼計算用土地表面
（基地地面+620）
620
耐壓盤厚300
素混凝土厚50
▼基地地面±0
670
地盤改良
▼支撐地盤
（基地地面－670）
3,640
5,460
600
9,100

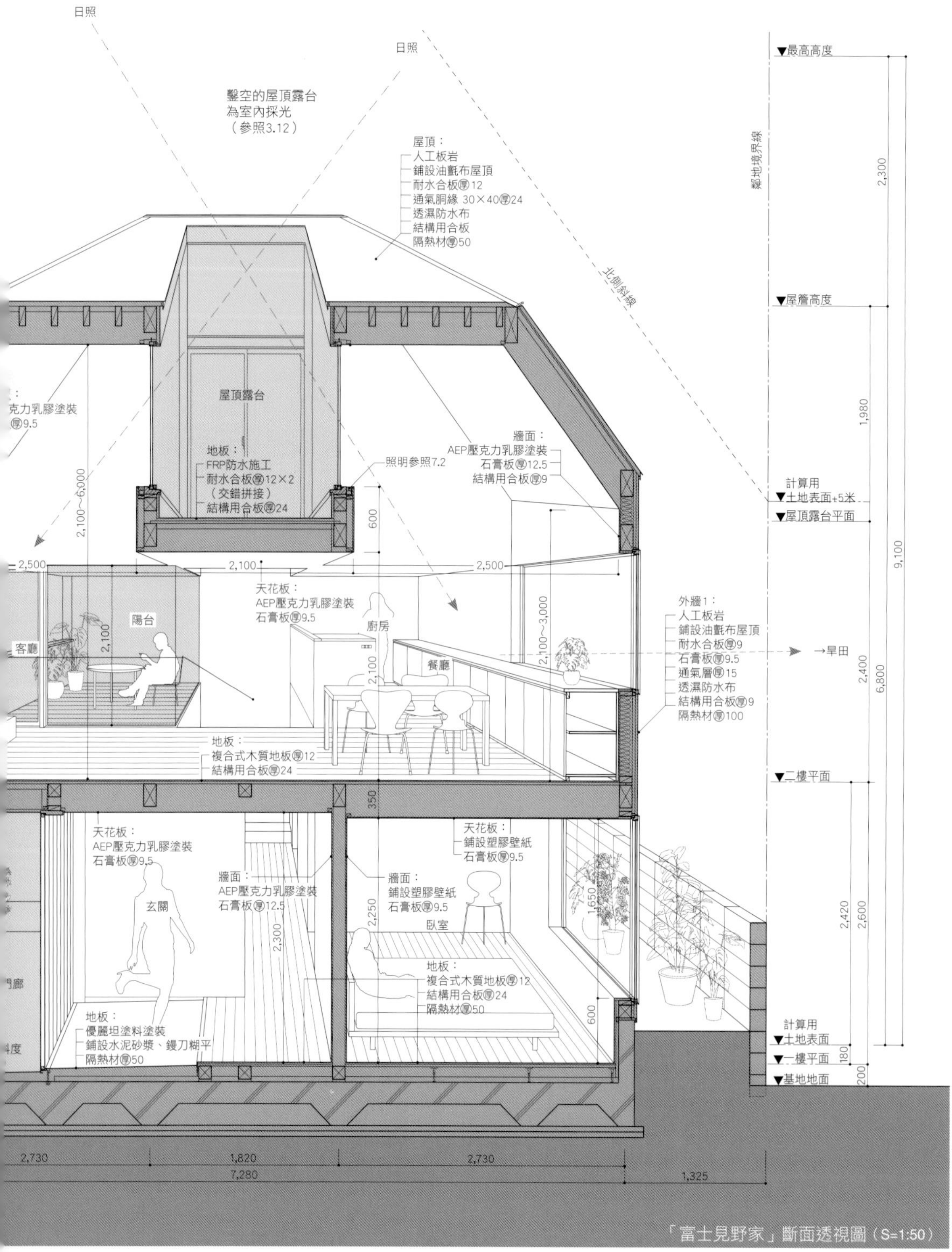
日照
日照
鑿空的屋頂露台
為室內採光
（參照3.12）
屋頂：
人工板岩
鋪設油氈布屋頂
耐水合板厚12
通氣胴緣 30×40厚24
透濕防水布
結構用合板
隔熱材厚50
北側斜線
鄰地境界線
▼最高高度
2,300
▼屋簷高度
1,980
計算用
▼土地表面+5米
▼屋頂露台平面
9,100
屋頂露台
地板：
FRP防水施工
耐水合板厚12×2
（交錯拼接）
結構用合板厚24
照明參照7.2
牆面：
AEP壓克力乳膠塗裝
石膏板厚12.5
結構用合板厚9
克力乳膠塗裝
厚9.5
2,100～6,000
600
2,500
2,100
2,500
天花板：
AEP壓克力乳膠塗裝
石膏板厚9.5
陽台
客廳
2,100
廚房
2,100
餐廳
2,100～3,000
外牆1：
人工板岩
鋪設油氈布屋頂
耐水合板厚9
石膏板厚9.5
通氣層厚15
透濕防水布
結構用合板厚9
隔熱材厚100
→旱田
2,400
6,800
地板：
複合式木質地板厚12
結構用合板厚24
▼二樓平面
350
天花板：
AEP壓克力乳膠塗裝
石膏板厚9.5
牆面：
AEP壓克力乳膠塗裝
石膏板厚12.5
玄關
2,300
2,250
天花板：
鋪設塑膠壁紙
石膏板厚9.5
牆面：
鋪設塑膠壁紙
石膏板厚9.5
臥室
1,650
2,420
2,600
門廊
地板：
複合式木質地板厚12
結構用合板厚24
隔熱材厚50
600
地板：
優麗坦塗料塗裝
鋪設水泥砂漿、鏝刀糊平
隔熱材厚50
度
計算用
▼土地表面
▼一樓平面
▼基地地面
180
200
2,730
1,820
2,730
7,280
1,325
「富士見野家」斷面透視圖（S=1:50）

要在有限的建築基地上取得最大的室內氣積，包括直接採用斜線限制，將建物切割成一個多面體（參照2.1），或者運用天空率為建物保留完整外型（參照2.2）。除此之外，我們也曾提及另一個不大一樣的創造室內空間的方法：先根據斜線限制和建蔽率（水平投射在基地上的建物面積）取得建物的最大容積，再配合容積率，削除或鑿空一部分地板面積。

為了替「富士見野家」設計案取得他們所期望的面積，採用的正是第三種方法。首先，取得合乎法定建蔽率的平面面積，高度上則在斜線限制的允許範圍內取得建物最大的外觀，再透過減法，削除局部的地板面積，以符合法定容積率。最後將鑿空的部分設為玄關門廊和陽台等兩處帶有屋頂的外部空間，完成位處房屋密集地區中，既可有效遮蔽鄰居視線，又能充分採光、通風的整體設計。

上方經鑿空後形成的屋頂露台。入夜後，屋頂露台會變成一面大型的照明（參照7.2）。

光線由上方的屋頂露台照入。從餐廳邊的大窗口則可望見戶外一整片的旱田。

從路邊望見的建物外觀。鑿空形成的玄關門廊和陽台清楚可見。

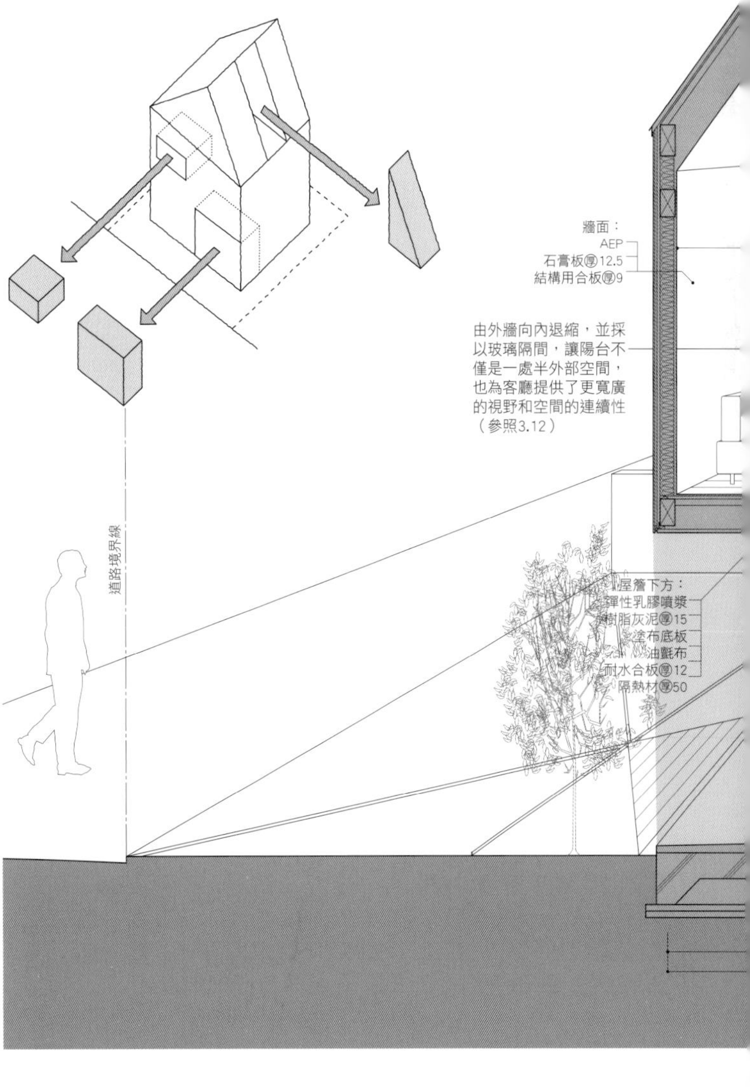
牆面：
AEP
石膏板厚12.5
結構用合板厚9
由外牆向內退縮，並採以玻璃隔間，讓陽台不僅是一處半外部空間，也為客廳提供了更寬廣的視野和空間的連續性（參照3.12）
道路境界線
屋簷下方：
彈性乳膠噴漿
樹脂灰泥厚15
塗布底板
油氈布
耐水合板厚12
隔熱材厚50

4.4 The secret base in between "slab" and "void"
鑿空手法創造高低變化

即使在同一個空間，只要改變地板或天花板高度，即可形塑出完全不同形式的居所。藉由水平方向的地板大小進行空間區隔，是一般人比較容易能想像的，然而實際上，透過垂直進行區隔，同樣可以創造出特殊的空間感。通常，在利用天花板高度製造空間變化時，建築設計師會刻意把低處的高度壓低，刻意製造空間的壓迫感，其他區域則會因為高低差而產生空間的節奏感。

在「玉蘭坂家」這間大套房裡，我們嘗試重複透過改變地板高度的手法，並且藉由不同的組合變化，製造出多處讓居住者可以清楚感受其間明顯的差異，譬如「以地為桌」，利用高低差製造出擁有七〇厘米正常高度的書桌，以及利用橫樑外露的局部挑高，營造內部的視線交會和空間連續性。

透過鋪設在橫樑上的木板，即改變了下部空間的天花板高度。

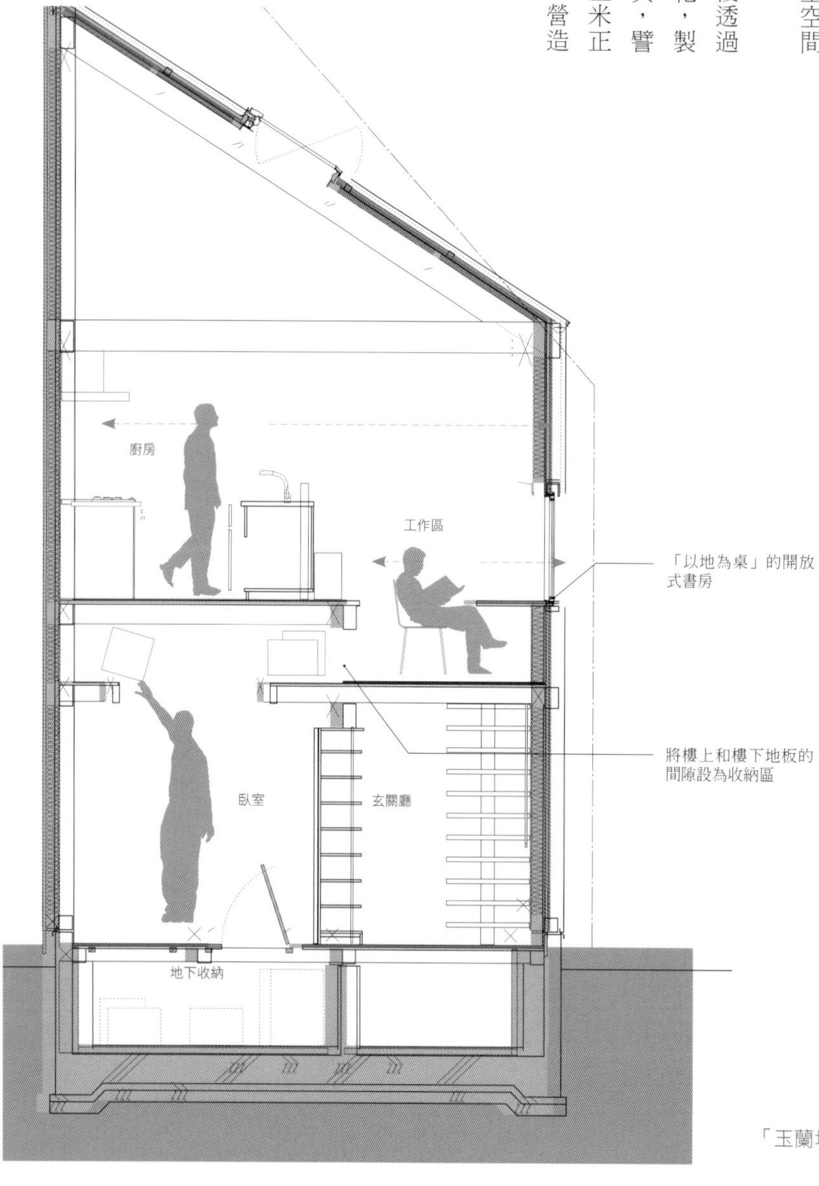
廚房
工作區
「以地為桌」的開放式書房
將樓上和樓下地板的間隙設為收納區
臥室
玄關廳
地下收納
「玉蘭坂家」一樓平面配置圖（S=1:60）

穿過地板的間隙可望見客廳。

刻意壓低地板的高度，藉以營造四周被包圍的安全感。

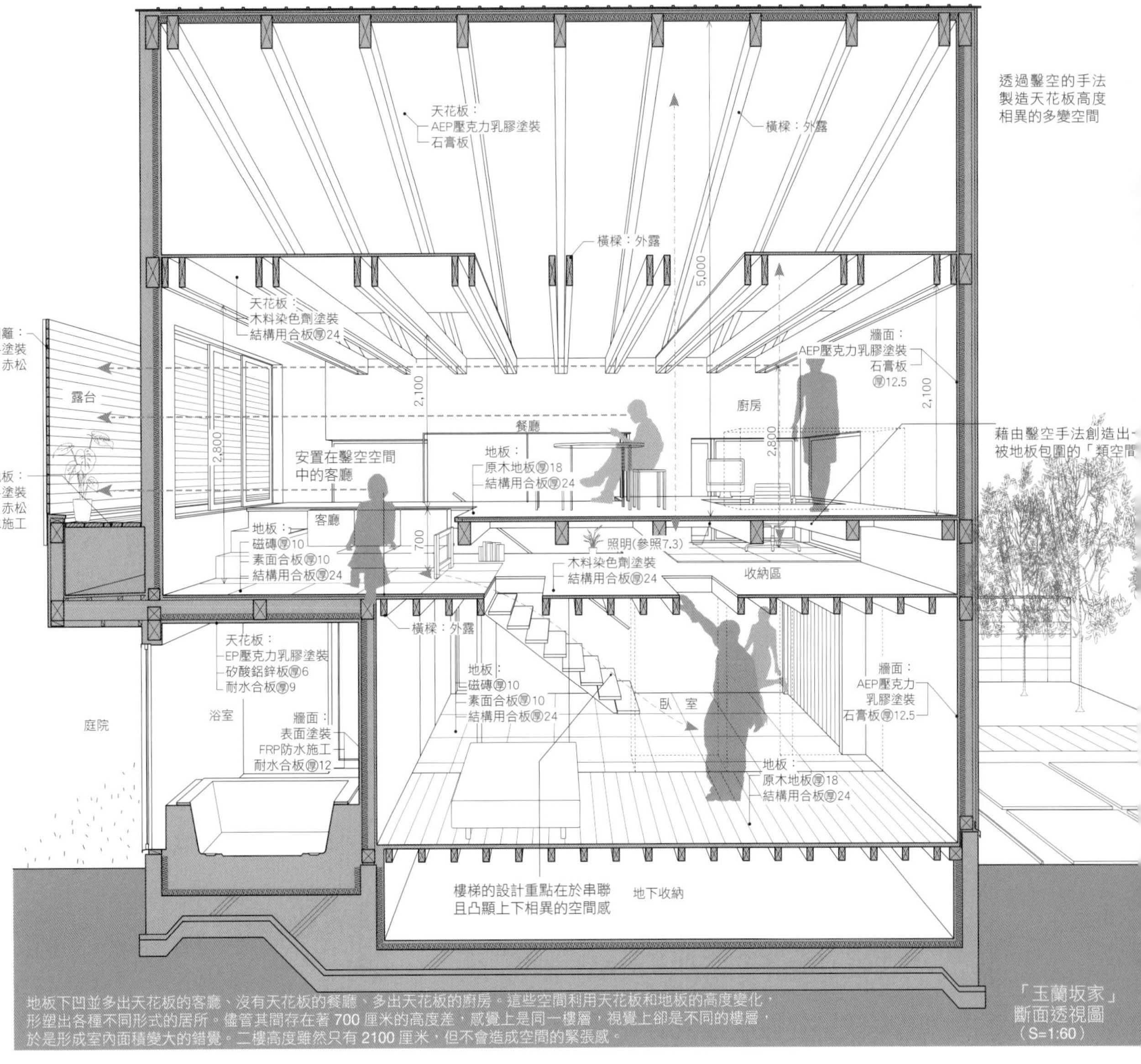

透過鑿空的手法
製造天花板高度
相異的多變空間
天花板：
AEP壓克力乳膠塗裝
石膏板
橫樑：外露
橫樑：外露
5,000
天花板：
木料染色劑塗裝
結構用合板厚24
圍籬：
木料塗裝
赤松
露台
2,100
2,800
餐廳
廚房
牆面：
AEP壓克力乳膠塗裝
石膏板
厚12.5
2,100
2,800
藉由鑿空手法創造出
被地板包圍的「類空間
安置在鑿空空間
中的客廳
地板：
原木地板厚18
結構用合板厚24
木作地板：
木料塗裝
赤松
FRP防水施工
地板：
磁磚厚10
素面合板厚10
結構用合板厚24
客廳
700
照明(參照7.3)
木料染色劑塗裝
結構用合板厚24
收納區
橫樑：外露
天花板：
EP壓克力乳膠塗裝
矽酸鋁鋅板厚6
耐水合板厚9
地板：
磁磚厚10
素面合板厚10
結構用合板厚24
臥室
牆面：
AEP壓克力
乳膠塗裝
石膏板厚12.5
庭院
浴室
牆面：
表面塗裝
FRP防水施工
耐水合板厚12
地板：
原木地板厚18
結構用合板厚24
樓梯的設計重點在於串聯
且凸顯上下相異的空間感
地下收納

地板下凹並多出天花板的客廳、沒有天花板的餐廳、多出天花板的廚房。這些空間利用天花板和地板的高度變化，形塑出各種不同形式的居所。儘管其間存在著 700 厘米的高度差，感覺上是同一樓層，視覺上卻是不同的樓層，於是形成室內面積變大的錯覺。二樓高度雖然只有 2100 厘米，但不會造成空間的緊張感。

「玉蘭坂家」
斷面透視圖
（S=1:60）

4.5 Columns define attribute of spaces

利用結構體打造獨有住宅空間

相較於其他類型的建材結構，木造房屋的樑柱存在較多的制約，譬如柱體間的距離若太大，則無法撐住屋頂。不過我們仍可將此制約視為木造結構的特色，透過不同的支撐方式及柱體的落點，創造出與眾不同的設計格局。經過刻意的安排，一樣能在偌大的空間中找出最適合的木柱排列方式，形塑出全新的空間潛力。

用作結構材的木製材料都得依循市場規格，無法自由設計，更不可能自行砍伐、裁切，這是業界從以前到現在都知道的規定。

因此，「深澤家」設計案，採用了市場流通的標準規格木材進行組裝，不同的是，我們使用V形柱的特殊架設手法，打造出較一般木造房屋更為寬敞，且獨一無二的住宅空間。

將日本國產的杉木組裝成V形柱，成功實現了一座大套房空間。

透過V形柱的排列組合，製造出一般大型空間極少見的隔間。V形柱的左側是客廳，右側是餐廚空間。

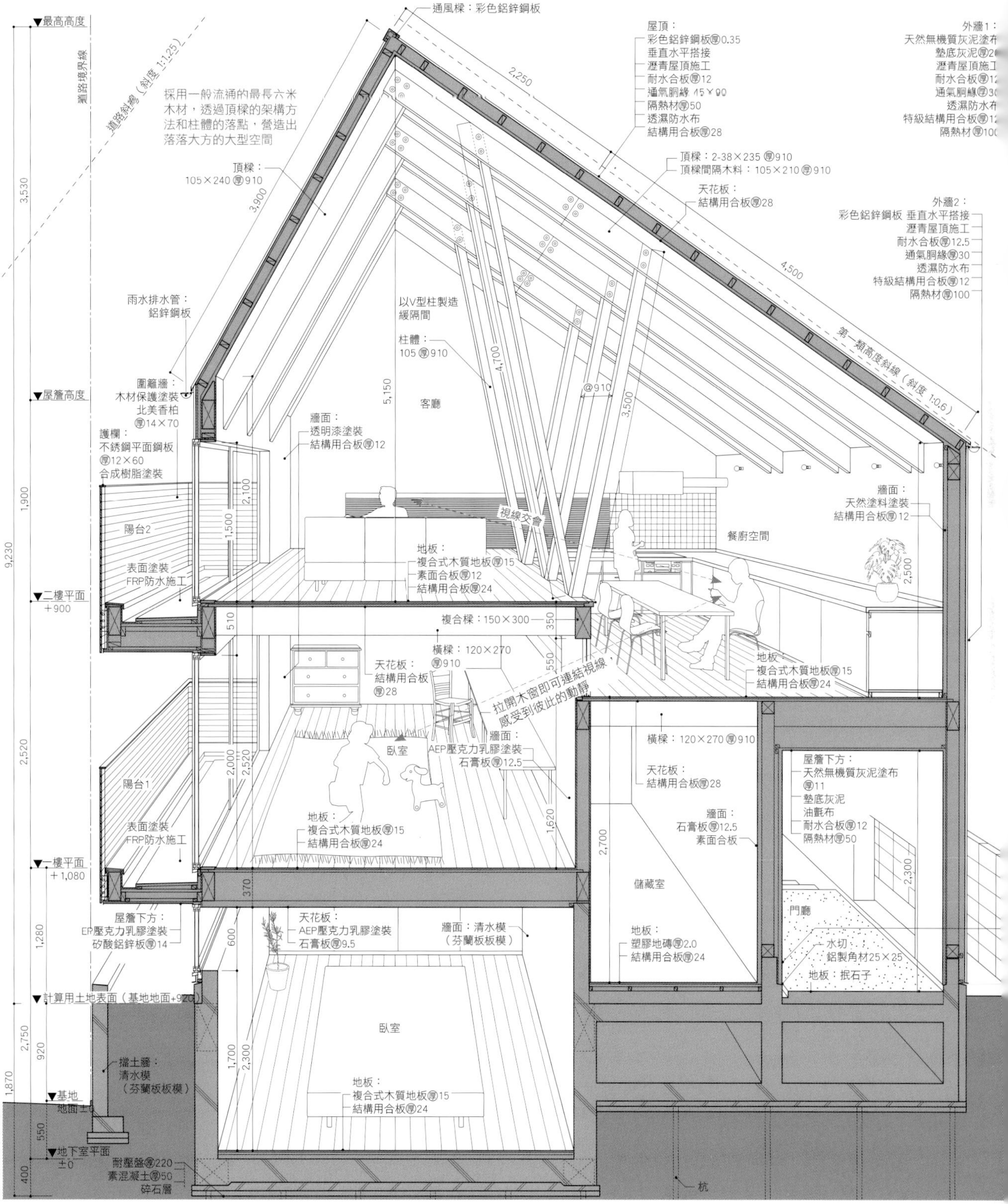

▼最高高度
道路境界線
道路斜線（斜度1:1.25）
通風梁：彩色鋁鋅鋼板
屋頂：
彩色鋁鋅鋼板厚0.35
垂直水平搭接
瀝青屋頂施工
耐水合板厚12
通氣胴緣45×90
隔熱材厚50
透濕防水布
結構用合板厚28
外牆1：
天然無機質灰泥塗布
墊底灰泥厚20
瀝青屋頂施工
耐水合板厚12
通氣胴緣厚30
透濕防水布
特級結構用合板厚12
隔熱材厚100
2,250
採用一般流通的最長六米木材，透過頂梁的架構方法和柱體的落點，營造出落落大方的大型空間
頂梁：
105×240厚910
頂梁：2-38×235厚910
頂梁間隔木料：105×210厚910
天花板：
結構用合板厚28
外牆2：
彩色鋁鋅鋼板 垂直水平搭接
瀝青屋頂施工
耐水合板厚12.5
通氣胴緣厚30
透濕防水布
特級結構用合板厚12
隔熱材厚100
3,530
3,900
4,500
雨水排水管：
鋁鋅鋼板
以V型柱製造緩隔間
柱體：
105厚910
4,700
第一類高度斜線（斜度1:0.6）
5,150
客廳
@910
3,500
▼屋簷高度
圍籬牆：
木材保護塗裝
北美香柏
厚14×70
護欄：
不銹鋼平面鋼板
厚12×60
合成樹脂塗裝
牆面：
透明漆塗裝
結構用合板厚12
牆面：
天然塗料塗裝
結構用合板厚12
1,900
陽台2
1,500
2,100
視線交會
餐廚空間
9,230
表面塗裝
FRP防水施工
地板：
複合式木質地板厚15
素面合板厚12
結構用合板厚24
2,500
▼二樓平面
＋900
510
複合梁：150×300
350
橫梁：120×270
厚910
550
天花板：
結構用合板
厚28
拉開木窗即可連結視線
感受到彼此的動靜
地板：
複合式木質地板厚15
結構用合板厚24
橫梁：120×270厚910
臥室
AEP壓克力乳膠塗裝
牆面：
石膏板厚12.5
2,520
陽台1
2,000
2,520
天花板：
結構用合板厚28
屋簷下方：
天然無機質灰泥塗布
厚11
墊底灰泥
油氈布
耐水合板厚12
隔熱材厚50
牆面：
石膏板厚12.5
素面合板
2,700
1,620
表面塗裝
FRP防水施工
地板：
複合式木質地板厚15
結構用合板厚24
2,300
儲藏室
▼一樓平面
＋1,080
370
門廳
屋簷下方：
EP壓克力乳膠塗裝
矽酸鋁鋅板厚14
1,280
天花板：
AEP壓克力乳膠塗裝
石膏板厚9.5
牆面：清水模
（芬蘭板板模）
600
地板：
塑膠地磚厚2.0
結構用合板厚24
水切：
鋁製角材25×25
地板：抿石子
▼計算用土地表面（基地地面+920）
2,750
920
臥室
擋土牆：
清水模
（芬蘭板板模）
1,700
2,300
1,870
▼基地
地面
地板：
複合式木質地板厚15
結構用合板厚24
550
▼地下室平面
±0
耐壓盤厚220
素混凝土厚50
碎石層
400
杭

「深澤家」斷面透視圖（S=1:50）

4.6 Thickness of wall, opening of wall
思考牆的厚度與開口

決定以牆壁作為隔間時，首先必須考量的就是牆壁的厚度。因為一米厚的石造牆和十厘米厚的薄牆，儘管原始的目的都是隔間，給人的印象卻天差地遠。即便是厚度相同的兩面牆，也會因為牆上開口（窗戶或出入口）的位置和大小，而改變了房間彼此連結的強度。

在規劃「赤塚家」案例時，我們決定將它設計成一處「家人聚會的居所」，把餐廳設定在建物的中央，其他房間則環繞四周。細節的部分，首先，餐廳和客廳之間採以無厚度的虛擬隔間，意即居住者可以清楚感受得到間隔的存在，但實際上只是一個完全開放的大開口（出入口），目的是為了強化兩者之間的連續性。然後在餐廳和主臥室之間安排了一面具有收納功能的厚牆，刻意拉長從餐廳走入主臥室開口（出入口）的距離，目的則是為了提高主臥室本身的隱密性。

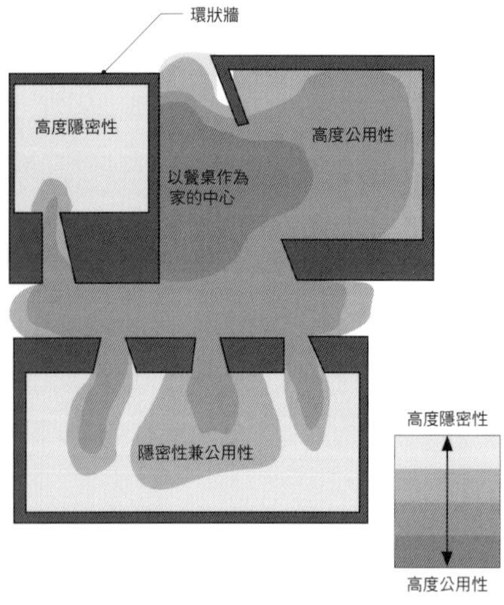
環狀牆
高度隱密性
高度公用性
以餐桌作為
家的中心
隱密性兼公用性
高度隱密性
高度公用性

「赤塚家」家人距離概念圖

透過環狀牆的厚度、開口位置和大小，製造距離感。

右上／設在建物中央的餐廳。穿過完全開放的大開口，「隔壁」的客廳近在眼前。透過牆壁的厚度和開口的大小，製造家人間的距離感。
右下／門廳。左邊是臥室，右邊進去是客餐廚空間。藉由兩側具有收納功能的厚牆，營造空間的獨立性。
左上／從餐廳望向臥室的光景。距離不遠，卻因為先大後小的開口設計，形塑出既連續又保護臥室隱私的距離感。
左下／刻意拉遠距離，必須拐兩個彎才能進入主臥室，形成隱密性極高的安全空間。

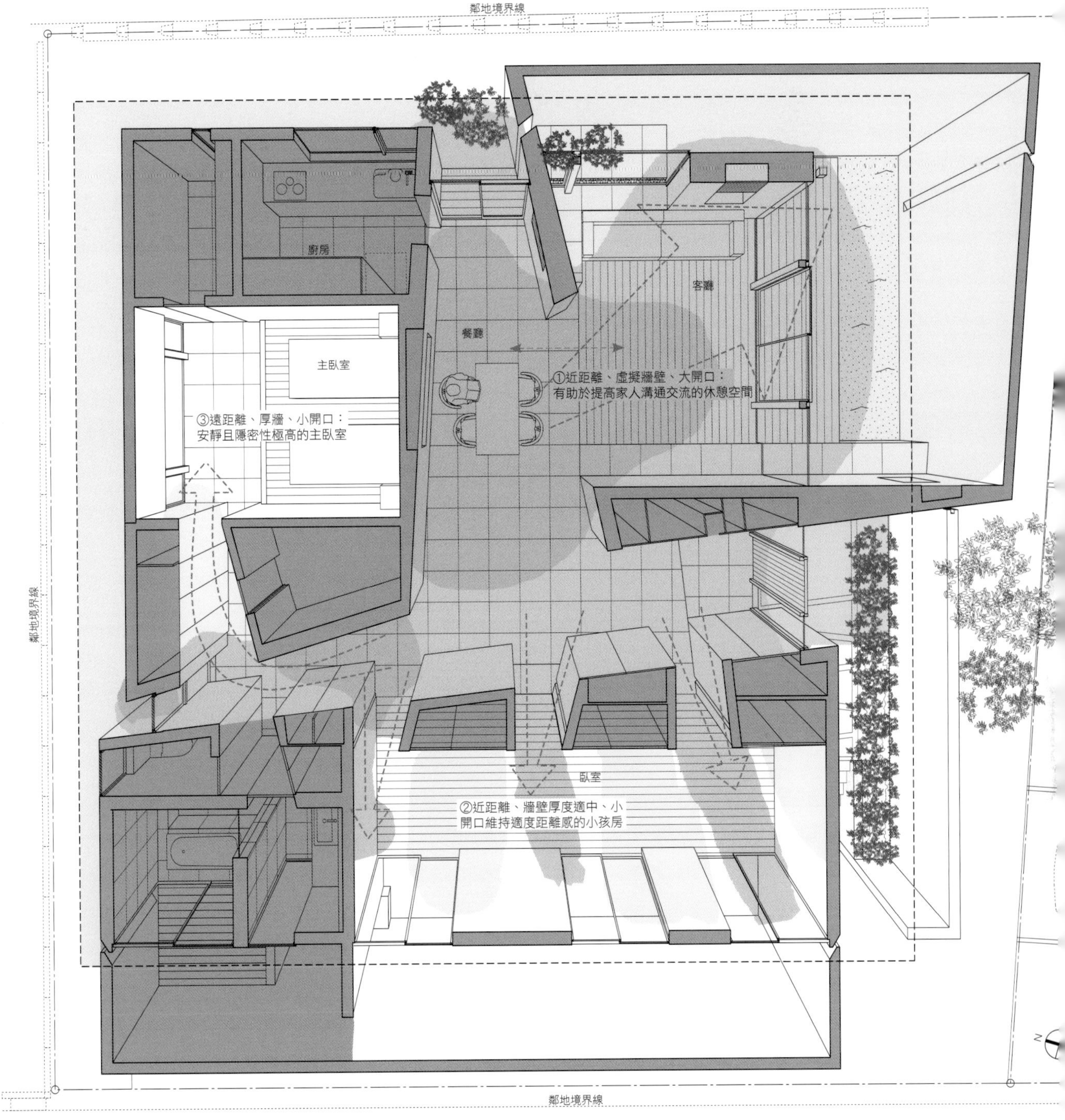
鄰地境界線
廚房
客廳
餐廳
主臥室
①近距離、虛擬牆壁、大開口：
有助於提高家人溝通交流的休憩空間
③遠距離、厚牆、小開口：
安靜且隱密性極高的主臥室
鄰地境界線
臥室
②近距離、牆壁厚度適中、小
開口維持適度距離感的小孩房
鄰地境界線

「赤塚家」平面透視圖（S=1:100）

4.7 Angled walls, large shed roof

斜牆與斜天花板的趣味

只要稍做加工，一間原本單調的大套房，一樣可以變成一處極富變化性和充滿節奏感的個性住宅。

「岡崎家」便是個典型的案例。它的基地形狀完整方正，我們決定為它罩上一面單坡屋頂，從舉手可至的高度到近乎一般二樓的高度，內部挑高。單靠這樣的斜面屋頂（傾斜天花板）設計，便已為室內製造出極具特色的空間節奏。然後再配合斜面屋頂，稍微改變了室內原本直角交會的隔間牆的角度，藉以增加室內的遠近感，凸顯室內的空間變化。要言之，透過平面和斷面兩種角度的改變，即足以形塑出空間中的動態效果，讓室內更為活潑且有生氣。

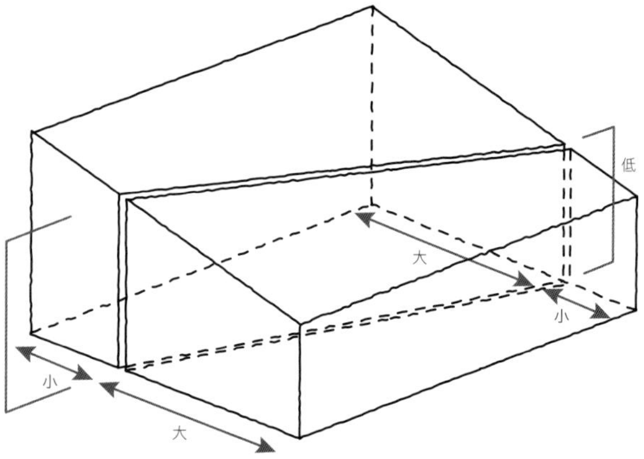

「岡崎家」概念圖

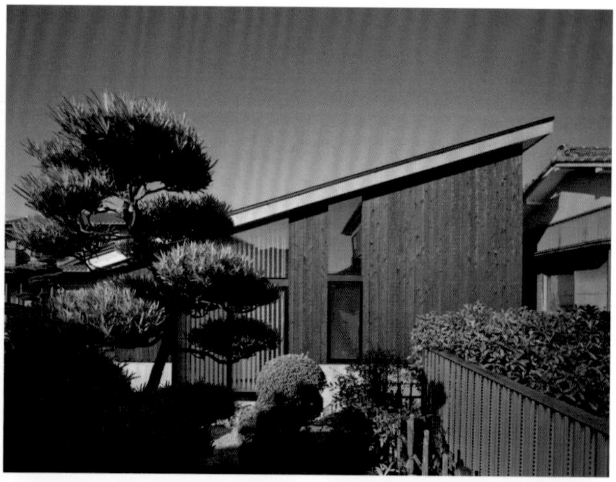

右上／南側外觀。　右下／從門廳望向客餐廚空間的光景。　中下／由臥室望向餐廳的光景。　左／從主臥室穿過中庭望向客餐廚空間的光景。

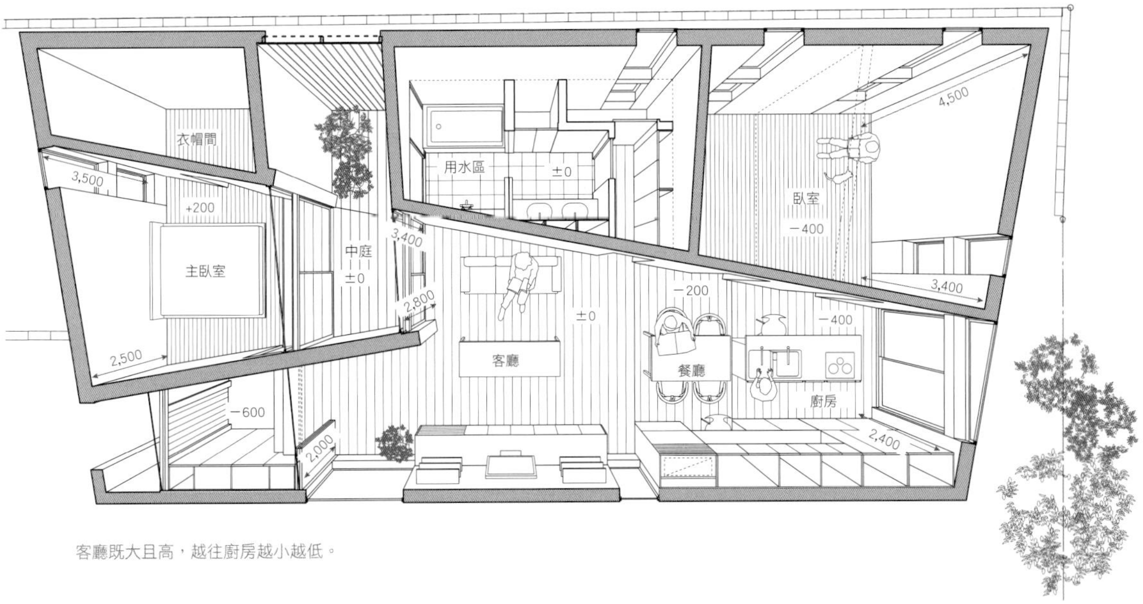

客廳既大且高，越往廚房越小越低。

「岡崎家」平面透視圖（S=1:120）

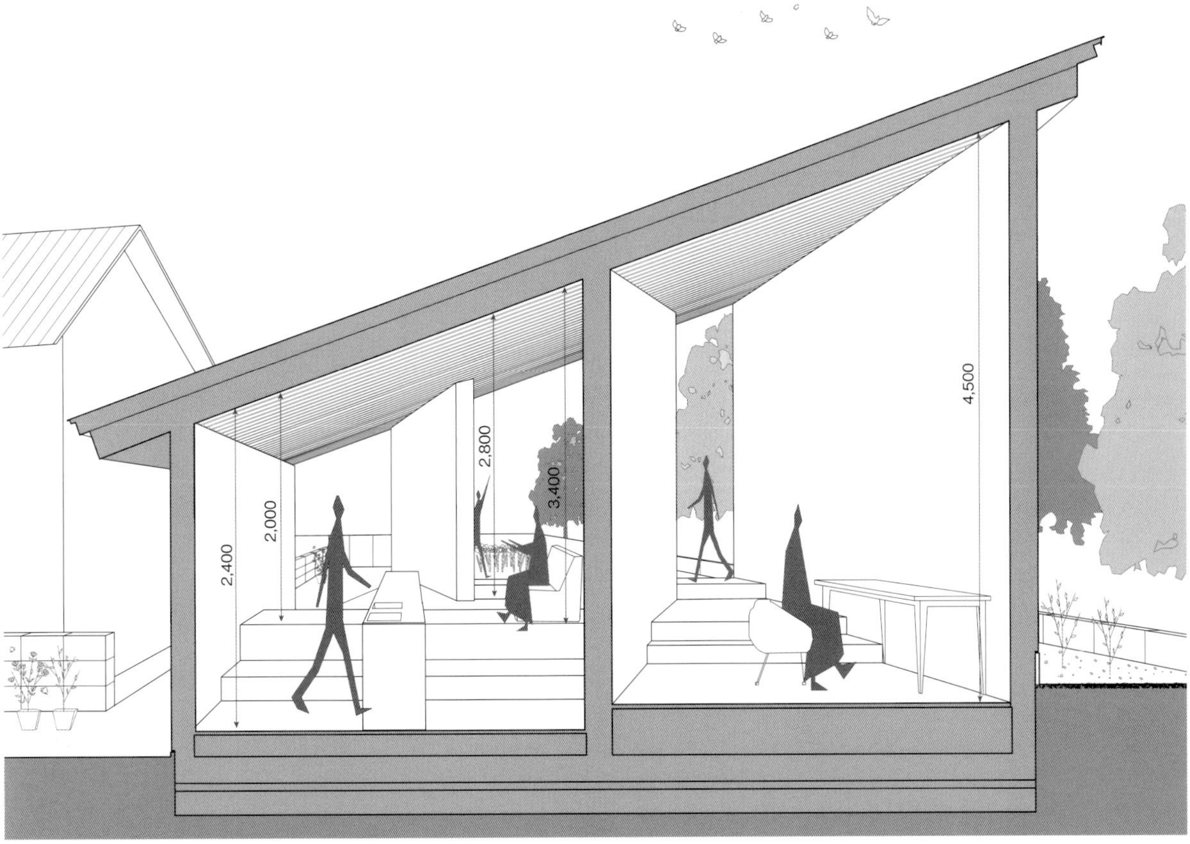

刻意在室內高低差的地板和傾斜的天花板間插入歪斜的牆壁，
創造高度差異性的多變空間。

「岡崎家」概念斷面透視圖（S=1:60）

4.8 複數軸線與雙坡屋頂

Plan with several axes and a large gable roof

和前篇單坡屋頂的傾斜天花板一樣，注入一點巧思，即可大大改變雙坡屋頂原本單調的內部結構，營造出更具動態感的隔間效果。

「成瀨家」設計案位在一條三叉路口邊，基地是塊多邊形的畸形地。一開始決定先為它罩上兩面屋頂，並且根據基地外的環境修正建物的方向，最後再配合屋頂的斜度，改變牆壁的角度。僅僅如此，天花板的高度便自然出現變化，形成極為獨特的空間。外觀看似一幢單純的建築，其實內部的空間感完全超乎想像（參照2.6）。

右／從玄關望向客廳的光景。　中上／由客廳望向餐廳和廚房。　中下／自客廳望向玄關，以及為了遮蔽夕陽而刻意壓低、限縮的小開口。
左上／北面的外觀。　左下／客廳和餐廳。

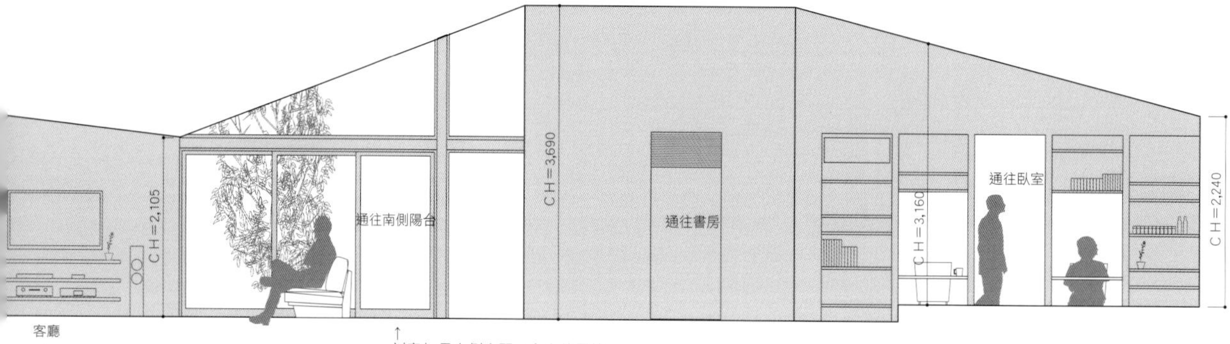

CH=2,105
通往南側陽台
CH=3,690
通往書房
通往臥室
CH=3,160
CH=2,240

客廳
↑
面對南側陽台的方向，是一整面落地窗

↑
刻意加長南側大開口上方的屋簷，
以便截斷夏日豔陽

「成瀨家」展開圖（S=1:80）

3,200
2,150
客廳
臥室
收納
餐廳
400
衣帽間
用水區
廚房
門廳
3,500
臥室
收納
1,000

「成瀨家」平面透視圖（S=1:100）

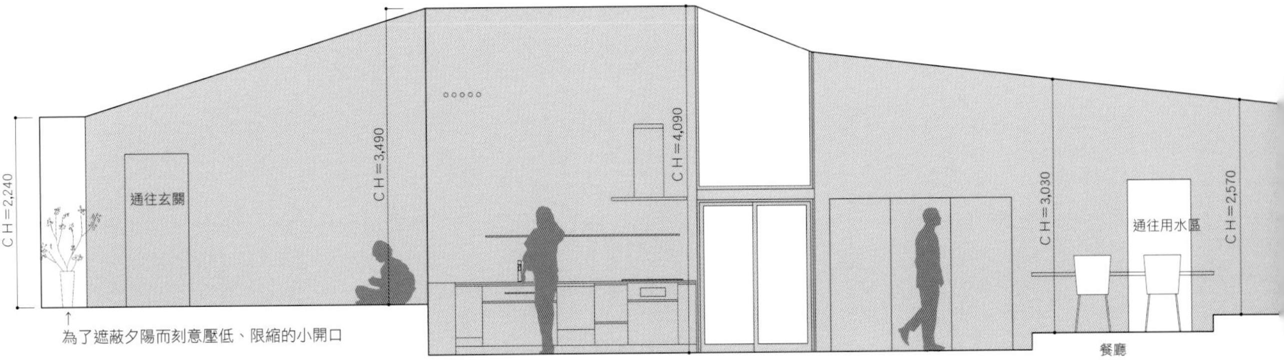
CH=2,240
通往玄關
CH=3,490
CH=4,090
CH=3,030
通往用水區
CH=2,570
餐廳

↑
為了遮蔽夕陽而刻意壓低、限縮的小開口

廚房↑
廚房位在室內天花板的最高點下方
目的是讓站在廚房、坐在餐桌邊、
坐在客廳沙發者的視線更易直接交會

↑
餐廳位在建物的正中央，便於環顧全
照顧到室內每個角落

4.9 Material defines the strength of boundaries
透過建材改變隔間的效果

「隔間牆」顧名思義就是分隔或區分空間之用的牆壁。若單從設計圖上看，它們不過是簡單的線條，然而實際上隔間牆不僅可能是一面用磚塊或木料等建材打造成的牆壁，也可能是單純將石膏板漆成白色的牆面，甚至可能是一整面由拉門組成的「活動牆」。換句話說，「牆壁」的形式其實形形色色且千變萬化；空間的性格也會隨著牆壁素材的不同而改變。要言之，建築設計師只需改換「隔間」的建材，即可為空間創造出全然不同的印象。

在規劃「包家」設計案的隔間時，採用各種不同的隔間建材。尤其是透過彈性高、變化性強的「窗簾」（參照3.7、6.6），改變了整個空間的性格和印象。

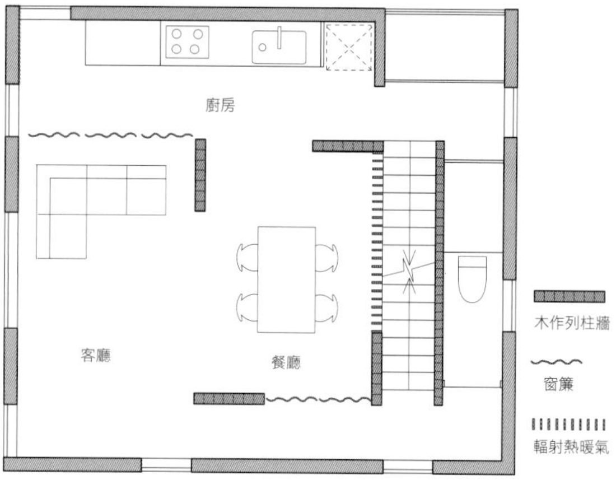

「包家」平面圖（S=1:120）

透過剛（木作列柱牆）、柔（窗簾）、透（輻射熱暖氣）等三種不同特性的隔間，隨機安排組合，打造出別具特色的個性空間。

右／外觀粗獷的木作列柱牆。搭配彈性度較高的窗簾以及中性的白牆，藉以柔化列柱牆的剛性特徵。
左上／利用具有穿透性的圍牆（輻射熱暖氣）保留空間的進深，同時兼具樓梯扶手的功能。　左下／彈性度高且性質柔軟的窗簾。

4.10 Step generates congregation

善用高低差的聚眾特性

人天生喜歡聚集在具有「高低差」的位置。正如電影中常看到的，無論是羅馬的西班牙階梯，抑或巴黎的蒙馬特山丘，凡是高低差所在之處永遠聚集人群。倘若能將高低差的效果導入住屋，必能輕易將「家」營造成一處自然聚眾的溫暖居所。

「西谷家」設計案的主人平日最愛呼朋引伴，因此我們特別將高低差融入生活空間。儘管室內空間不大，一樣能夠形成團聚的效果，創造和樂融融的美好時光。

刻意規劃的200毫米高低差。牆邊400毫米高的座位適合大人，在高出地板200毫米的平台上放置一只木椅，小孩坐在木椅上的高度正好可以和大人四目相接。而可充當座椅的地板和平台，等於也有效利用了室內所有可能閒置的空間。

從廚房望向客廳的光景。靠牆處即是兼座椅的平台。

平台兼具三種功能：通往二樓的走道、餐廳的座椅，以及電視櫃

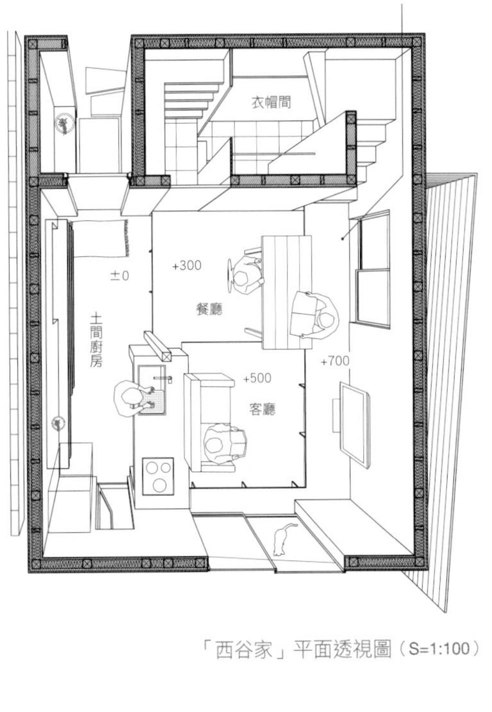

衣帽間
±0
+300
餐廳
土間廚房
+500
客廳
+700

「西谷家」平面透視圖（S=1:100）

chapter

5

空間的「形式」與「構成」

Engage form and shape logically

儘管現代主義之父，美國建築設計大師路易斯・沙利文（Louis Henri Sullivan）的那句「形式追隨功能」（Form Follows Function.），亦即結構與形式必須合理一致的說法蔚為風潮。然而就實務上說，卻又無人否定得了這個事實：合乎理論或理性思考的設計，未必符合人類天生的美學感受。或者說，無法說明的美學感受仍是設計中不可忽視的重點，只因「理性」往往一個不小心，就會落入了忽視「美感」的陷阱裡。

動工前後，所有的建築設計師肯定都會經過在平面圖和立體模型中，反覆觀察、透視和推敲的過程。然而過程中，當被問及「為什麼？」的時候，建築設計師總得提出「合理」的解釋。這樣的對話的確重要，因為建築業畢竟有別於單純的設計工作，是必須經由眾多業者通力合作才可能達成目標的行業。換言之，每一位建築設計師都必須懂得如何溝通、如何傳達個人設計理念才可能完成「建築設計」的工作。

也正因如此，建築設計師勢必得根據某個單純的概念，提出既合乎理性又易懂的說法，才好在合作的過程中與其他成員，包括共同設計的同仁、合建單位、負責實際施工的人員，乃至於案主達成共識。唯有取得共識，才可能讓建案順利完工，所完成的建物才會是個更容易讓人理解且具有說服力的「形式」。只不過，即便擁有再簡單易懂的理論說明，設計本身還包含了建築設計師個人的主觀感受或主觀認知；就算是同樣的論點、相同的概念，不同的建築設計師所設計出來的作品也未必相同。總言之，建築設計師個人的美感絕不亞於設計理論；再合理的設計，終究仍需交由建築設計師的美學感受去斟酌考量，甚至由他做出最後的裁定。

5.1 "Form and shape" of entranceway- Box

玄關的形式——入口空箱

玄關相當於住屋的門面。愈能呈現建物設計概念的玄關，愈能勾起居住者回家時的期待感。玄關門的外側還需要收合雨傘的空間，以便出入時免於風吹雨淋。

「鷺沼家」設計案是個由「空箱」組合而成的住屋，因此我們決定將玄關設計成「入口空箱」，一次滿足了所有玄關必須具備的功能。

配合建物整體的設計概念，入口設計成箱型。

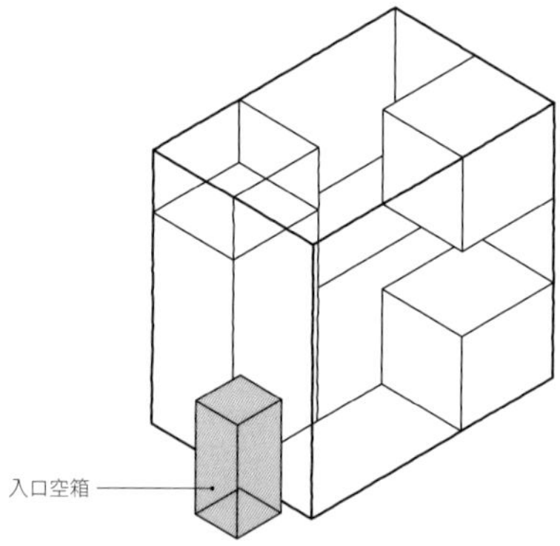

「鷺沼家」概念圖
由空箱組合而成的住屋空間（參照 4.2）。

玄關地板的網狀照明。

入夜後整棟建物看似一個大大的燈箱。

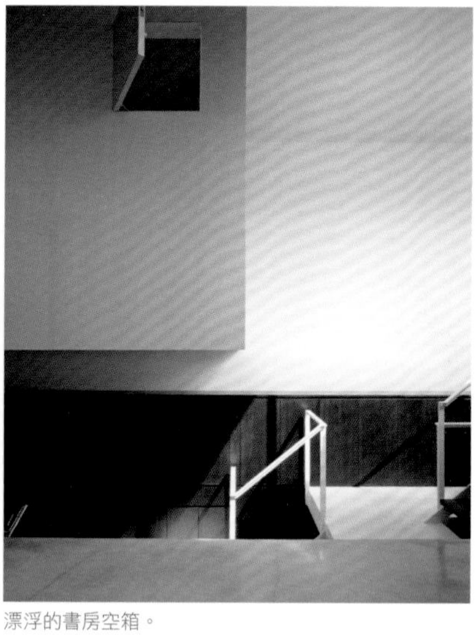
漂浮的書房空箱。

5.2 "Form and shape" of entranceway- "Doma"

玄關的形式——
土間通道

經由整體的設計概念所形塑而成的玄關，即便外觀看似簡單，照樣能為住屋的門面塑造獨特個性。

「荻窪家」設計案是個由三只空箱所拼裝而成的住屋，空箱與空箱之間則以「土間通道」相連。設計的過程中，我們先將通道設為兼具內外特性的土間形式，再把玄關門設為可直接望見基地對面的透明玻璃，地板的造型則與牆壁一致，製造視覺的穿透和內外連結的印象，形成一處更具進深的玄關空間。儘管延續了建物整體的設計概念，形塑出了格外別緻的形式，我們仍舊考量到玄關本身的實用性，並且顧及了居住者的隱私，適度截斷來自戶外的視線。

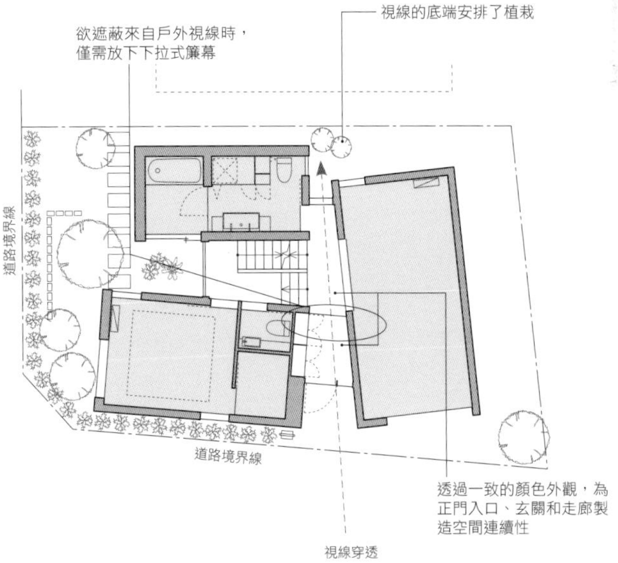
視線的底端安排了植栽
欲遮蔽來自戶外視線時，
僅需放下下拉式簾幕
道路境界線
道路境界線
透過一致的顏色外觀，為
正門入口、玄關和走廊製
造空間連續性
視線穿透
「荻窪家」平面圖（S=1:200）

整體的設計形式給人內外連續且極度寬敞的印象。

從玄關望向正門入口的光景。玄關內去除了日本常用的高低差設計，凸顯出內外的連續性。刻意在玄關內鋪設了和入口外相同的「白玉砂石」，又更強化了內外連續感。

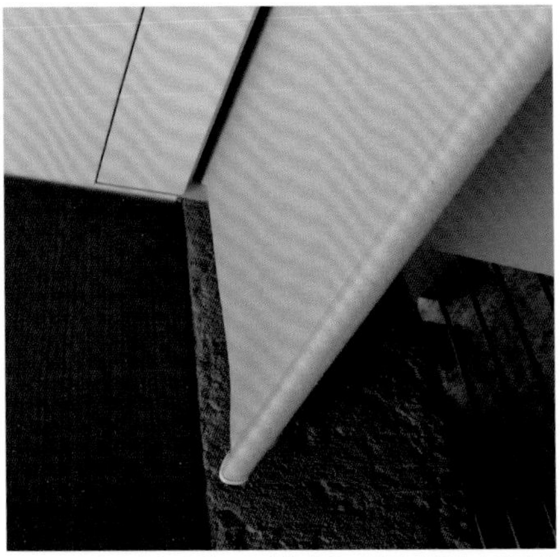
放下收納在天花板內的下拉式簾幕後，即可截斷來自戶外的視線。

5.3 Sorting "form and shape" – Concave and convex

整合「形式」——

凹與凸

當設計師以功能性和結構上的合理性為優先考量時，有些時候反而會出現偏離了原本設計概念的建物「形式」。這個時候，將偏離設計概念的「形式」分成幾個部分，藉由賦予凹凸層次的手法進行整合，即可形成相當簡約的造型。

設計案「代代木上原家」的特色是，採用了可以安排視野開闊的大開口的Y形列柱設計，但是我們為了提升室內使用的便利性和防止西曬，而決定以牆面取代大開口，將景觀窗對側的建物正面設為杉木板牆。儘管偏離了原本盡可能設置大開口的設計概念，我們仍在Y形列柱支撐的屋頂、取代開口的牆壁，和左右兩側的水泥牆，賦予各個部分凹凸層次，整合出最終的建物「形式」。

由側邊兩面水泥牆、上方屋頂和正面上方內凹的杉木板牆組合而成的正面設計。門框和窗框的上下板金與正面木板完全同色，創造整體合一的一致性。

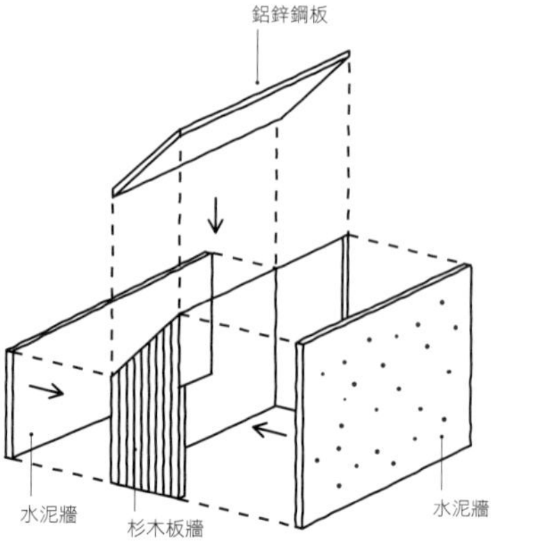

經過精心整合，由兩片水泥牆夾合撐起的杉木板牆和屋頂結構。

夾在壁樑和地板之間的裝飾用乾式牆。牆面採用含骨材的壓克力塗料塗裝。

5.4 Sorting "form and shape"– Material and color

整合「形式」——素材與顏色

當決定依據設計概念進行空間的設計時，和結構面的合理性相衝突的狀況屢見不鮮。譬如希望製造更為寬敞的空間，但結構上卻不能沒有樑柱；希望以牆壁隔間，實際的建築結構卻無法允許。當遇到諸如此類因為設計概念和結構合理的矛盾情況時，其實可以透過「素材」和「顏色」借力使力，將設計「形式」重新整合，保留住原本的設計概念。

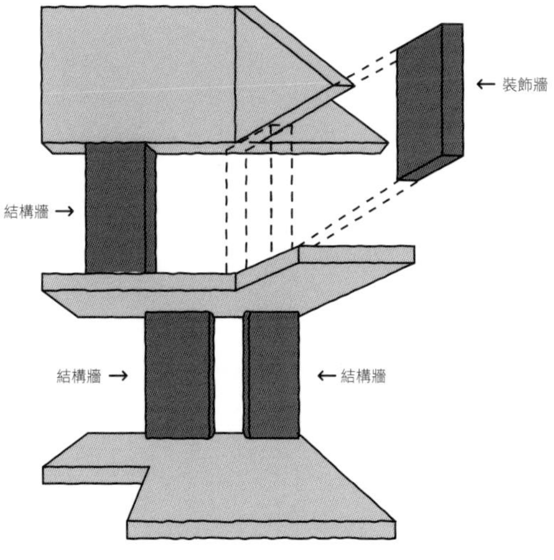

5.5 Accentuating "form and shape"- Enhancing the sense of continuity

簡化「形式」——連續式外觀

建材表面的塗裝、塗佈，建築設計師通常會根據室內或屋外，或者空間的功能而分別考量。亦即將空間內外切分開來，分頭進行規劃。不過有些時候，我們也會刻意把原本用在屋外的塗裝手法應用在室內，統一內外的顏色和質感，營造由內向外延伸的印象，透過連續性創造開放感。最有趣的是，單靠此一手法，即可讓空間全面改觀。

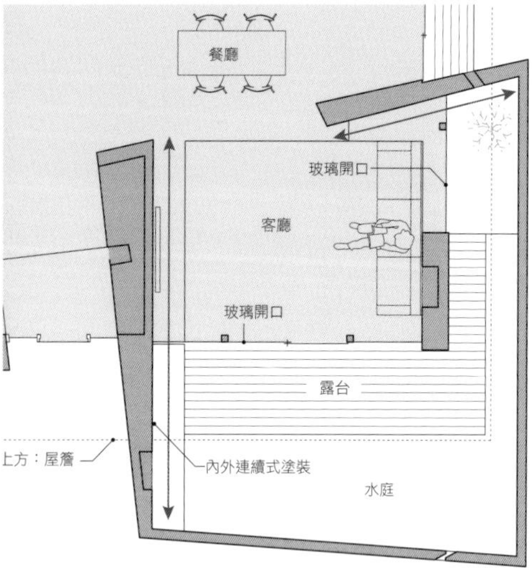

餐廳
玻璃開口
客廳
玻璃開口
露台
上方：屋簷
內外連續式塗裝
水庭

「赤塚家」局部平面圖（S=1:150）

透過內外統一的塗裝和顏色，讓人乍以為整面牆壁皆屬客廳的一部分。

內外連結、延續的連續式設計。

為了配合「傾斜」的設計概念，刻意把外裝木料斜向鋪設。

5.6 Accentuating "form and shape"- Conceptual joinery

簡化「形式」——外裝的接縫

建物表面的外裝，大多情況都屬較大面積的鋪設，自然會有接縫的產生。以磁磚為例，配合磁磚決定接縫的顏色，抑或刻意凸顯接縫的存在感而忽視磁磚的顏色，此兩種給人印象全然不同。又例如當外裝屬於類似木質地板的長形木料時，鋪設的方向也同樣可以表現設計者的創意或意圖。

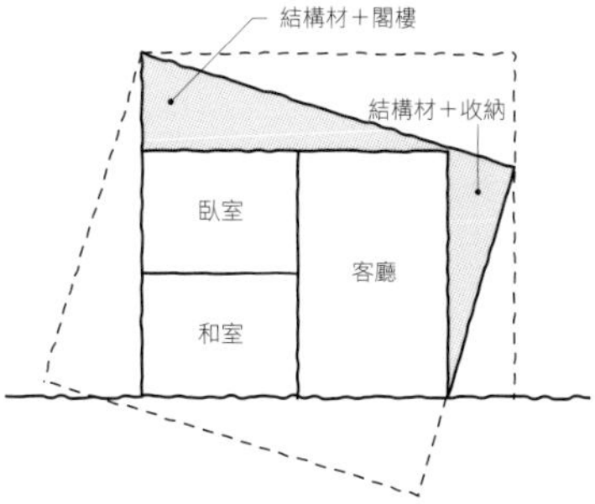
結構材＋閣樓
結構材＋收納
臥室
客廳
和室

「各務原家」概念圖

經由「傾斜」的設計概念所形成的斷面結構。將傾斜後所產生的空間以結構材搭建，並且設為收納區。

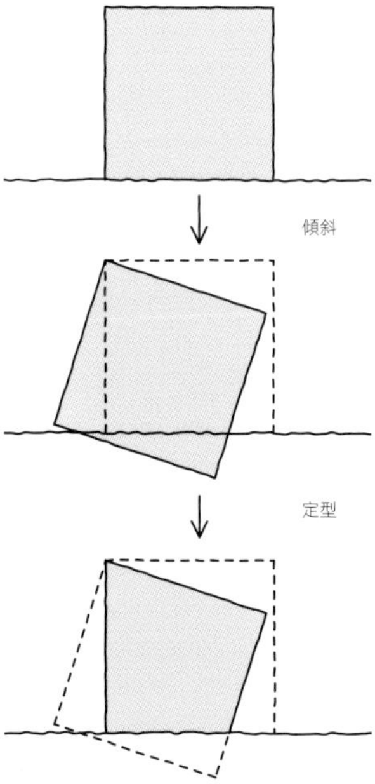
傾斜
定型

「各務原家」的「形式」思考流程

5.7 Architecture X Furniture "form and shape" based on size

建築╳家具——透過尺寸建立「形式」

都會區裡的小型住宅面積相當狹小，在斜線限制下形成的外型線當中，我們將地板切割幾個小區塊以爭取更多的可用樓層面積。這些塊狀地板感覺就像大家具尺寸，形成建築與家具融為一體的「無接縫」（seamless）設計概念。

在「Pole House」這個案例中，我們刻意把柱體由一般住屋使用的一〇五毫米角材換成直徑六十毫米的鋼管，並且將它排列在建物的正中央，然後在鋼柱兩側架起高低不同的小塊地板（亦即一座大型家具），用大型家具的尺寸思考、取代建築尺寸，成功實現了無接縫的設計概念。

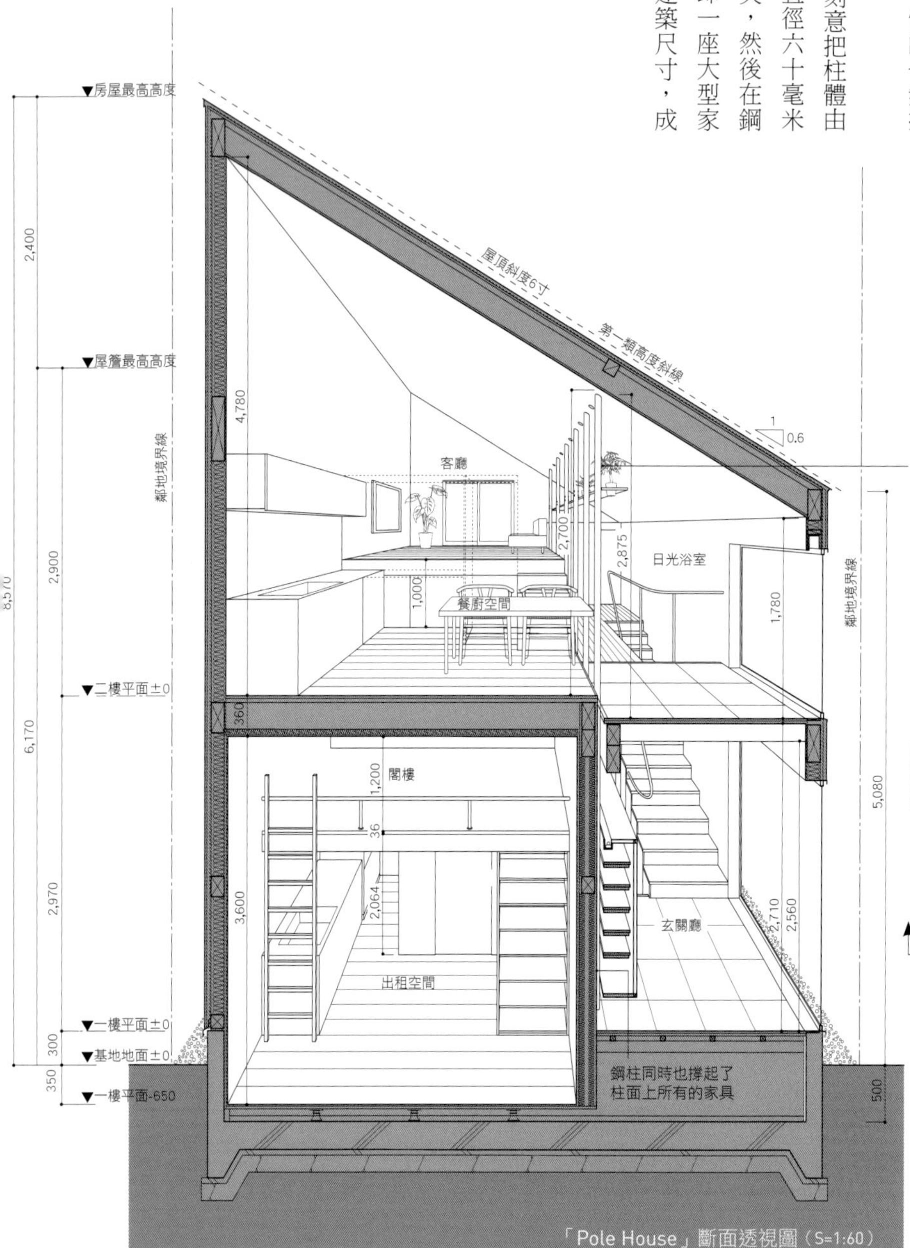

「Pole House」斷面透視圖（S=1:60）

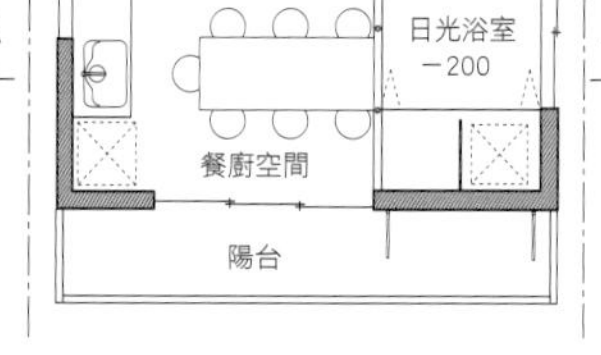

「Pole House」二樓平面圖
（S=1:150）

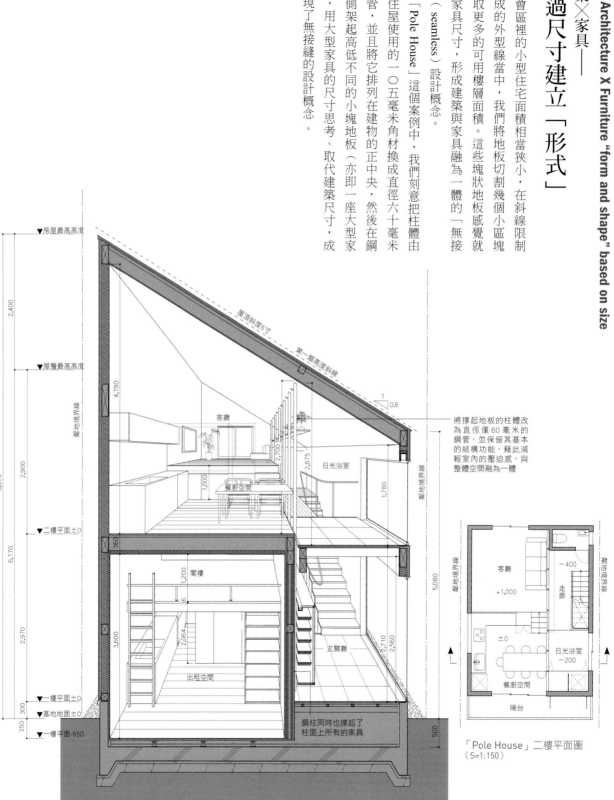

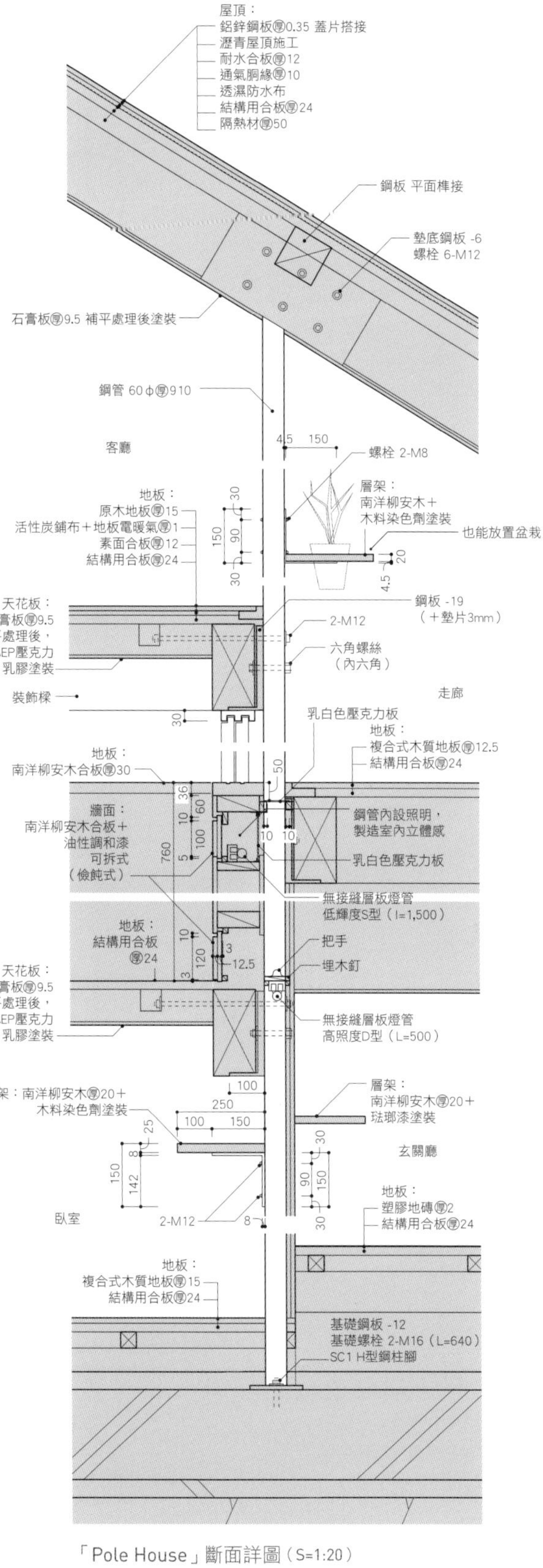
屋頂：
鋁鋅鋼板厚0.35 蓋片搭接
瀝青屋頂施工
耐水合板厚12
通氣胴緣厚10
透濕防水布
結構用合板厚24
隔熱材厚50
鋼板 平面榫接
墊底鋼板 -6
螺栓 6-M12
石膏板厚9.5 補平處理後塗裝
鋼管 60φ厚910
客廳
螺栓 2-M8
層架：
南洋柳安木＋
木料染色劑塗裝
也能放置盆栽
地板：
原木地板厚15
活性炭鋪布＋地板電暖氣厚1
素面合板厚12
結構用合板厚24
天花板：
石膏板厚9.5
補平處理後，
AEP壓克力
乳膠塗裝
鋼板 -19
（＋墊片3mm）
2-M12
六角螺絲
（內六角）
裝飾樑
走廊
乳白色壓克力板
地板：
複合式木質地板厚12.5
結構用合板厚24
地板：
南洋柳安木合板厚30
牆面：
南洋柳安木合板＋
油性調和漆
可拆式
（倹飩式）
鋼管內設照明，
製造室內立體感
乳白色壓克力板
無接縫層板燈管
低輝度S型（l=1,500）
地板：
結構用合板
厚24
把手
埋木釘
天花板：
石膏板厚9.5
補平處理後，
AEP壓克力
乳膠塗裝
無接縫層板燈管
高照度D型（L=500）
層架：南洋柳安木厚20＋
木料染色劑塗裝
層架：
南洋柳安木厚20＋
琺瑯漆塗裝
玄關廳
地板：
塑膠地磚厚2
結構用合板厚24
臥室
2-M12
地板：
複合式木質地板厚15
結構用合板厚24
基礎鋼板 -12
基礎螺栓 2-M16（L=640）
SC1 H型鋼柱腳

「Pole House」斷面詳圖（S=1:20）

二樓以地板的高低差作為空間區隔。支撐地板的柱體則改為直徑僅 60 毫米的小尺寸鋼管。

一樓的鋼柱同時也是書架的支柱。

chapter

6

發揮「素材」的力道

Maximize material utilization

素材既是實際的觸感與外觀的呈現，也是最貼近居住者的質材，因此，要想設計出滿意的住屋和氛圍，永遠不可忽視選材的重要性。也因為，即便空間的外型相似，不同的選材、格局配置、呈現方式，所營造出來的空間感受肯定大不相同。

反過來說，空間的大小、亮度、用途或功能等等因素，也會直接影響到建築設計師的選材。換言之，適當的選材不僅可以表現出居住者的喜好，更左右著空間本身的質感，因此一位優秀的建築設計師勢必會在綜合取捨的過程中費不少苦心。正如「形式」容易受到整體設計概念的牽制一樣，素材也容易流於拼湊，其結果自然難以發揮素材的力道，打造不出更高質感的空間。而素材也包含木料、混凝土、金屬之類的結構材，在避免流於拼湊的同時，還必須懂得善用並且充分發揮結構材的特性，讓木料呈現出自然之美、讓混凝土和金屬真正融入生活中。

既然素材對於建築擁有如此巨大的影響，反觀當前大學裡的設計教育，卻多半偏重於虛構建物的設計圖、模型和透視等等最終的成果，幾乎完全忽略了素材的挑選與表現。學校裡固然難有實際設計、完成建物的機會，然而我們仍期盼能夠加倍重視學生們在素材方面自由發想的訓練，也期許所有的學子都能清楚意識到選材之於建築設計的重要。

6.1 The aesthetic of linear wood structure

木材的線條運用：Y形柱

日本的木造建築技術源自於中國，且幾經改良，日本早已擁有獨特的工法。其中值得應用在現代建築中的優良工法何其多，然而日本目前使用的傳統木造工法，竟僅止於以結構用合板做成耐力牆支撐水平受力這一種而已。傳統的木造工法由於計算公式單純，可以輕易確保住宅結構的安全性，可謂功不可沒，遺憾的是，「單純」反倒限縮了建築工法的應用和發展。

「代代木上原家」的案例，便大膽採用R形彎曲的集成材組成Y字形柱體，藉此達成和一般支撐水平受力的耐力牆同樣的功能，也藉由撐起屋頂和地板的木柱本身的線條之美，在空間中展現奇特的視覺魅力。

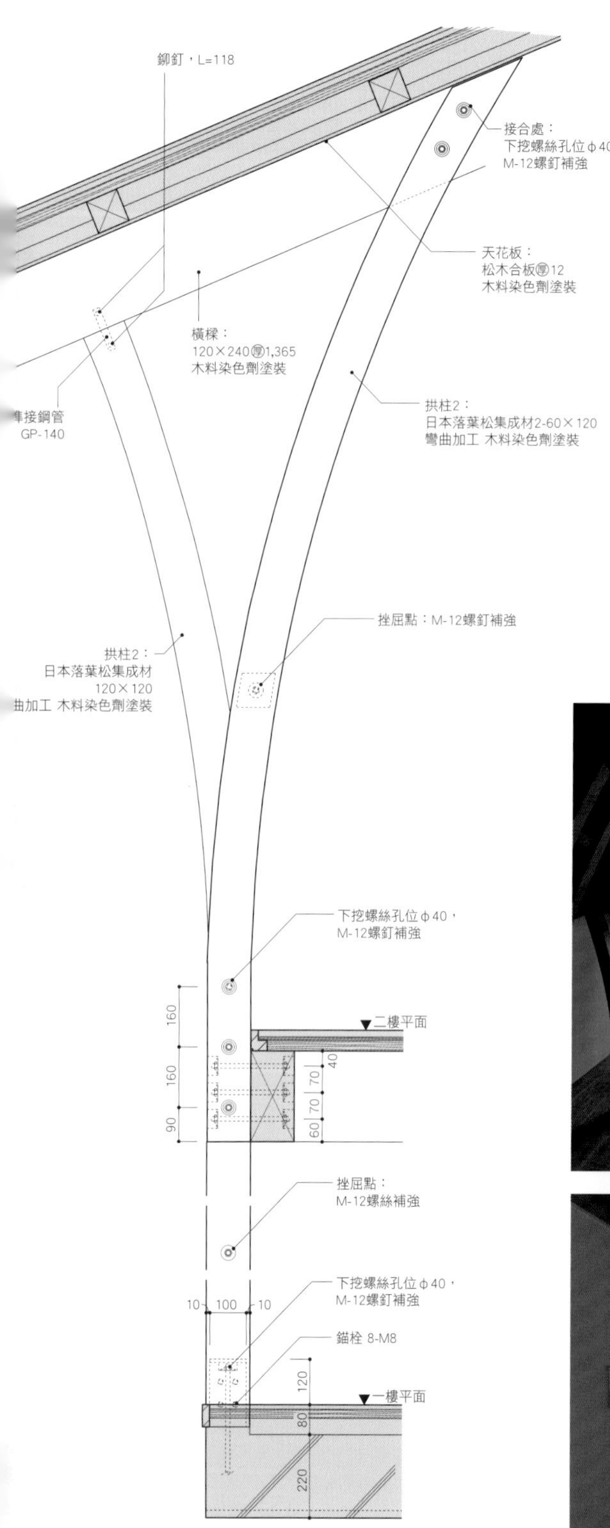
鉚釘，L=118
接合處：
下挖螺絲孔位φ40，
M-12螺釘補強
天花板：
松木合板厚12
木料染色劑塗裝
橫樑：
120×240@1,365
木料染色劑塗裝
榫接鋼管
GP-140
拱柱2：
日本落葉松集成材2-60×120
彎曲加工 木料染色劑塗裝
挫屈點：M-12螺釘補強
拱柱2：
日本落葉松集成材
120×120
曲加工 木料染色劑塗裝
下挖螺絲孔位φ40，
M-12螺釘補強
160
160
90
二樓平面
40
70
70
60
挫屈點：
M-12螺絲補強
10
100
10
下挖螺絲孔位φ40，
M-12螺釘補強
錨栓 8-M8
120
一樓平面
80
220

「代代木上原家」
Y形柱局部斷面詳圖（S=1:20）
以曲面集成材製成的拱柱作為柱體材料，撐起軸力系統，負擔和地震、強風形成的水平受力。

右上／由一樓延伸至二樓的Y字形柱體，彷若成列的行道樹。 左上／從客廳、餐廳可清楚望見露台和露台外的風景。為了製造更好的觀景效果，特別採用集成材製的拱柱組成Y形柱，以木造的柱體取代翼牆，形成全面開放的大開口。 下／一樓樓梯邊列柱的光景。

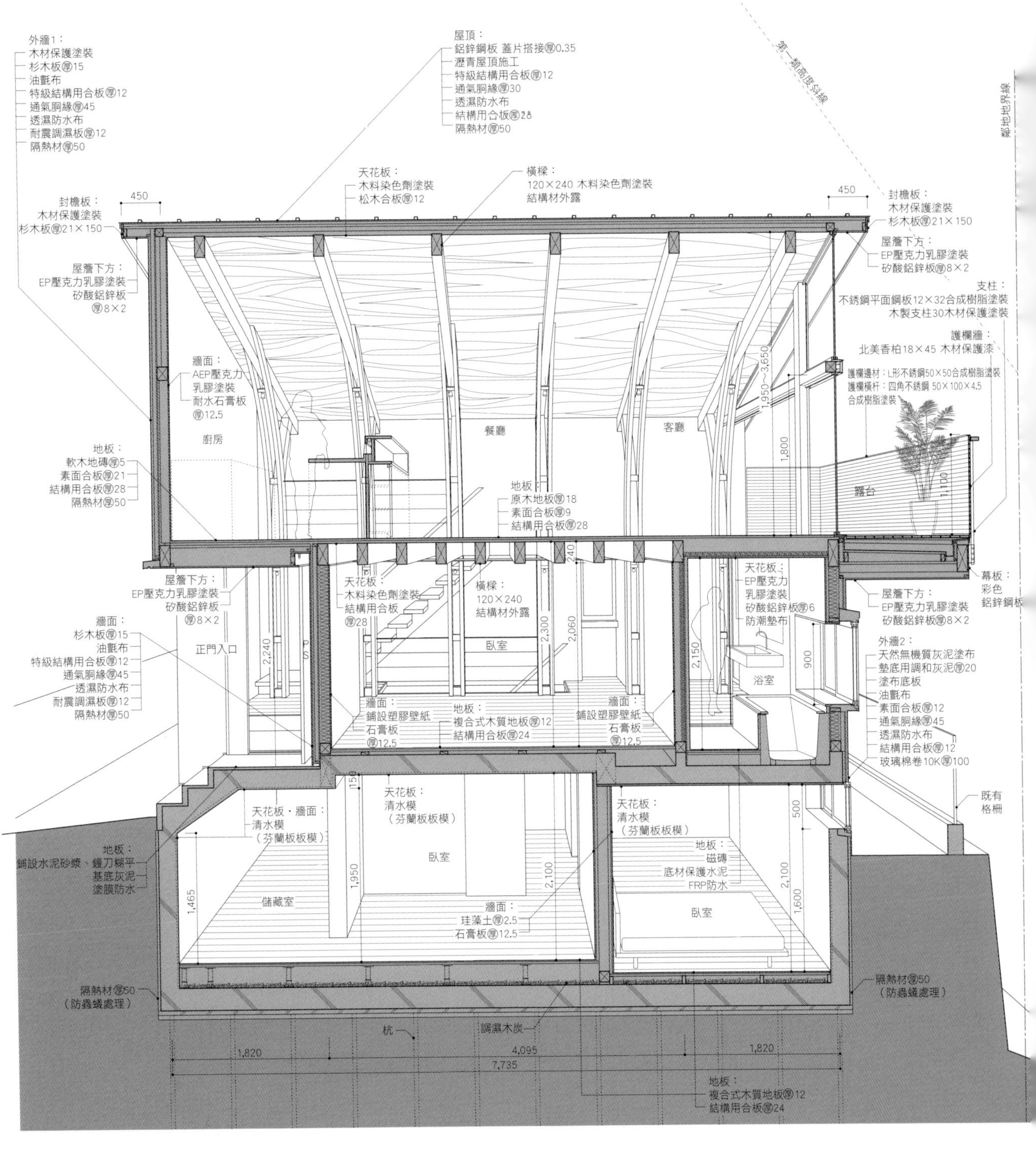

外牆1：
木材保護塗裝
杉木板厚15
油氈布
特級結構用合板厚12
通氣胴緣厚45
透濕防水布
耐震調濕板厚12
隔熱材厚50
屋頂：
鋁鋅鋼板 蓋片搭接厚0.35
瀝青屋頂施工
特級結構用合板厚12
通氣胴緣厚30
透濕防水布
結構用合板厚28
隔熱材厚50
第一種高度斜線
鄰地地界線
天花板：
木料染色劑塗裝
松木合板厚12
橫樑：
120×240 木料染色劑塗裝
結構材外露
封檐板：
木材保護塗裝
杉木板厚21×150
屋簷下方：
EP壓克力乳膠塗裝
矽酸鋁鋅板厚8×2
支柱：
不銹鋼平面鋼板12×32合成樹脂塗裝
木製支柱30木材保護塗裝
護欄牆：
北美香柏18×45 木材保護漆
護欄邊材：L形不銹鋼50×50合成樹脂塗裝
護欄橫杆：四角不銹鋼 50×100×4.5
合成樹脂塗裝
牆面：
AEP壓克力
乳膠塗裝
耐水石膏板
厚12.5
廚房
餐廳
客廳
露台
地板：
軟木地磚厚5
素面合板厚21
結構用合板厚28
隔熱材厚50
地板：
原木地板厚18
素面合板厚9
結構用合板厚28
天花板：
木料染色劑塗裝
結構用合板
厚28
橫樑：
120×240
結構材外露
臥室
天花板：
EP壓克力
乳膠塗裝
矽酸鋁鋅板厚6
防潮墊布
浴室
幕板：
彩色
鋁鋅鋼板
外牆2：
天然無機質灰泥塗布
墊底用調和灰泥厚20
塗布底板
油氈布
素面合板厚12
通氣胴緣厚45
透濕防水布
結構用合板厚12
玻璃棉卷10K厚100
牆面：
杉木板厚15
油氈布
特級結構用合板厚12
通氣胴緣厚45
透濕防水布
耐震調濕板厚12
隔熱材厚50
正門入口
牆面：
鋪設塑膠壁紙
石膏板
厚12.5
地板：
複合式木質地板厚12
結構用合板厚24
既有
格柵
天花板・牆面：
清水模
（芬蘭板板模）
天花板：
清水模
（芬蘭板板模）
臥室
儲藏室
地板：
鋪設水泥砂漿、鏝刀糊平
基底灰泥
塗膜防水
地板：
磁磚
底材保護水泥
FRP防水
牆面：
珪藻土厚2.5
石膏板厚12.5
隔熱材厚50
（防蟲蟻處理）
杭
調濕木炭
地板：
複合式木質地板厚12
結構用合板厚24
450
1,950～3,650
1,800
1,100
240
2,300
2,060
2,240
2,150
900
150
500
1,950
2,100
1,465
1,600
1,820
4,095
7,735

「代代木上原家」斷面透視圖（S=1:60）

6.2 The aesthetic of plane wood structure
木材的平面變化：並排柱體

對日本人而言，以木樑和木柱的軸組打造建物的線條美，是最常見的設計手法，不過也不妨將木質的樑柱組成平面，製造類似原木屋（Log cabin）的效果，讓空間更顯魅力和質感。

先把柱體材料並排成牆面，為空間動態隔間，再將樑體如木筏一般平鋪成天花板，即可產生大空間的表情。如此一來，木材不再只是結構材而已，更兼具了裝潢素材的功能。要言之，只需把木材的「線條」改以「平面」呈現，即可形塑出空間中的厚實質感。

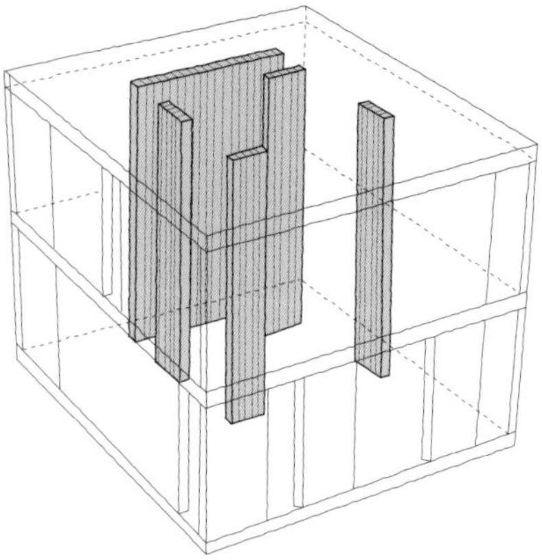

「包家」概念圖
搭配外側長形的外牆，將內部的列柱設計成隔間牆面。

由極具存在感的列柱牆負責建物的垂直負重。

建物中央的四面牆壁，選用 150 號杉木角材並排，組成原木柱體，以便凸顯室內中心區的存在感。

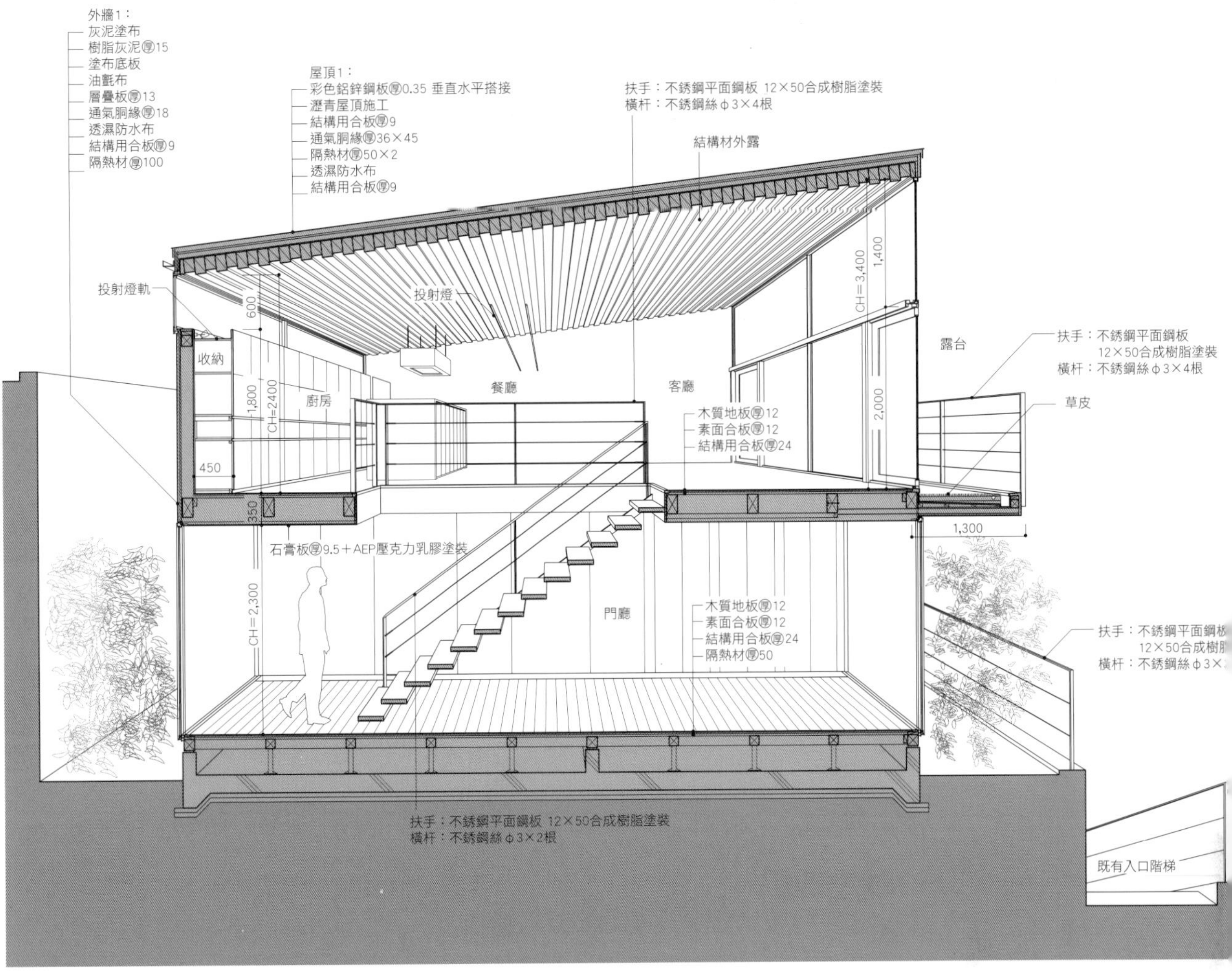
外牆1：
灰泥塗布
樹脂灰泥(厚)15
塗布底板
油氈布
層疊板(厚)13
通氣胴緣(厚)18
透濕防水布
結構用合板(厚)9
隔熱材(厚)100
屋頂1：
彩色鋁鋅鋼板(厚)0.35 垂直水平搭接
瀝青屋頂施工
結構用合板(厚)9
通氣胴緣(厚)36×45
隔熱材(厚)50×2
透濕防水布
結構用合板(厚)9
扶手：不銹鋼平面鋼板 12×50合成樹脂塗裝
橫杆：不銹鋼絲 φ3×4根
結構材外露
投射燈軌
投射燈
600
收納
廚房
餐廳
客廳
露台
1,800
CH=2400
450
350
CH=3,400
1,400
2,000
扶手：不銹鋼平面鋼板
12×50合成樹脂塗裝
橫杆：不銹鋼絲 φ3×4根
草皮
木質地板(厚)12
素面合板(厚)12
結構用合板(厚)24
1,300
石膏板(厚)9.5＋AEP壓克力乳膠塗裝
CH=2,300
門廳
木質地板(厚)12
素面合板(厚)12
結構用合板(厚)24
隔熱材(厚)50
扶手：不銹鋼平面鋼板 12×50合成樹脂塗裝
橫杆：不銹鋼絲 φ3×2根
既有入口階梯

「薊野家」斷面透視圖（S=1:80）
將 120×150 毫米和 120×180 毫米的大小屋樑交互並排，形成一整面大型天花板面，不僅增加了結構本身的創意，也為空間注入木材本有的厚實質感。

右上／結構模型。利用左側的空箱和一樓的牆面，以傳統木造工法做成一處大開口，再將天花板的結構材直接設為天花板面，讓室內和室內皆可清楚意識到它的存在。
中上／夕陽時分的天花板光景。
中下／搭建實景。木工師傅將屋樑一根根地以 900 毫米的間隔做成版面，螺絲則拴在屋樑的上部。
左／以 30 毫米的高低差，讓結構材在天花板面上形成陰影效果，創造更為立體的空間印象。

6.3 The aesthetic of wood structure

以木材的搭建法創造空間魅力

一般來說，建築設計師會以結構合理作為房屋設計的標準，不過有些時候，也會單靠搭建的手法，為空間增光添色。

以「仙台坂家」設計案為例，在柱體上先架構起大樑，然後在屋頂的四周以較小的間距排列小樑，稍大的間距排列中樑，透過不同尺寸的橫樑拼湊建構出天花板的造型，形成美麗的內裝，改變了空間整體的質感。

透過架設在柱體上的大樑和穿插在大樑間的小樑與中樑，賦予天花板立體的變化。

樓梯邊的天花板由較小間距的小樑組成，配合樓梯踏板的間距。

「仙台坂家」
平面透視圖（S=1:50）

刻意為屋樑製造粗細和間距變化，讓天花板隨著角度的位移產生特殊的韻律與節奏。

採用日本傳統木造工法打造的住屋，所使用的向來都是固定規格的現成木製建材。儘管規格固定，建築設計師仍可透過這些市面上普遍流通的樑柱木料，以特殊的組合手法，發掘木造住屋的可能性。

「岡崎家」設計案中，將一二〇毫米的角材和固定規格最長六米的木材，由兩側朝向中央隔間牆交互搭建，鋪設成整齊的斜面。儘管木材毫不特殊，藉由特殊的搭建方式，成功營造出一處兼顧結構美和木材質感的壯麗空間。

採用 120 毫米標準規格角材鋪設成的單坡天花板。

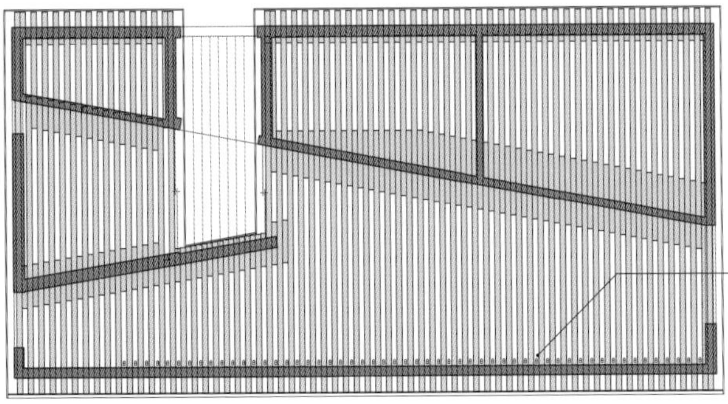

「岡崎家」屋頂俯視圖（S=1:200）

天花板面採用 120 毫米的角材鋪設而成，全都使用不超過 6 米的固定規格長度接續交互搭建。

屋頂施工時的光景。為了控制樑長不超過 6 米，刻意將角材交互搭建在隔間牆上，形成大型的斜面天花板。

6.4 Concrete-ish concrete

保存原始風貌的混凝土

鋼筋混凝土最基本的施工流程是先架設、綁匝鋼筋，後圍上板模、灌漿，經過一定時間定型，最後拆除板模。一般使用的板模多為木製合板，若要加強外觀給人的印象，則會使用杉木板或各種特殊紋理、造型的板模。此外亦可透過板模的使用量和拆除的時機等等細部手法，製造更多變化。此類未經過多表面處理的鋼筋混凝土牆，不僅能保留原始風貌，而且即便使用同樣的板模，表面也未必完全一致，因而更容易凸顯出混凝土建築特有的表情和特色。

一、二樓是成衣廠商的辦公室。為求凸顯案主對於服飾、布料的要求，刻意採用不同的板模和碎面工法，製成清水模造型。

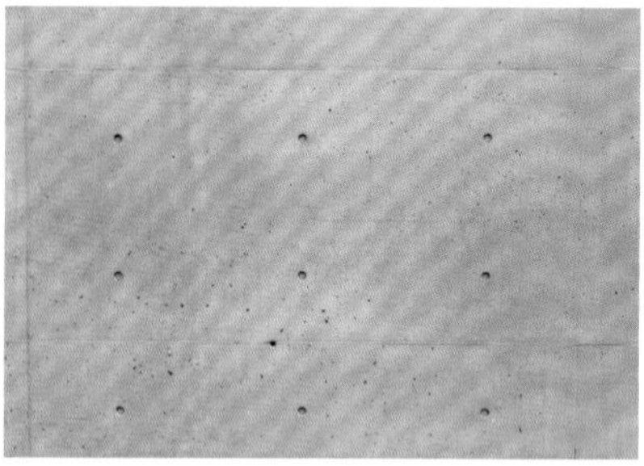
芬蘭板清水模（彩色合板板模）

磚塊造型板模製成的清水模

碎面清水模（拆除板模後經二次加工）

杉木板模清水模（杉木板為烤紋杉木板）

特殊板模 1（採用厚度不同的長形素面合板組成的板模）

特殊板模 2（參照右圖）

由「30°、60°、90°」和「45°、45°、90°」的兩種模版組成，經不同排列組合，製成造型更具特色的清水模。

6.5 Discover and utilize plastering material

探尋外牆灰泥的可能性

源自古法的外牆灰泥收尾工程，經由不同比例的砂土組合，以及師傅匠心獨運的工法和技巧，不僅可以製造出千變萬化的素材表情，更能為空間賦予深層的意境，甚至達到藝術境界。不過由於施工時間限制和高手隕落種種因素，目前外牆灰泥的收尾工程，大多只是單純塗上一層看似厚實其實薄薄一層的泥水而已。

我們由衷期盼能夠找到更多真正道地的泥水師傅，共同打造更多形式和表情變化的灰泥收尾，創造出磁磚和木材所無法呈現的花樣，成就更為別緻的風格設計。

以灰泥收尾製成的洞式入口。採用了三種不同的灰泥組合，深幽的色澤與樸質的造型別具一番風味。塗抹後再將大小不同的砂石洗去，形成極為特殊的肌理和穩重感。

為了形塑特殊的肌理，同時混用了灰、黃、紅三種顏色的灰泥。

刻意將入口設計成山洞一般的造型，整幢建築彷若一塊巨石。

6.6 Tailoring space
以布幕裝飾建築

一般家中所使用的窗簾和門簾多半是布料。而大多數人對於布料的印象認定它是裝飾素材。實際上，布料也可作為建材使用。譬如窗簾，其實具有隔絕外部視線、遮蔽陽光、阻擋玻璃反射等等的建材功能。此外，不同透明度的窗簾還可改變光線強度，不同厚度的窗簾亦可營造出隨風搖曳的變化，將兩者搭配組合，更可以改變窗內與窗外給人的空間印象。總而言之，單靠一小塊「布幕」，即可為空間注入全新的氛圍。

韓式傳統拼布。八田由紀子（Hatta Yukiko）的手工作品。

右／半透明的布幕素材。加上背景光影的重疊，營造出若隱若現之美。
左／利用布幕緩和室內原本相對生硬的隔間。藉由布幕本身的透明度，亦可凸顯出空間的進深。

6.7 Color accentuates the character of space
以色彩裝飾空間

透過不同的用色，亦可為空間注入超乎色彩本身的印象和效果。

「赤塚家」設計案，從客廳到客廳外露台和水庭的外牆，我們全面採用了中性的卡其色系，又將稍微偏離中央部位的耐力牆設為視覺焦點，漆成紫色。如此一來，即可將內外空間凝聚起來，強調被外牆包覆的整體感。加上明顯的色彩變化位在屋簷下方，也緩和了屋簷原本的壓迫感，凸顯空間的進深和沉穩。

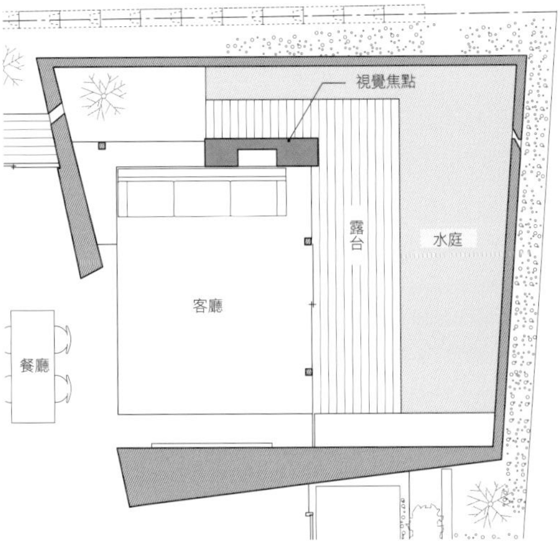

「赤塚家」局部平面圖（S=1:100）

上色後的牆壁立刻成為空間中的視覺焦點。

chapter

7

製造陰影的「照明」

Light that lures out shadow

扣除工作或上學，人們待在家中較長的時間多在太陽西下以後的夜晚。為此，要想豐富居住者在家度過的夜晚時分，規劃住屋時，不可輕忽「照明」的重要性。

日本文化自古以來就對「月亮」情有獨鍾，舉凡京都桂離宮的月見臺、月波樓，香川縣高松的掬月亭，帶有「月」字的古建築不計其數。然而，若非暗夜的襯托，我們終究無法感受到明月之美和夜之風情。遺憾的是，如今市街燈火通明，人們已然鮮少眺望明月了。當然，照明非常重要，畢竟少了燈光，就看不見空間，但是過亮的燈光，會失去明暗的對比和空間的進深，讓住屋變得索然無味。因此，如何適切地在空間中創造更具質感的陰影，亦即所謂的「陰影設計」，也是建築設計中至為重要的課題。

曾經在眾多的設計專案中，協助我們完成照明設計工作的天狼星照明設計事務所（SIRIUS LIGHTING OFFICE）負責人戶恆浩人先生是這麼說的：「『照明設計』所設計的絕不是照明設備，而是充分瞭解了建築設計師的設計概念和建築結構，為建物賦予燈光或光線的一種照明規劃和照明美學。隨著LED的快速發展與普及，照明美學也出現了些許變化。LED的技術改變了燈具的型態和大小，讓我們更容易進行細部控制，完成更為細緻的照明規劃。日本的照明設計曾經一度流行強調節能減碳，現在照明設計的重點則更偏重於從夜晚到白天的光線變化，以及如何透過燈光的配置，激發居住者的生活質感。」

今後我們仍將繼續探索夜晚空間的可能性，以完成心目中的設計夢想。

7.1 Minimum but imaginative
最小限度的「照明」

說起照明，譬如閱讀、作菜、用餐，這些時候的確必須留意照度的問題，倘若是休息、飲酒、走路之類的狀況，只要不至於暗到伸手不見五指，並不需要特別拘泥於燈光亮度。好比說玄關，只要能看到訪客的表情即可，又例如走廊，只要能隱約看到地面和牆壁，知道房門位置就不成問題了。

以「白金家」設計案為例，室外單靠一只投射燈，在強調建物外觀的表情之外，也提供了街坊夜晚的安全。在「赤塚家」這個案例中（參照4.6），我們則是將「入口」和「通道」設為重點，透過照明，清楚地指出包括門廊在內每一個房間的入口位置，於是在照明的同時，也成功營造出一處有著清楚進深和充滿幻想的空間。

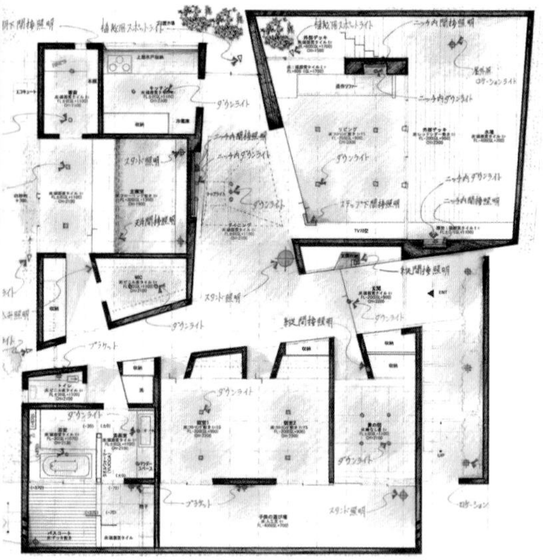

「赤塚家」照明設計平面示意圖
（畫面提供：天狼星照明設計事務所）

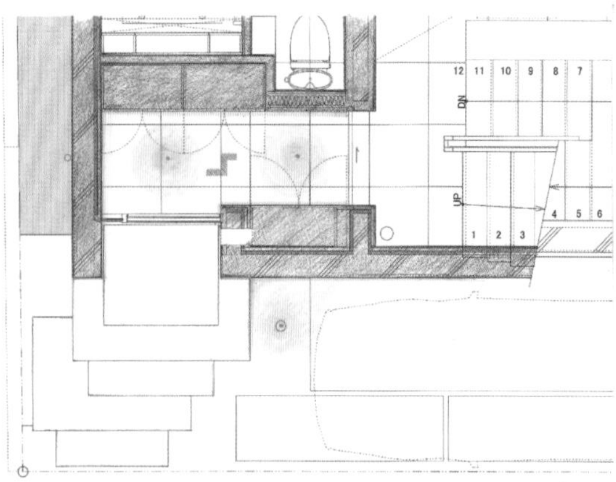

「白金家」玄關廳局部照明設計平面示意圖

「白金家」的夜景。透過一只由下往上的投射燈，強調出杉木模版清水模的質感和整面外牆的形狀。

「赤塚家」的照明清楚指出了包括門廊在內每一個房間的入口位置，
在照明的同時，也成功營造有著清楚進深和充滿幻想的空間。

7.2 Light of void

深凹部位的「照明」

「富士見野家」採用了局部鑿空的手法，將鑿空後所形成的陽台和玄關門廊視為外部空間，再把陽台形塑成一處兼具綠化、休憩，既屬於內又屬於外的居家場所。甚至更大膽地將這座陽台設定成一具入夜後的超大照明燈。

我們的概念是，為一處原本無須照明的空間加入了照明，然後將它的光線導入室內。如此一來，即可讓人產生一種內外融合的感覺，擴大了室內的空間感。要言之，實際上在規劃時，我們並不會刻意去區分內部和外部，而是將內外視為一個整體。

夜晚從路邊望見「富士見野家」的建物外觀。鑿空的深凹部位清楚可見。（參照 3.12）

傍晚時分的室內光景。為了強調鑿空後的深凹部位，刻意在室內設置了多處照明。先在低矮的天花板上方設置了朝下的投射燈，以便製造陰影，再以間接照明的方式創造和室內挑高之間的明暗對比及節奏感，讓居住者更能清楚地感受到居家的舒適。

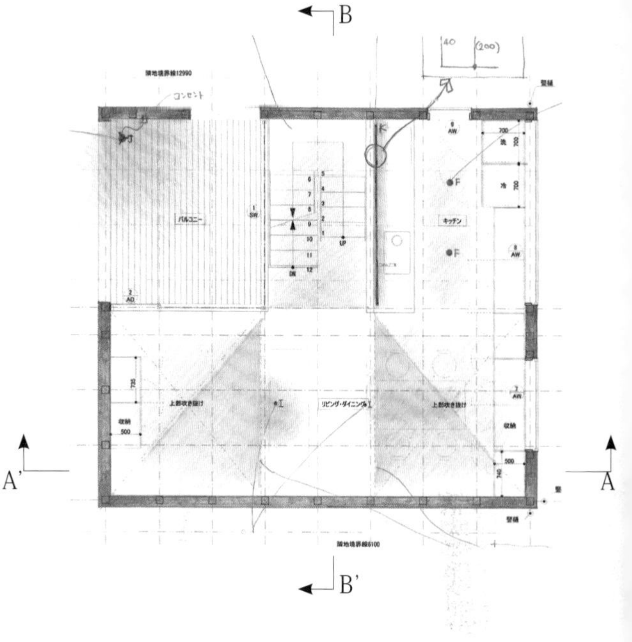

「富士見野家」照明設計平面示意圖

將照明光線往上打在靠近四角錐形屋頂的天花板面上，再將天花板的反射光映入整個室內空間。進入室內會立刻感覺到好像只有挑高面上一只投射燈而已。（畫面提供：天狼星照明設計事務所）

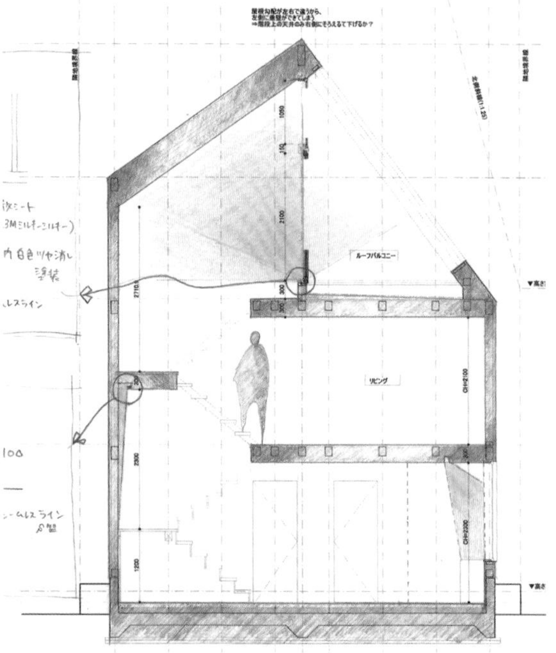

B-B' 斷面圖

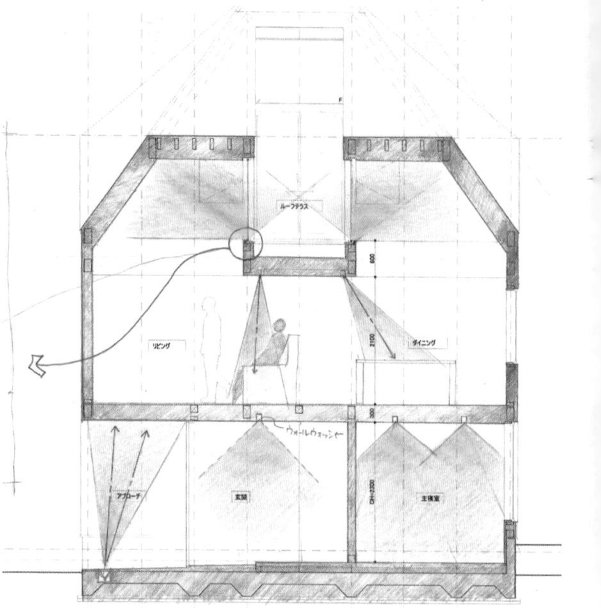

A-A' 斷面圖

「富士見野家」照明設計斷面示意圖

投射燈設在屋頂露台的邊上，照明的光線會由挑高面和樓梯上方的天花板反射至整個室內空間，形成光線柔和的間接照明。

7.3 Light spilling through slits

由間隙透出的「照明」

「玉蘭坂家」設計案，結構上最大的特色在於每一層樓都有雙層地板。利用此一特色，我們在地板和地板之間安裝照明燈，藉由暗處射出來的光線，既強調出地板的立體感，也吸引了居住者在一、二樓間移動時的視線，製造空間中的前後距離感。唯有清楚掌握了建物的特色，照明的設計方能更具個性，襯托出空間本身的美感和魅力。

從工作區下方透出的光線，照亮了地板下的空間，目的是為了凸顯天花板下與地板下方的空間存在感。（參照4.4）

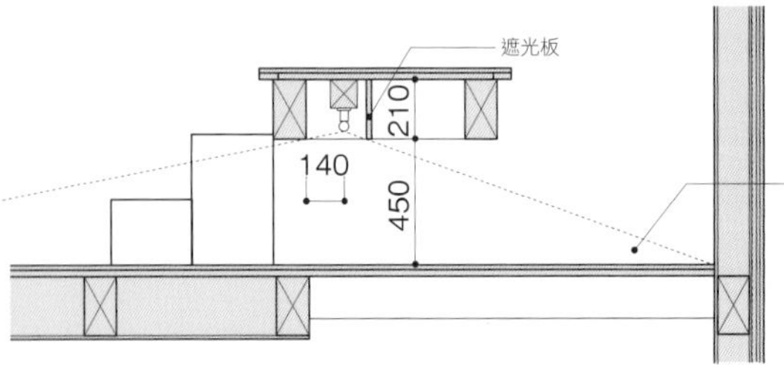
遮光板
210
140
450
燈具安裝的位置，恰好讓居住者視線高度落在「明暗截止線」（cut-off line，指照明燈具所產生的光影界線）之上，避免光線直射眼睛。為了控制截止線的位置，特別在距離樑體140毫米處裝設了一片遮光板。

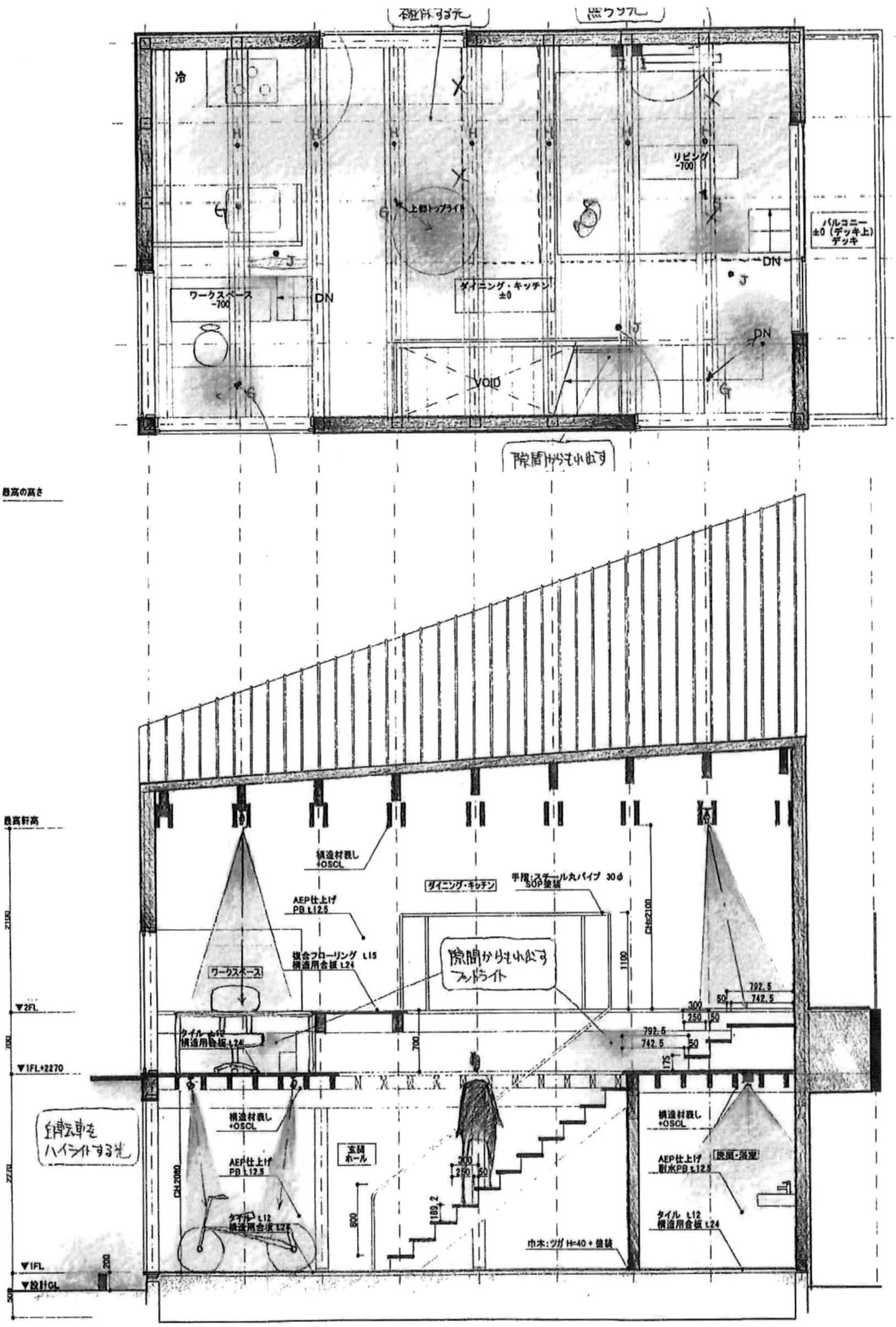

「玉蘭坂家」照明設計

上／二樓平面示意圖　下／斷面示意圖

在地板和地板之間安排最小限度的照明，讓光線製造出陰影，進而形塑空間的進深，凸顯間隙的存在。利用外露的結構材，將燈具設在樑體與樑體之間，讓照明與結構合為一體，達成無接縫設計的目標。（畫面提供：天狼星照明設計事務所）

7.4 Reflective light
反射的「照明」

「鷺沼家」設計案有個正對著客廳、又高約半層樓的屋頂露台。入夜後從客廳可以透過露台望見夜空，但若拉起了露台上方的帳幕，開啟燈光，在視覺上，露台立刻變成客廳的一部分，燈光又會由白色的帳幕反照至室內。同時帳幕還會形成一整片光面，成為光源，化為入夜後的建物表情。

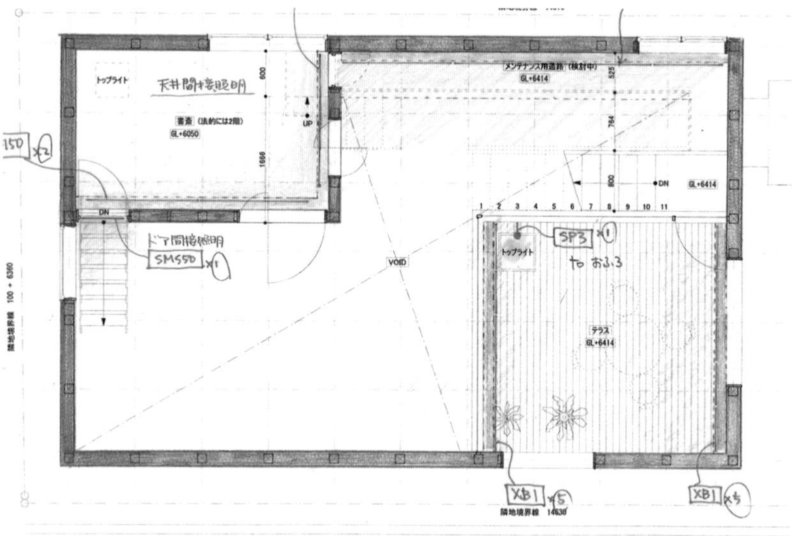

「鷺沼家」照明設計平面示意圖

在四周的牆面上設置線型照明，既可為空箱製造陰影，又能凸顯出空箱本身的存在感，尤其讓書房更具立體美。（畫面提供：天狼星照明設計事務所）（參照 4.2）

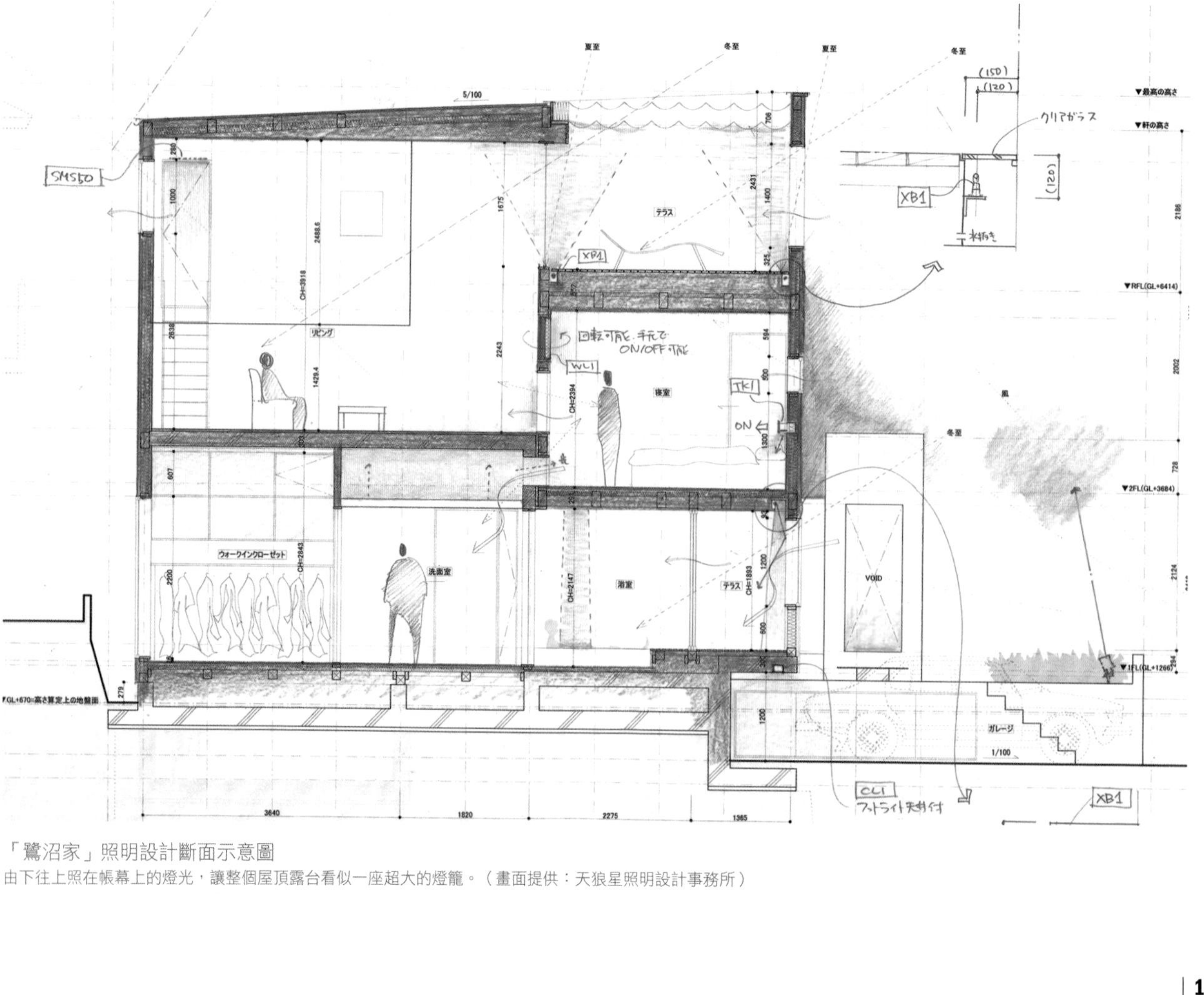

「鷺沼家」照明設計斷面示意圖

由下往上照在帳幕上的燈光，讓整個屋頂露台看似一座超大的燈籠。（畫面提供：天狼星照明設計事務所）

露台白天會導入陽光，入夜後則變成一座大型的照明。設在露台的燈具，光線會由上方的帳幕反照至室內。（參照 4.2）

臥室。由天窗灑下的光線直直落在地板上。

從露台望向客廳的光景。左下方的天窗可將光線導入樓下的臥室。

入夜後屋頂露台的帳幕，看似一盞明亮的街燈。

7.5 Indoor lamp post

利用柱體打造「街燈」印象

木造住宅受到木材特性的限制，柱體支撐的排列必須維持一定的間距。在擁有連續柱體的空間裡，照明的設計手法多樣，這裡僅舉出兩個比較特別的案例。兩者同樣都是透過照明設計，進一步凸顯出由連續柱體所組成的特殊空間設計。

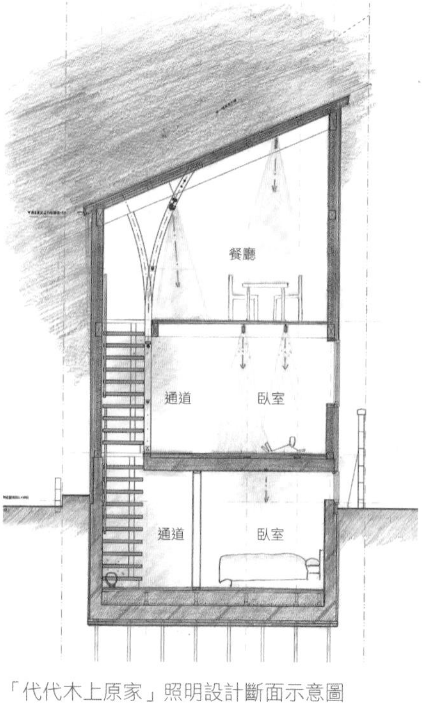

「代代木上原家」照明設計斷面示意圖

上／二樓客廳　下／一樓通道
刻意將照明設置在樑體和柱體之間，燈光照在柱體上，凸顯了三明治形的樑柱結構，是間隙照明的設計。

因為一排拱形列柱的設計，使得案例「代代木上原家」（參照6.1）在空間內部就可以眺望到新宿副都心。在大套房式的空間裡，由拱柱組成的連續柱體，感覺身處森林之中。我們刻意將照明安排在樑體和柱體之間，彷若街燈，為夜晚的空間賦予極為樸實的印象。透過街燈式的照明設計，將燈具設置在住宅中最特殊的結構體（拱柱）上，讓照明和建物融為一體。

「深澤家」設計案則是用整排的V形柱支撐屋頂，成功實現木造大套房空間（參照4.5）。由地板伸向屋頂的V形柱列，讓人聯想到稻荷神社的鳥居。我們將照明分別安排在每一根V形柱的頂端，並且由上往下探照，以最小限度的光線凸顯建物結構。

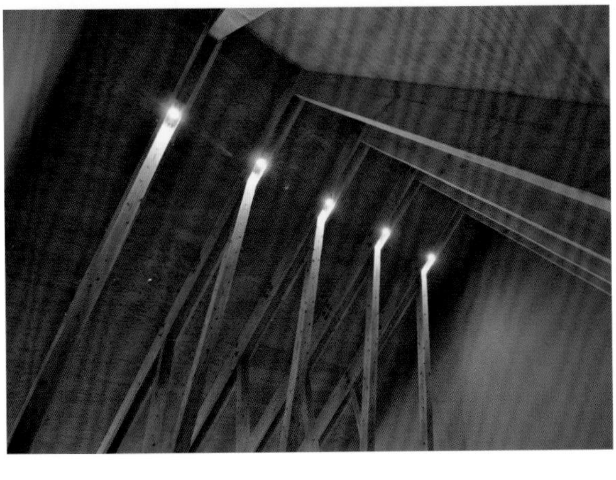

上／夜晚的外觀　下／天花板一景
將照明安排在建物主結構的間隙，透過僅照射在柱體上方所形成的陰影，強調結構本身的節奏感。

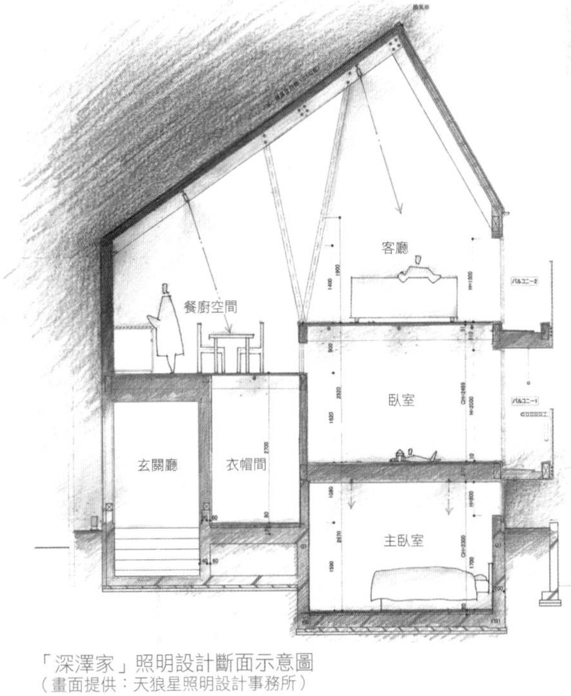

「深澤家」照明設計斷面示意圖
（畫面提供：天狼星照明設計事務所）

7.6 Glimmering ceiling

包裹「照明」的天花板

將樑體鋪成如木筏一般的屋頂，藉此實現了超大面積窗口的「薊野家」設計案（參照6.2），在照明設計方面，決定利用燈光加倍凸顯出這面木筏狀的屋頂（天花板）平面。天花板原本由大小長短不同的樑體組合而成的凹凸面，透過由裡向外的燈光投射，既可照明室內，又能強調出凹凸面的特色，形成清楚可見的陰影和明暗對比。

從道路邊望見的正面天花板，天花板面上的漸層陰影清晰可見。

入夜後的天花板面。燈光的投射由裡向外，凸顯出結構本身的凹凸形狀，進而賦予空間中的節奏感。由室外亦可分辨天花板上美麗的陰影漸層。

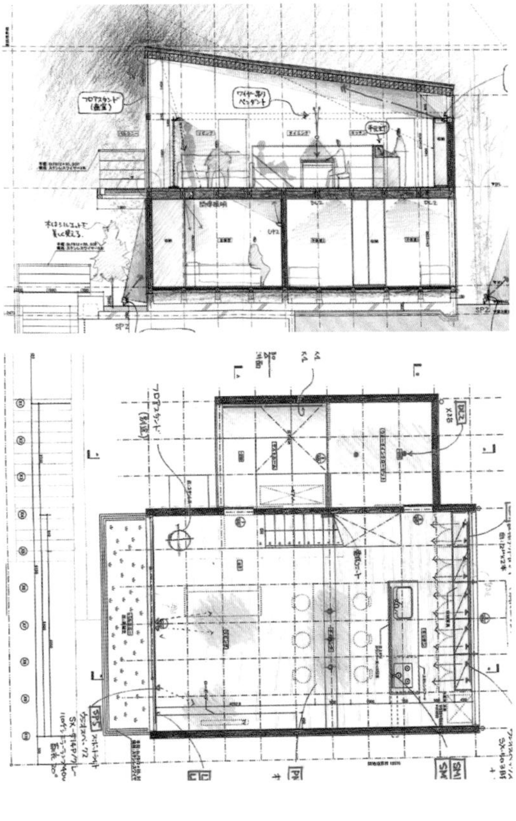

「蓟野家」照明設計示意圖
斷面圖（左上）　平面圖（左下）

燈光由廚房的層架上方打向屋頂的凹凸面，在天花板面上製造陰影。（畫面提供：天狼星照明設計事務所）

7.7 Rhythmic light
創造韻律的「照明」

「岡崎家」設計案的屋頂以一二〇毫米的木材斜切架在隔間牆上，由兩側穿插交會鋪設而成。屋頂的結構外露，形成天花板面，極為壯觀（參照6.3）。照明設計方面，我們在天花板面上的樑體之間一一裝上LED燈，穩穩照亮每一根樑體的側面，同時提供室內整體照明。

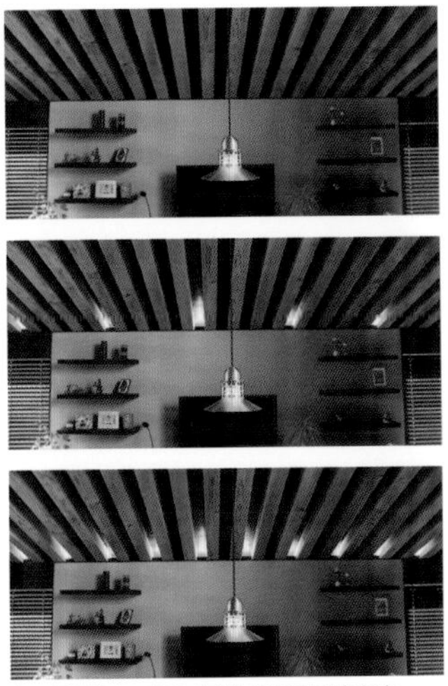

上／關燈時，完全意識不到燈具的存在。
中／當室內的亮度需求不高時，可選擇最小限度的照明，每隔兩根樑體點亮一盞 LED 燈。
下／需要較高亮度時，樑體間的 LED 燈可全面開啟。

當室內需要較高亮度時，可選擇全面開啟角材樑體間的 LED 燈。

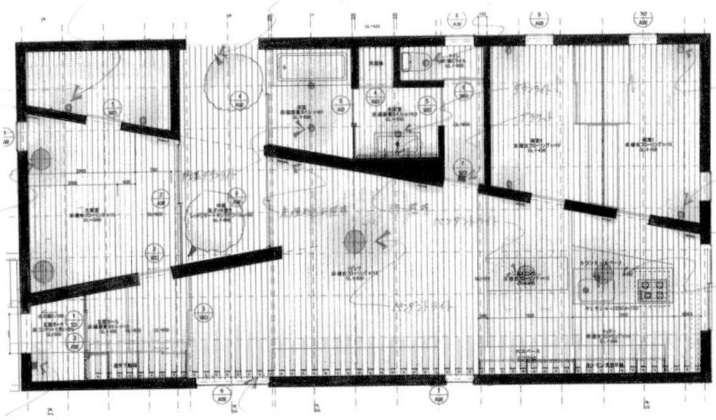

「岡崎家」照明設計平面示意圖
和建物結構融為一體的照明設計。絕大多數的燈具都隱藏在樑體間的小間隔裡。（畫面提供：天狼星照明設計事務所）

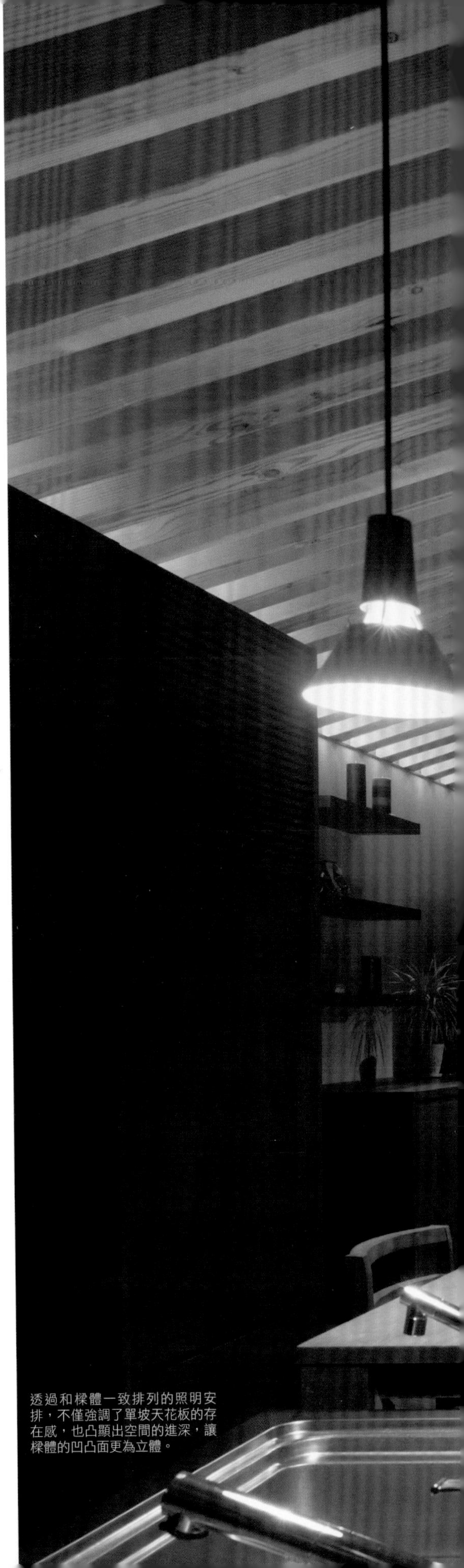

透過和樑體一致排列的照明安排，不僅強調了單坡天花板的存在感，也凸顯出空間的進深，讓樑體的凹凸面更為立體。

7.8 Light that mediates between in and out
連結內外的「照明」

透過燈光照明，將室內和戶外視為一個整體的設計手法，不僅能為住屋製造各種特殊效果，甚至還能確保室內的隱私。譬如入夜以後，當室內明亮、戶外昏暗時，玻璃門或玻璃窗會自然產生鏡面效果，加大室內視覺面積。可是室內的情景卻可能從戶外一覽無遺。這時候不妨在玻璃門窗外設置燈具，讓戶外比室內明亮。如此一來，既可達到加大室內面積的效果，又能確保隱私。「高麗菜田家」設計案即是透過此一正反手法所設計出來的內外連續空間（見19頁），即便設置了大型的窗口，也毫無隱私的顧慮，無須另行安裝窗簾。

在室外的牆邊設置地燈，目的是透過牆面的間接光線凸顯出由三個平面接合而成的建物結構。

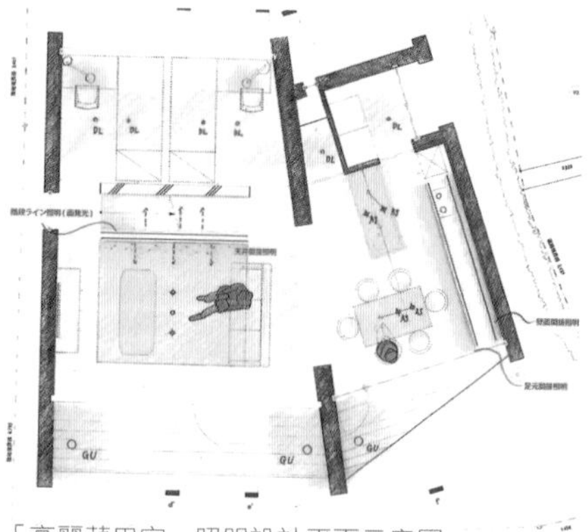

「高麗菜田家」照明設計平面示意圖
（畫面提供：天狼星照明設計事務所）

「高麗菜田家」照明設計室內示意圖
（畫面提供：天狼星照明設計事務所）

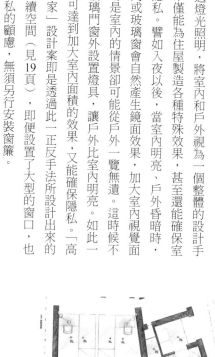

7.9 Texture of shadows
效果迥異的兩種「照明」

走進設計案「薊野家」的玄關，迎面而來的是條長長的「通道」。只要改變通道的照明，即可讓空間印象全然改觀。首先在地板埋設了一條線型光源，然後蓋上一層毛玻璃，光線映照在玻璃面上，立刻吸引目光，具有指引的作用，同時也凸顯出空間的進深。隨後又在盡頭的玻璃牆面外安排一盞投射燈，燈光直接打在植栽上，浮現一幕靜謐無聲的畫面。這盞投射燈還兼具了常夜燈和夜晚防盜的功能。

左／設在通道邊的線型照明，給人一種被引領前行的吸引力。和下方照片裡是全然不同的兩種穿透性和設計感。
下／當室內不開燈時，通道底端投射燈所照亮的植栽清晰可見，產生通道的穿透性與空間延伸性，甚至看不出植栽其實是在室外而非室內（參照 1.2）。

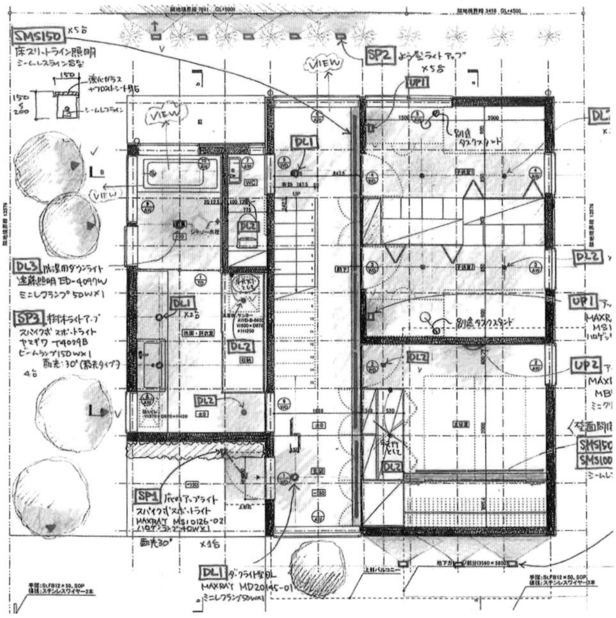

「薊野家」照明設計一樓平面示意圖
（畫面提供：天狼星照明設計事務所）

7.10 Point and line 光的點與線

照明設計中的光源一般分為點光源和線型光源兩種。點光源屬於較為常見的傳統式設計，譬如蠟燭、投射燈皆屬此類。由於點光源的光線並非全面照射，而是針對必要的「點」提供光線，因此適合用來製造明暗對比和陰影之類的照明效果，可以不著痕跡地營造出靜謐的空間印象，象徵性地形塑出室內的空間張力，或者凸顯距離感和空間的進深。至於線型光源，譬如呈現線條狀的一般日光燈管即屬此類。這類光源不僅全面均一，給人清楚的照明感，更能夠提供視覺的廣度和空間內外的連續性，降低玻璃門窗的隔絕感，創造空間內向外延伸的印象。

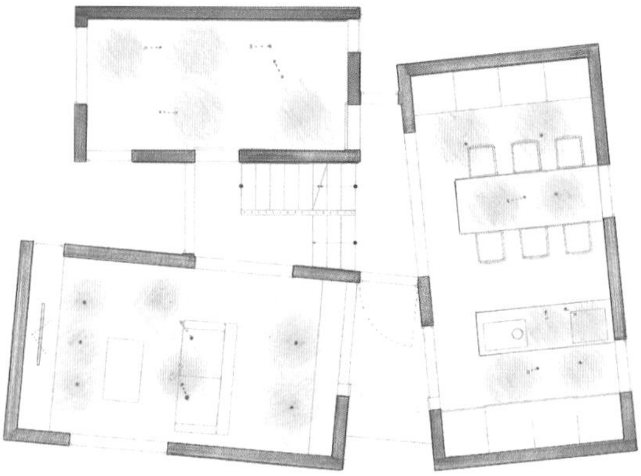

「荻窪家」照明設計二樓平面示意圖
以點光源為主的照明設計。

「荻窪家」的室內一景。透過設在天花板樑體間的投射燈，以點光源的特性，將住屋打造成擁有光影對比的空間。

「目白家」一樓門廳夕陽時分的光景。藉由地板上貫穿內外的線型照明，成功將週邊的兩條道路串聯在一起。（參照1.6）

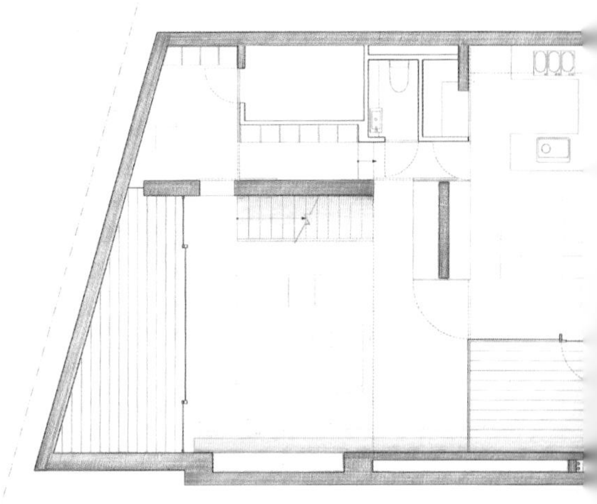

「目白家」照明設計地下一樓平面示意圖

以線光源為主的照明設計。

「目白家」的室內一景。採以線光源連結內外的配置手法，透過地板的亮度，營造空間的沉穩與立體感。

7.11 Rendering material with shadow
襯托材質的「照明」

住屋中最能夠襯托出建築材質的，無非就是光線和陰影了，而且是不分日夜，皆可透過照明達成同樣的效果。全面均一的照明通常易減損空間立體感，使原本的設計平面且單調。因此，要想打造出一處更具質感的空間，同時凸顯建材，最關鍵的手法即在於明暗的控制，亦即設計「陰影」。

「荻窪家」透過向上照射的間接照明，刻意強調出牆壁上凹凸不平的粗面。由於室內牆壁的材質和外牆一致，一經強調，即達成了空間內外的延續性。

「J 公司本部大樓 · 社長住家」則是將光線直接打在外牆上，以便凸顯出外牆凹凸不平的清水模質感（參照 6.4），清楚襯托出以特殊板模做成的外觀。

7.12 Lanterns on street
屋外街坊的「照明」

住家不像商家，並不需要對外展現門面的存在感，因此一般來說並沒有設計外部照明的必要。不過由於住家內部的照明仍不免會對外「曝光」，多少有些「街燈」的效果，因此我們仍可將室內的照明視為一種另類的街燈設計。要言之，住家對外的「照明」是否能夠不著痕跡地確保路人或訪客最低限度的光線需求，乃至形塑美輪美奐的光影演出，也是照明設計的一大重點。

具有街燈功能的住屋「照明」可以讓居住者甚至左鄰右舍，在晚上下班返家時，感受到陣陣的溫馨。

設計極為別緻的街燈式住屋「照明」。

chapter

8

友善易用的空間佈局

A practial & user-friendly plan

對於絕大多數的案主而言，「易用」的重要性往往遠大於房屋的外觀造型和設計概念。說得更直白些，好用與否影響著案主對新屋的滿意度。因此，建築設計師在設計的過程中，聆聽客戶的聲音、瞭解需求，是再自然不過的事了。問題是，倘若完全按照客戶所需和他們對於「易用」的認知，最後的成品最常出現的狀況就是：索然無味，毫無新鮮感可言。因為客戶所謂的「易用」，大多指的是他們過去習以為常的格局配置，好比說我們最常聽到的例子，一位長年住慣了公寓的案主不斷要求建築設計師按照他口中的「易用」進行設計，結果落成後一看，內部的設計簡直和一般制式的公寓毫無區別。

我們也常聽到一些案主抱怨，某某建築設計師根本不按照他們的意思設計新屋。事實上，的確存在著不少打著建築設計師的名號，卻凡事聽任客戶的指示，缺乏個人的設計見解和創意；也存在著許多把設計工作視為個人創意的展現，無視客戶需求的建築設計師。

就個人見解，我們認為這兩種「建築設計師」其實都稱不上是真正專業的建築設計師，因為真正的建築設計師絕不會偏袒於任何一方。他們不僅懂得聆聽客戶的需求，甚至瞭解客戶的需求中哪些是非必要的。他們更懂得考量整體，並且忠於個人的體悟和感受，因為他們心知肚明，自己和客戶一樣，都希望打造一幢真正「易用」且更具居住價值的房子。除此之外，專業的建築設計師也一定懂得該如何說服客戶，蓋新屋、建新房等於開始一段全新的生活，既然如此，何不拋開過去習以為常的想法與成見，以更圓融、靈活、開放的態度和他一同思考「易用」的內涵，以及更為便利的空間佈局？

8.1 The circulation of your own choosing
多重選擇的迴游動線

當居住者想去某個房間，動線不只一條，而且每一條動線都有著不同風景，是家中最有趣的事了，甚至不論選擇哪一條路徑，不同時間經過時的感受完全不同，彷彿走入一處新天地。因此，倘若建築設計師能把居住空間設計成循環或迴游式的動線環境，不僅可以將原本平淡無奇的生活變得新鮮且多變，在無形之中也為居住者增添許多生活情趣。

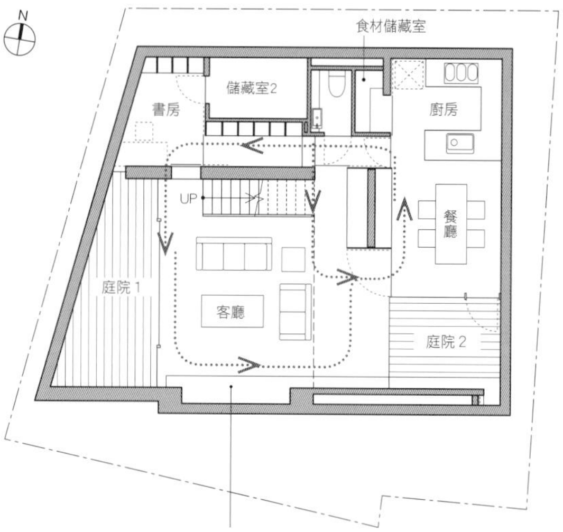

以樓梯為中心的迴游式動線設計。迴游式設計的另一個優點是，室內的通風必定良好

「目白家」地下一樓平面圖
（S=1:200）

地下室的前方是客廳，後面是餐廳。兩者以DJ播音台隔開，互相看不到彼此，免於餐廳和廚房干擾到客廳的氣氛。

8.2 Functional and effective route 著重效率的最短動線

雙薪家庭的成員，每天早上出門前的準備都必須同時進行，因此屋內的動線需求肯定有別於一般的家庭。

我們特別為「鷺沼家」設計案中安排了兩套沐浴、盥洗、化妝、更衣所有必要的配備。讓居住者可以循著一條固定的晨間動線，一氣呵成，更有效率。

安排了兩套洗臉台和蓮蓬頭等配備的浴室、盥洗室。

由玄關廳即可望見安排在盥洗室裡的梳妝台。

玄關廳。盥洗室就在左手邊的門內。

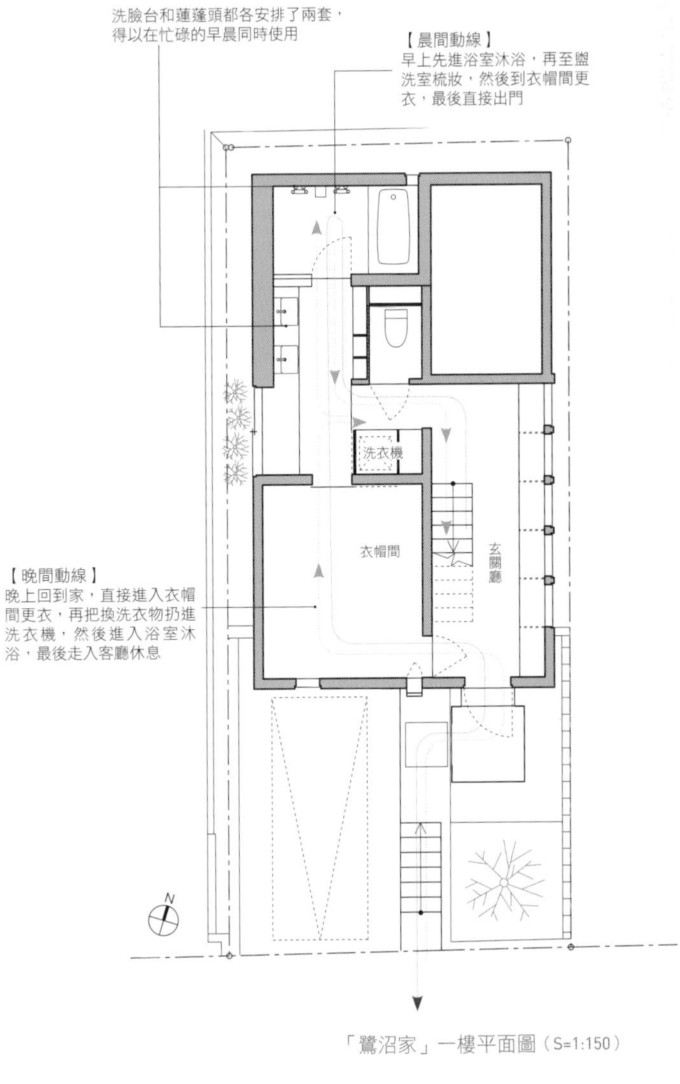
洗臉台和蓮蓬頭都各安排了兩套，
得以在忙碌的早晨同時使用
【晨間動線】
早上先進浴室沐浴，再至盥洗室梳妝，然後到衣帽間更衣，最後直接出門
洗衣機
衣帽間
玄關廳
【晚間動線】
晚上回到家，直接進入衣帽間更衣，再把換洗衣物扔進洗衣機，然後進入浴室沐浴，最後走入客廳休息
N
「鷺沼家」一樓平面圖（S=1:150）

8.3 Mom's, Dad's, and our door

大人、小孩的日常動線

在每天的忙碌中，還得照顧小孩、做家事。以下這個案例，我們試著透過設計解決忙碌，而非視忙碌為理所當然。

在「玉川上水家」，利用一面「景觀主牆」作為隔間，把餐廚空間、用水區、家事區集中在一起，縮短吃早餐、出門前打扮時最常用到的餐廳和用水區，以及準備早餐、做家事時最常用到的廚房和家事區的動線，降低多餘的忙碌。

在鋪設著烤紋杉木板的「景觀主牆」背後，集中了食材儲藏室和用水區。

左側是餐廚空間。樓梯下方隱藏著通往家事區、盥洗室的入口。

上／右邊是客餐廚空間，正對面是室內的入口。
中／浴室邊設有側門，居住者可由浴室外的景觀庭直接進入室內。
下／正門入口。浴室外的景觀庭就在入口走道的最底端。

【家事動線】
為解決每天早上的忙碌，刻意將案主為家人準備早餐、洗衣、打掃用水區，全部集中成一條完整的家事動線，提升家事的效率

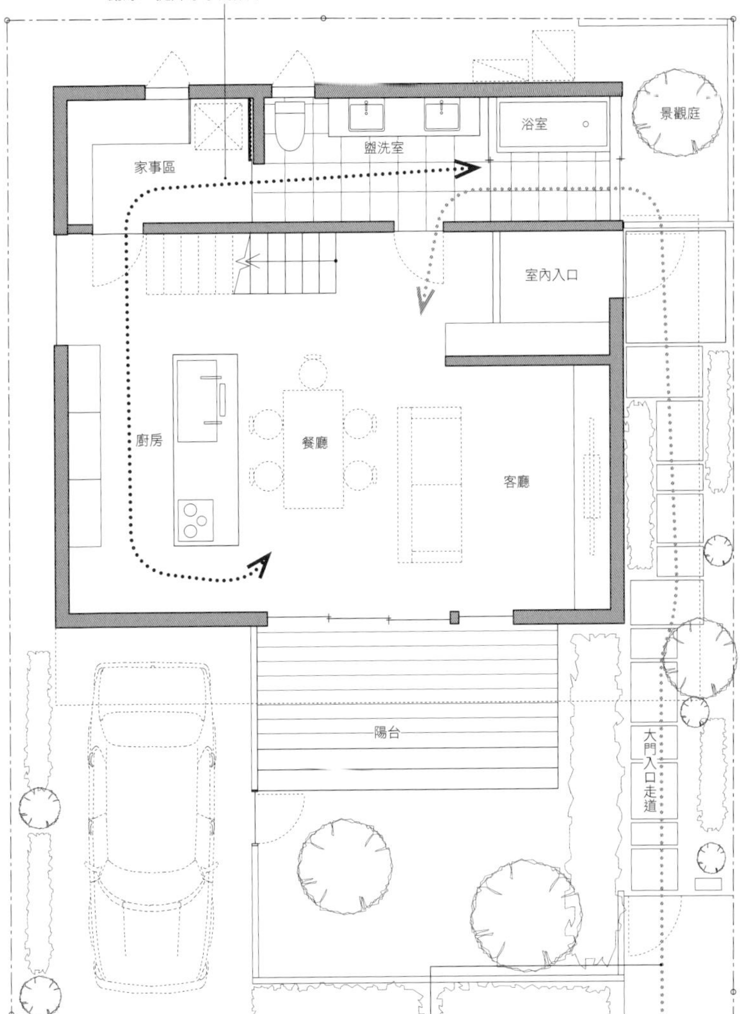

【小孩動線】
用水區全部集中在「景觀主牆」的後面。小孩放學回家可由景觀庭進入室內，直接沐浴、盥洗，然後再進到家裡

「玉川上水家」一樓平面圖（S=1:100）

8.4 "Doma Kitchen" vestibule

現代感的「土間廚房」

在日本傳統的民宅或町家裡，一定設有所謂「土間」的傳統建築元素。日本人幾乎遺忘了它，直到最近幾年，建築設計師才再度意識到土間的存在和它的優點。目前一般所見的現代式「土間」，多被視為一處多用途區塊，可直接牽入擺放心愛的自行車、可放置綠色植栽享受室內園藝的樂趣，甚至把它當作孩子們的遊戲空間。土間最大的特色在於，儘管屬於室內，卻可以直接穿鞋進出，完全擺脫了一般脫鞋才能踏入家門的限制。也正因如此，土間也可說是一處極其特別的空間設計。

走進設計案「西谷家」的玄關，是一條直通到後院的土間。這條土間既是玄關也是門廳，還是一條溝通前後門的穿堂，甚至是房子的中心。喜愛呼朋引伴來家裡作客的案主，可以招呼客人不必脫鞋直接參觀後院，還可以一邊作菜，一邊和坐在餐廳、客廳的朋友聊天；小孩亦可以穿著鞋子任意在室內和庭院間穿梭嬉戲。讓居住者闔家都能輕鬆享受到全無內外區隔的生活樂趣，正是我們設計的目的。

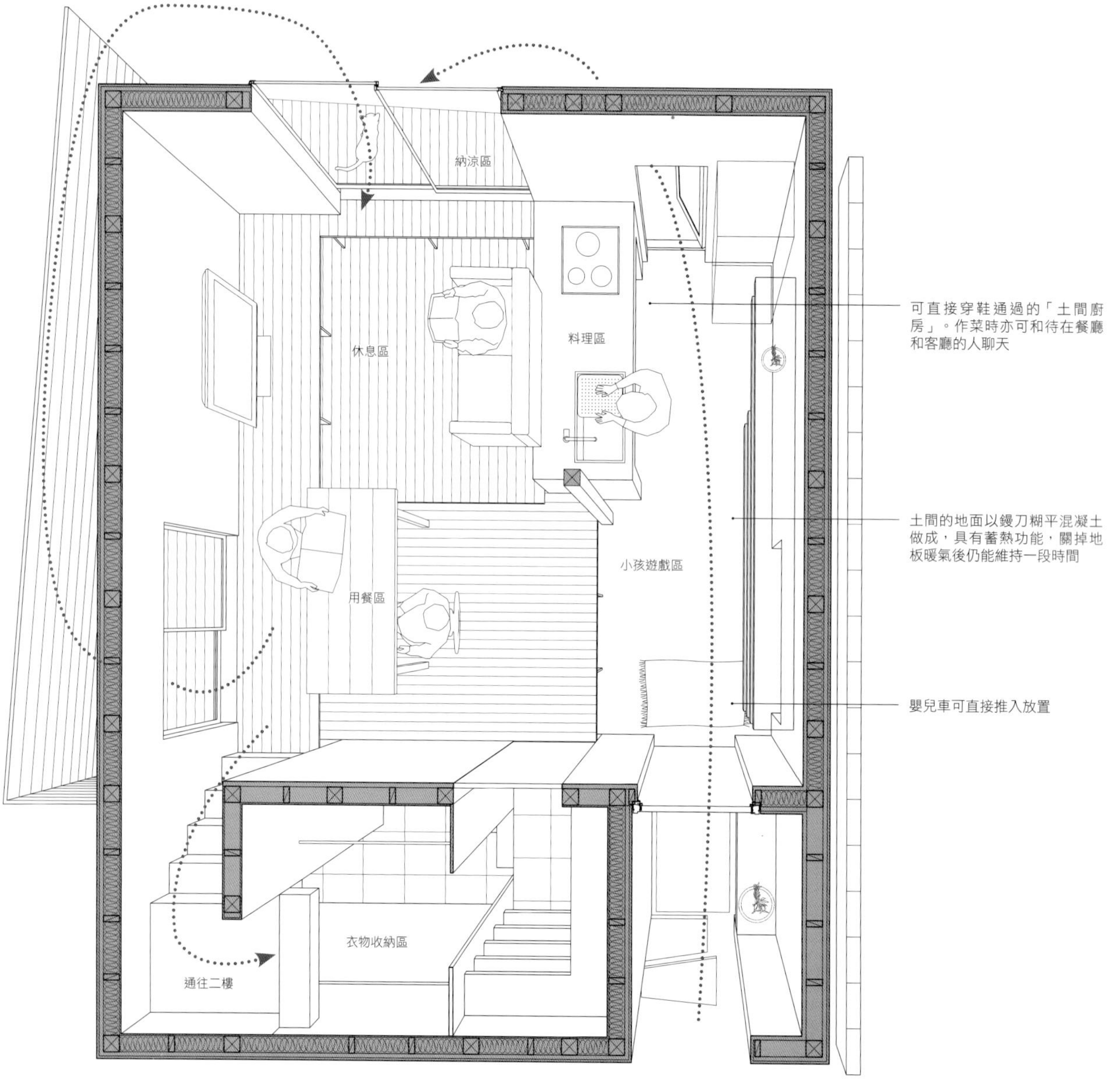

納涼區
料理區
休息區
小孩遊戲區
用餐區
衣物收納區
通往二樓
可直接穿鞋通過的「土間廚房」。作菜時亦可和待在餐廳和客廳的人聊天
土間的地面以鏝刀糊平混凝土做成，具有蓄熱功能，關掉地板暖氣後仍能維持一段時間
嬰兒車可直接推入放置

「西谷家」平面透視圖（S=1:50）

由玄關望向餐廳、客廳和土間廚房的光景。

可不脱鞋直接進入的土間廚房。從正對面的後門可直接通往後院。

由廚房望向餐廳的光景。

8.5 Separated but inseparable 梯井創造動態空間佈局

住屋內部若是以牆壁或門窗隔間，自然就會形成多個獨立性極高的空間，亦即所謂的nLDK（多臥室＋客廳、餐廳、廚房）式設計。這類設計的優點在於，可以輕易製造出空間彼此不同的距離感，創造更為動態的空間佈局。

在案例「荻窪家」裡，包括客廳、餐廳、廚房在內，每一個空間都是完全獨立的。而且不是單純將它們並排，而是以梯井為佈局的核心，相當於一面扇子的軸點，肩負連結各個空間的職責，不論進入哪一個空間，梯井都是必經之處。由於梯井本身也佔據了一部分空間，因此各個空間彼此保持著一定距離，但是又可以透過門窗看到或感受到彼此，不至於完全隔離。加上設計時，我們把梯井視為室外，更強化了這種距離感，任何視線或身體的移動都彷彿走出室內，穿過室外，再回歸空間裡，遂產生了一種若即若離、恰到好處的隔間效果。

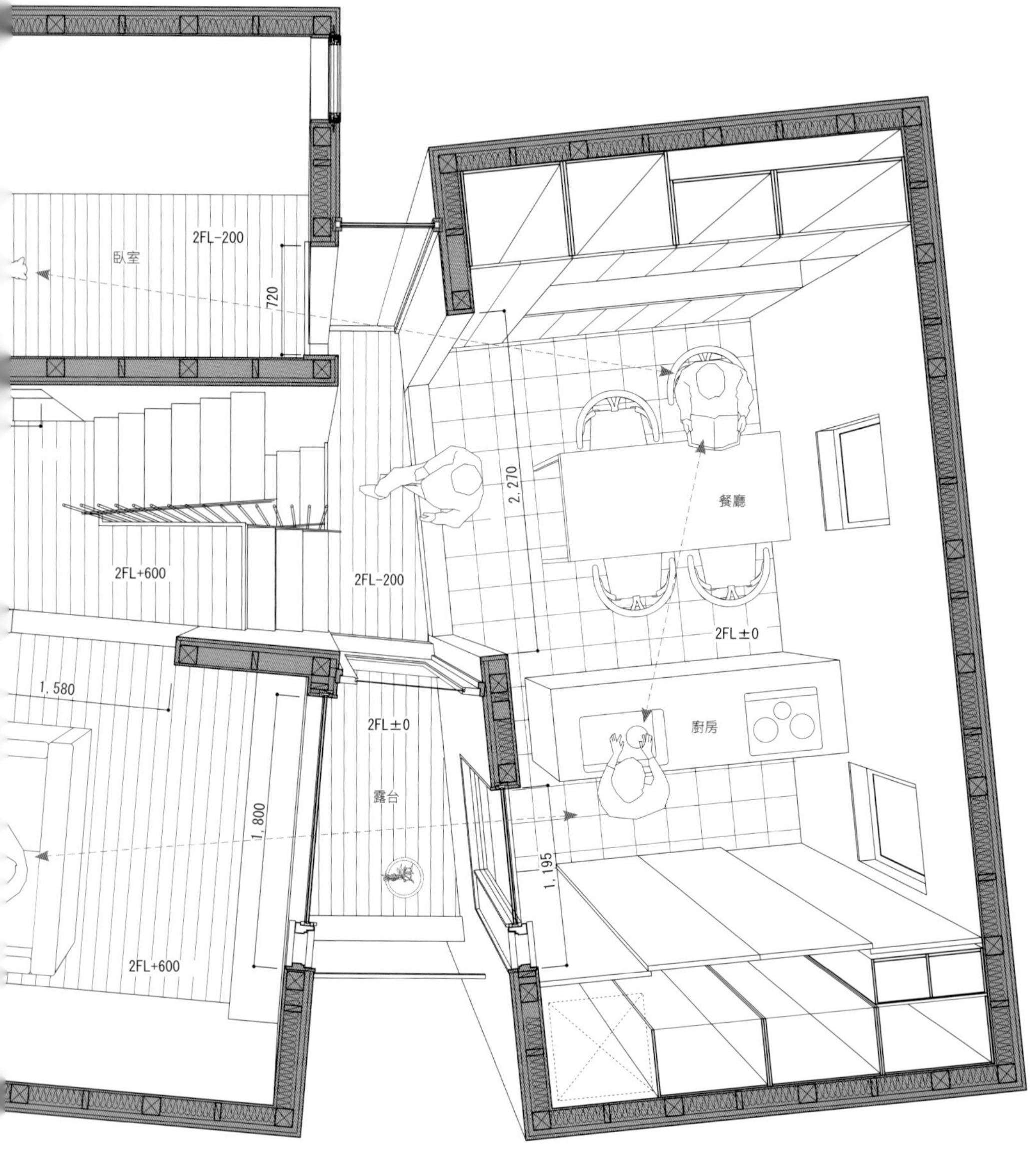

「荻窪家」平面透視圖（S=1:50）

上／從客廳穿過梯井望見臥室的光景。
中／以梯井作為分隔，右邊是臥室，左邊是客廳。臥室和客廳以梯井中的梯間相連。
下／由臥室望向室內的光景。正對面穿過梯井是客廳，右側是梯井中的梯間。

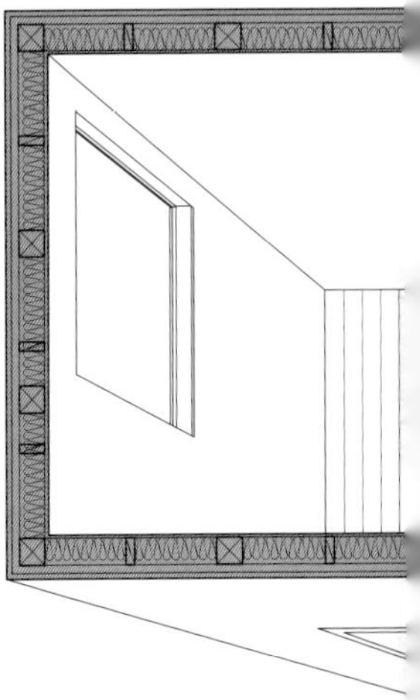

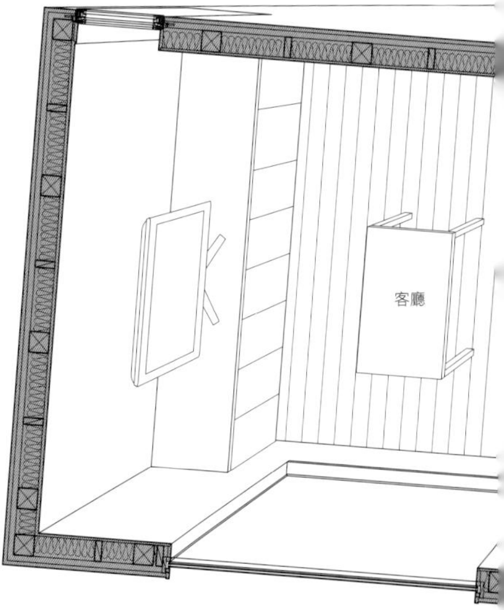

8.6 Places for human and places for objects
空間佈局的關鍵：收納

住屋其實不只是人的居所，更是物的收納處，若能讓兩者各得其所，必能創造出更具創意的設計。

在設計「包家」時，決定把收納空間設在建物的中心點，並且將它訂為高一．四米的閣樓。由於位處室內的正中央，不僅便於使用，也讓收納空間更具良好的通風，進而輕易地達成了樓上樓下的連結，形成極為獨特的斷面結構。

藉由餐廳一樓半的挑高設計，創造樓層間的連結。餐廳正上方係閣樓所在的位置。

閣樓門開啟時

閣樓由全家人所共用。打開折疊門後，面積與餐廳相同。可盡情收納衣服、玩具、被褥，並與二樓的開放空間完全相連。

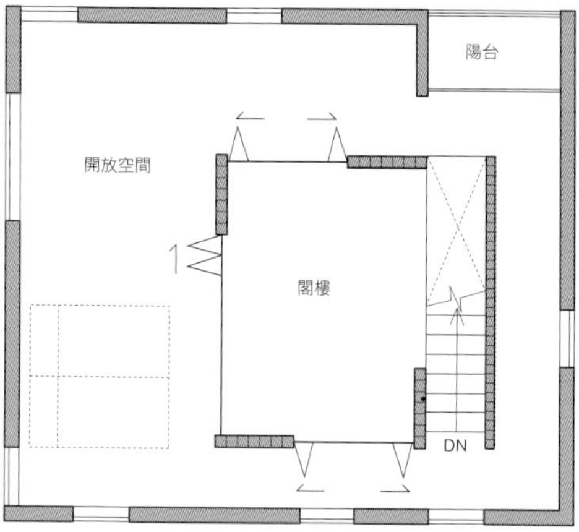
陽台
開放空間
閣樓
DN

「包家」二樓平面圖（S=1:120）

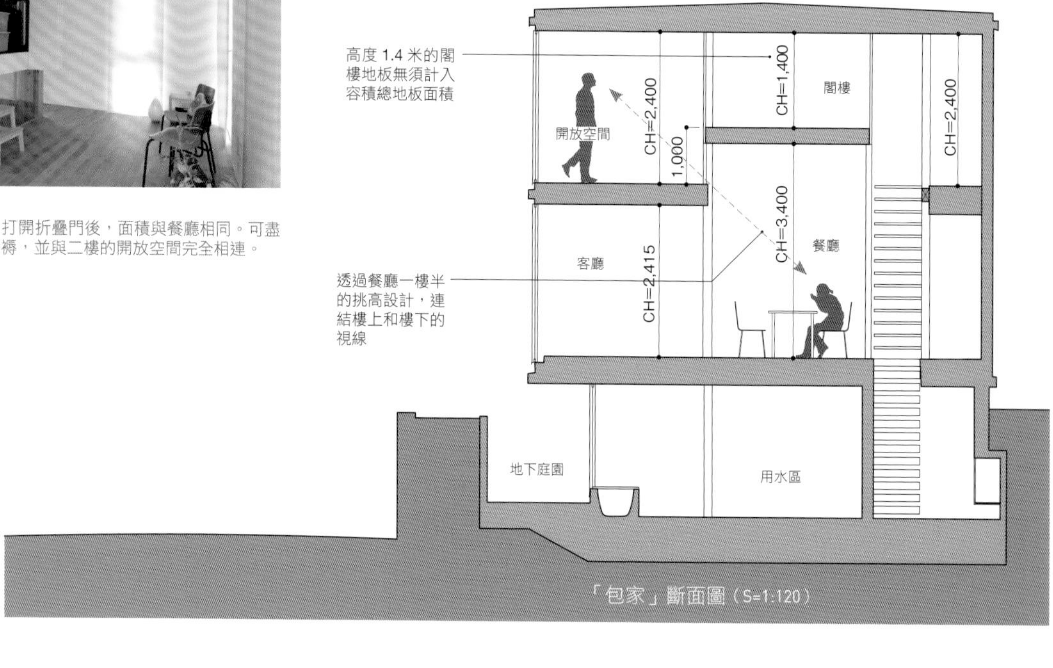
高度 1.4 米的閣樓地板無須計入容積總地板面積
透過餐廳一樓半的挑高設計，連結樓上和樓下的視線
開放空間
閣樓
客廳
餐廳
地下庭園
用水區
CH=2,400
CH=1,400
CH=2,400
1,000
CH=3,400
CH=2,415

「包家」斷面圖（S=1:120）

閣樓門關閉時
閣樓的折疊門關閉時，旁邊的開放空間可利用布幕隔間，變成獨立的自由空間。

樓梯邊的空間設有小孩的塗鴉牆。

閣樓三面皆設有折疊門，不僅有助於通風，亦便於使用。

8.7 Good luck lies in “miscellaneous space”
變化就在「閒置」的空間裡

在規劃過程中，難免會留下閒置的空間。這時候不論任由它繼續閒置，抑或嘗試有效利用，結果同樣都能為住屋形塑出極具特色的空間印象。好比說可以放置幾座盆栽，或者陳列收藏品，小小的改變即足以為閒置空間增添風采。從垂直的方向來看亦是如此，儘管人們多半偏愛挑高的設計，有些時候我們仍會希望能夠刻意壓低天花板的高度，將多出來的空間作為收納或儲藏室以外的用途。

我們在設計案「西谷家」客廳設計了一面挑高的天花板，可是感覺有點可惜，於是重新規劃，決定壓低天花板高度，增設了一間大人必須彎腰才能進入、坐下後卻能放鬆心情，而小孩可以在裡頭自由跑跳、像個祕密基地一般的夾層。這樣的做法，除了善用閒置的空間之外，也順理成章地設計出一間更具變化也更人性化的居家場所。

二樓夾層。儘管低矮，卻可以作為客房使用，邊緣以書桌取代護欄，亦可充當小書房用。

從一樓望向夾層的光景。夾層儼然成了孩子的遊戲場。

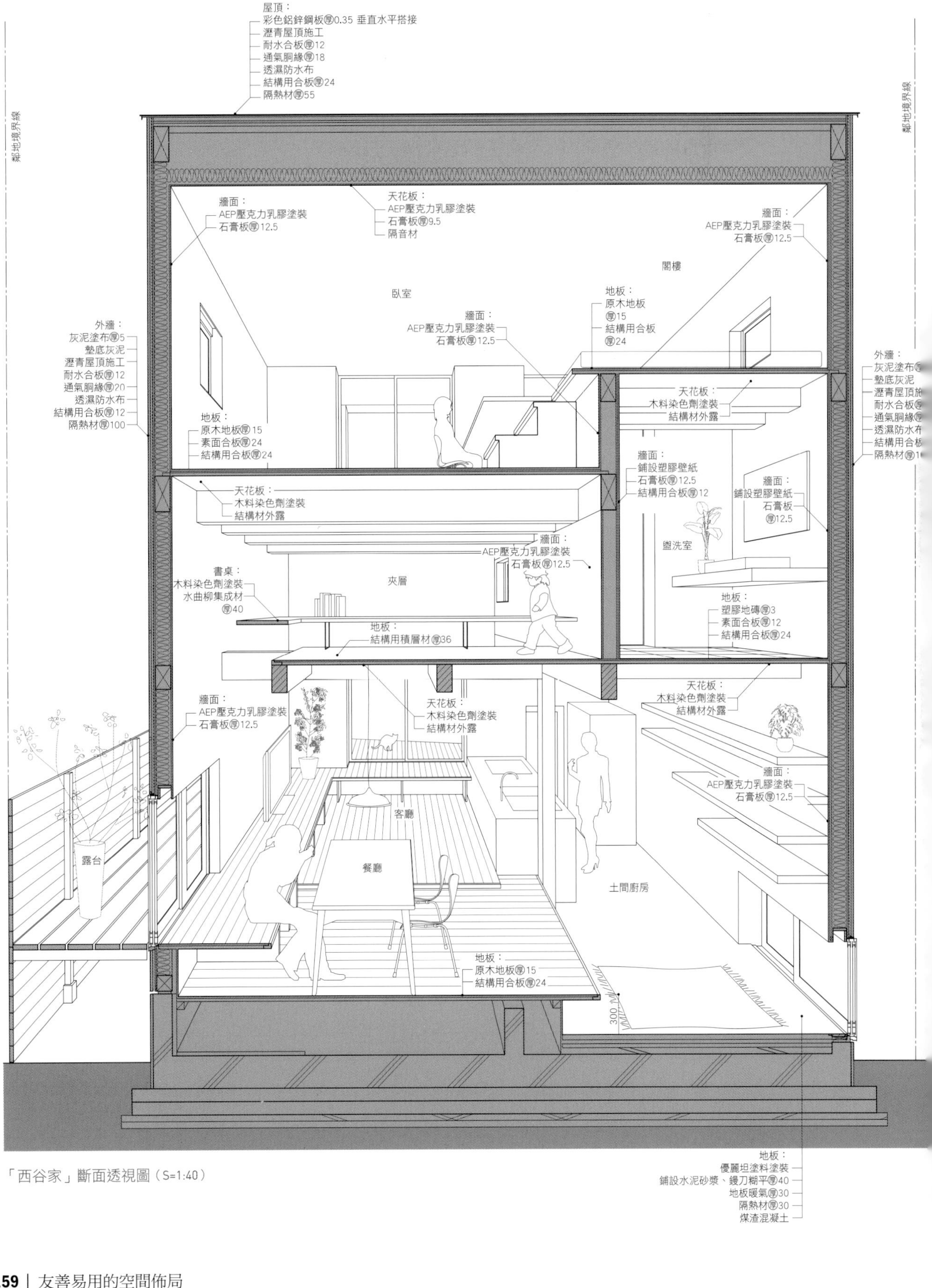
屋頂：
彩色鋁鋅鋼板厚0.35 垂直水平搭接
瀝青屋頂施工
耐水合板厚12
通氣胴緣厚18
透濕防水布
結構用合板厚24
隔熱材厚55
鄰地境界線
鄰地境界線
牆面：
AEP壓克力乳膠塗裝
石膏板厚12.5
天花板：
AEP壓克力乳膠塗裝
石膏板厚9.5
隔音材
牆面：
AEP壓克力乳膠塗裝
石膏板厚12.5
閣樓
臥室
地板：
原木地板
厚15
結構用合板
厚24
牆面：
AEP壓克力乳膠塗裝
石膏板厚12.5
外牆：
灰泥塗布厚5
墊底灰泥
瀝青屋頂施工
耐水合板厚12
通氣胴緣厚20
透濕防水布
結構用合板厚12
隔熱材厚100
外牆：
灰泥塗布
墊底灰泥
瀝青屋頂施
耐水合板
通氣胴緣
透濕防水布
結構用合板
隔熱材
天花板：
木料染色劑塗裝
結構材外露
地板：
原木地板厚15
素面合板厚24
結構用合板厚24
牆面：
鋪設塑膠壁紙
石膏板厚12.5
結構用合板厚12
天花板：
木料染色劑塗裝
結構材外露
牆面：
鋪設塑膠壁紙
石膏板
厚12.5
牆面：
AEP壓克力乳膠塗裝
石膏板厚12.5
盥洗室
書桌：
木料染色劑塗裝
水曲柳集成材
厚40
夾層
地板：
塑膠地磚厚3
素面合板厚12
結構用合板厚24
地板：
結構用積層材厚36
天花板：
木料染色劑塗裝
結構材外露
牆面：
AEP壓克力乳膠塗裝
石膏板厚12.5
天花板：
木料染色劑塗裝
結構材外露
牆面：
AEP壓克力乳膠塗裝
石膏板厚12.5
客廳
露台
餐廳
土間廚房
地板：
原木地板厚15
結構用合板厚24
300
地板：
優麗坦塗料塗裝
鋪設水泥砂漿、鏝刀糊平厚40
地板暖氣厚30
隔熱材厚30
煤渣混凝土

「西谷家」斷面透視圖（S=1:40）

8.8 Tatami x 榻榻米和室的N種可能性

隨著生活型態的不斷西化，日本特有的榻榻米已然式微，在越來越多的住家裡再也找不著和室的蹤影。

然而不可否定的是，和室確實具有彈性使用的優點。儘管空間不大，只要規劃得宜，仍可將它的價值發揮到極致。日本人進入屋內習慣脫鞋，但是連拖鞋也不准穿的空間只有和室。換言之，和室可能是住屋中地面最乾淨的地方，不只可以直接躺臥，更可以充當洗好衣物的暫時放置區。

在設計案「玉川上水家」裡，我們也特別設置了一間和室，並且將它安排在臥室和全家人共用的衣帽間之間，目的是為了和曬衣服的陽台連成一條洗衣動線。透過這條動線，和室再也不單只是一處休息、靜心的空間，更是家事動線的一部分。

大臥房的一角——學習區（參照9.2）。對面的小窗戶後頭隔著梯井即是和室的位置。

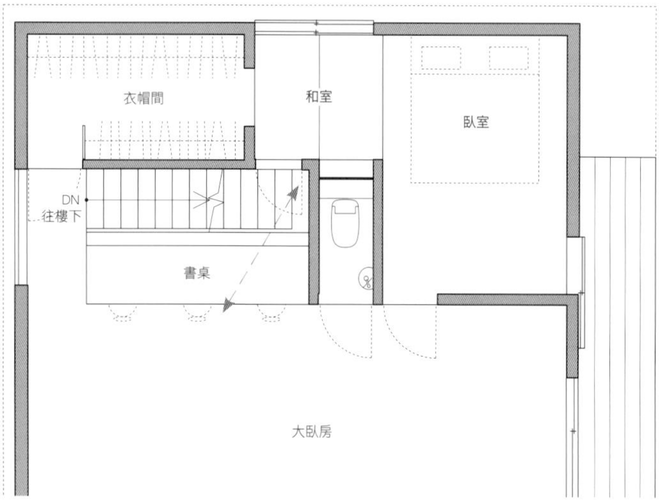

「玉川上水家」局部平面圖（S=1:100）

位在臥室旁邊的和室，僅兩個榻榻米大小。打開左側的小窗戶，隔著梯井是小孩的學習區。
右側的障子門背後，則是全家人共用的衣帽間。

8.9 The "welcome home" table by the stairs

彼此相望的梯邊書桌

小孩房內的學習區，年齡永遠是建築設計師的首要考量。不過當遇到年齡較小的孩子時，建築設計師還必須特別留意屋內親子的互動，盡可能讓大人和小孩隨時可以看見彼此。

設計案「櫻丘家」採用錯層式樓板設計，特別把學習區安排在房屋中心點的樓梯邊緣，利用錯層式樓板穿插的格局，讓學習區的視線可以穿過樓梯，看到樓上和樓下，讓孩子和大人保持最佳距離，又能隨時知道父母親的位置或動態，更容易專心學習。

由學習區望向餐廚空間的光景。
讓親子間隨時可以看見彼此。

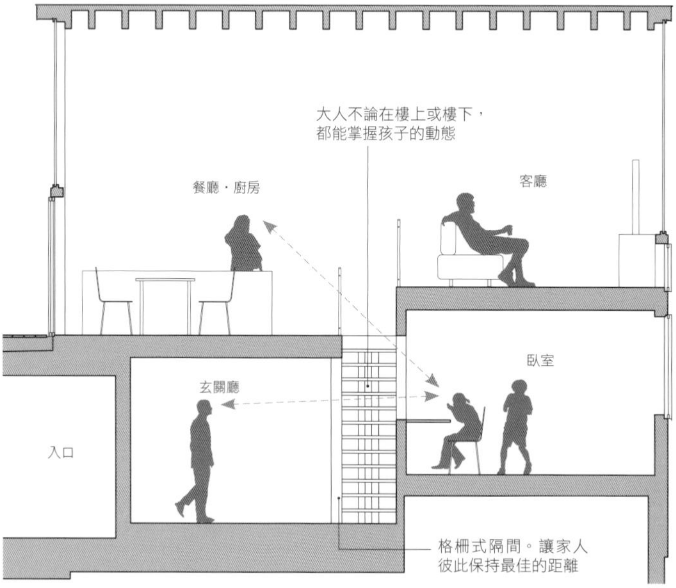
大人不論在樓上或樓下，
都能掌握孩子的動態
餐廳・廚房
客廳
臥室
玄關廳
入口
格柵式隔間。讓家人
彼此保持最佳的距離

「櫻丘家」
局部斷面圖
（S=1:100）

8.10 Kill two birds with one "book shelf"
雙向書桌變換視野

最好的學習環境莫過於入冬以後得享暖陽，入夏之後又能免於豔陽曝曬。倘若還能夠根據天氣和季節而自由變換學習的位置，相信更有助於學習效率。儘管建築設計師不太可能在住屋內四處安排學習的角落，但是我們卻願意嘗試讓居住者能夠在同一個地點，享受到全然不同的學習氣氛。

在設計案「成瀨家」的廚房和臥室之間，我們刻意用一座書架作為隔間，並且將書架的下半部打通，設為學習區，然後在廚房和臥室分別安排座椅。由於兩側都能坐下學習，不論大人或小孩，皆可以隨性選擇坐在廚房側，穿過臥室，望見窗外的風景，或者坐在臥室側，感受家人的氣息。實際上不過只是改變了座位的方向而已，但是視野卻即刻改觀，讓居住者在同一個地點便能夠清楚地體驗到空間和環境的變化。

從學習區望向餐廳的光景。後面廚房內的餐桌清晰可見。

透過鏤空的隔間設計，讓書桌從餐廳和臥室方向都能使用。大人可以陪伴小孩讀書，也能和孩子一同學習。加上書桌是由書架改造而成，高度還可以配合孩子的成長，自由調整

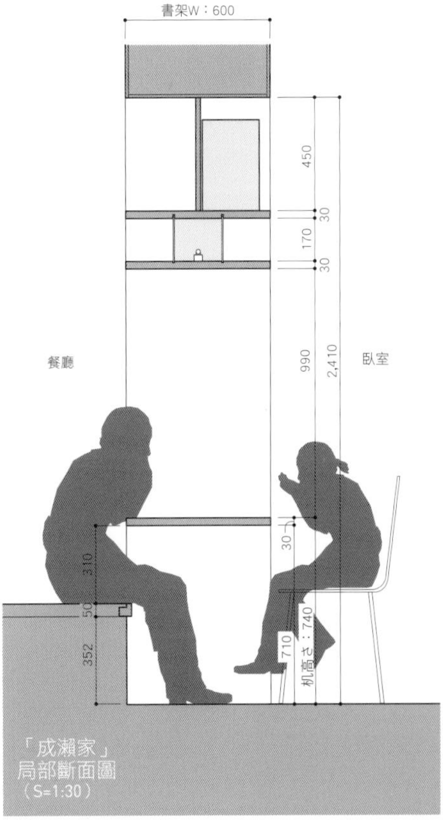
書架W：600
450
30
170
30
990
2,410
餐廳
臥室
30
310
50
352
710
机高さ：740

「成瀨家」
局部斷面圖
（S=1:30）

8.11 窗邊柔光下的書房角落

Cozy study room by the window

過去最常聽案主說：「希望臥室裡有床有書桌，還要一座大衣櫃……」，可是近幾年來，大家的想法似乎出現改變，越來越多人需要的是一塊讀書的角落。由此可見，隨著社會的日趨穩定，豐衣足食，人們思考的不光只是孩子的學習區，更期盼自己也能擁有一處得以靜下心來閱讀、學習的場所。人們心裡想的未必是個豪華氣派的書房，而是個可由大人獨享的「書房角落」。

在自然環抱的設計案「八岳山莊」裡，為了讓居住者能夠從屋內感受到戶外的自然美景，我們特別安排了一片超大面積的落地窗。又在窗口邊設置了書桌，桌面的前端就是兼具護欄功能的障子門下軌。當障子門關閉時，透過和紙擴散開來的柔光照滿室內，遂在窗邊形塑出一處舒適宜人的書房角落。

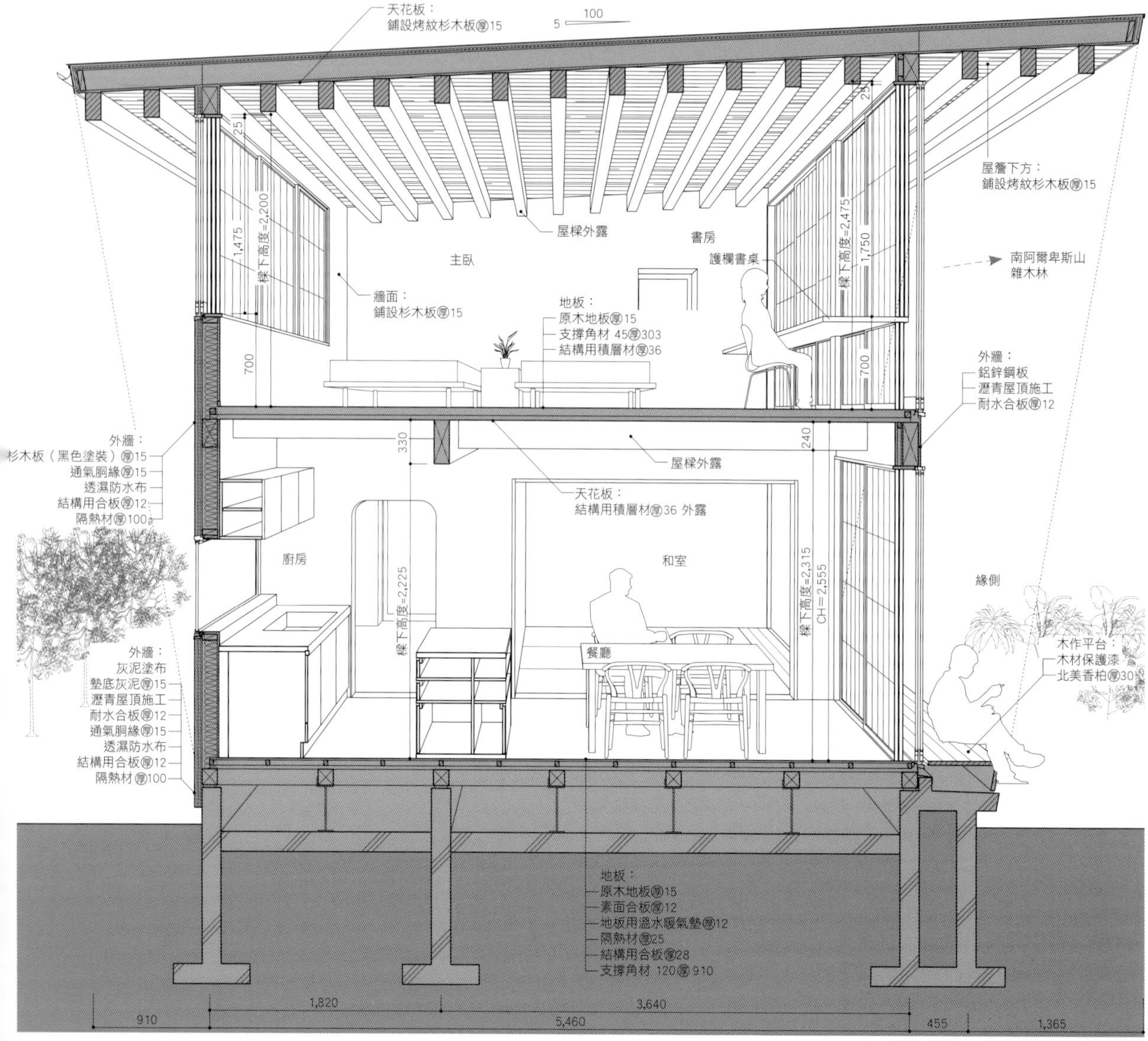

天花板：
鋪設烤紋杉木板(厚)15
5
100
屋簷下方：
鋪設烤紋杉木板(厚)15
屋樑外露
書房
主臥
護欄書桌
南阿爾卑斯山
雜木林
牆面：
鋪設杉木板(厚)15
地板：
原木地板(厚)15
支撐角材 45(厚)303
結構用積層材(厚)36
樑下高度=2,200
1,475
樑下高度=2,475
1,750
700
外牆：
鋁鋅鋼板
瀝青屋頂施工
耐水合板(厚)12
外牆：
杉木板（黑色塗裝）(厚)15
通氣胴緣(厚)15
透濕防水布
結構用合板(厚)12
隔熱材(厚)100
330
240
屋樑外露
天花板：
結構用積層材(厚)36 外露
廚房
和室
緣側
樑下高度=2,225
樑下高度=2,315
CH=2,555
餐廳
木作平台：
木材保護漆
北美香柏(厚)30
外牆：
灰泥塗布
墊底灰泥(厚)15
瀝青屋頂施工
耐水合板(厚)12
通氣胴緣(厚)15
透濕防水布
結構用合板(厚)12
隔熱材(厚)100
地板：
原木地板(厚)15
素面合板(厚)12
地板用溫水暖氣墊(厚)12
隔熱材(厚)25
結構用合板(厚)28
支撐角材 120(厚)910
1,820
3,640
910
5,460
455
1,365

「八岳山莊」斷面透視圖（S=1:50）

打開障子門，大窗口是一大片雜樹林，遠眺則是南阿爾卑斯山群。兼具護欄功能的書桌，搭配著障子門製造出來的柔光，形成一處光線充足又舒適宜人的窗邊書房。

8.12 A taste of open-air bath
品嚐露天沐浴的樂趣

面朝屋外的浴室不僅通風良好，甚至有如視野開闊的露天溫泉。

在設計案「岡崎家」設計了一條穿過中庭的迴游式動線，不只可以從室內經由廚房，亦可直接從主臥室跨越中庭，進入浴室享受沐浴時光。在規劃的過程中，我們其實早已將中庭視為浴室的延伸，後期又將這個構想納為照明設計的範圍，試圖透過特別的空間安排提高居住者的生活品質，也希望藉此讓居住者不僅每天都能享受到清新醒腦的晨間沐浴，更可以在入夜後中庭內浪漫的燈光下，在浴室裡完全放鬆身心。

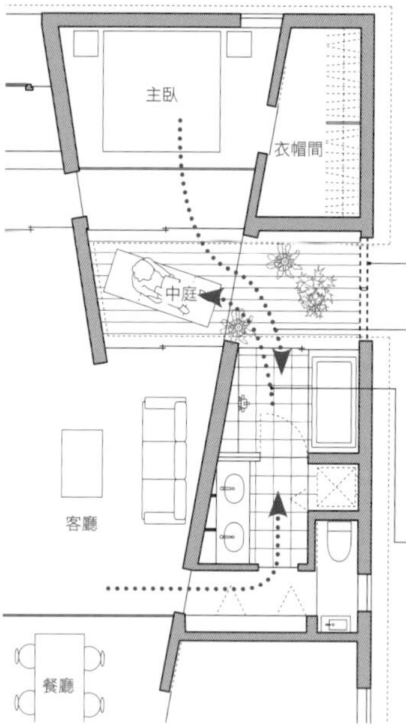

主臥
衣帽間
中庭
客廳
餐廳
利用格柵圍牆隔絕來自外來的視線，確保隱私
可由主臥室跨越中庭進入浴室
沐浴時亦可走出中庭納涼

「岡崎家」局部平面圖
（S=1:150）

陽光由中庭照入浴室的光景。居住者可由主臥室跨越中庭進入浴室。

8.13 Outdoor living room
戶外客廳

只要稍加留意，現在應該不難在日本看到把沙發置於室外的客廳，亦即所謂的「戶外客廳」。譬如設計案「目白家」，我們刻意把客廳設在地下一樓，同時為求採光和通風，又在客廳的兩側安排地下庭園，分別圍起外牆，形成內外融合的特殊佈局。藉由這樣的設計手法，成功建構了屬於室內卻又彷彿身在室外的「戶外客廳」。

位在地下一樓的客廳。來自庭園 1 的明亮光線照滿室內。

從庭園 2 穿過客廳望向庭院 1 的光景。透過左側連續的長椅，製造不分內外的空間整體感。

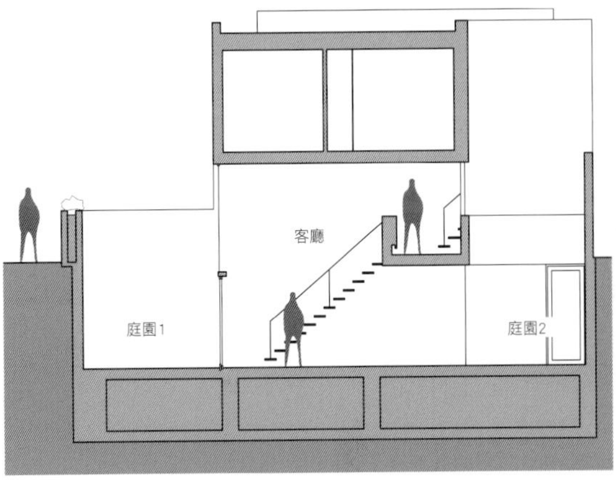

「目白家」斷面圖（S=1:200）

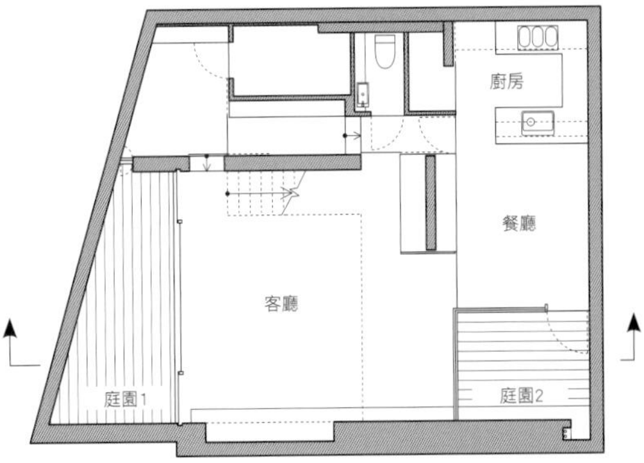

「目白家」地下一樓平面圖（S=1:200）

chapter

9

設想實際生活的細節設計

To breathe life into design

設計者到底該為居住者設想或設計到多深、多細呢？

有人說，房子畢竟是案主的，所以建築設計師根本無須過多的干涉，只需交給案主一間簡單的外殼即可，之後再由他自行去完成自己心目中理想的家。這的確是種想法，問題是，這樣真的對嗎？在某些狀況下，由居住者根據自己習慣的生活方式，安排屬於自己的理想空間，當然再好不過。與其任由建築設計師去實現設計大夢，還不如收到一間毛坯屋，更可能如願以償。但是，也不可否認，有些時候案主也確實希望有人能代為思考所有可能的細節，從基地方向的選擇到家具的挑選，全權交由建築設計師協助處理。

一個真正專業、道地的建築設計師肯定會在設計的過程中，思考到五年、十年，乃至五十年後可能換了新主人的狀況，同時也知道該為現在的案主設計多少、做到什麼程度。當然，未來的居住者未必接受先前的規劃，但是，預想的本身就有其重要性，我們不會就此否定或輕忽設想各種不同情境。期盼居住者能夠在我們所建立的基礎上繼續延伸、應用，為他們的家創造出超乎我們設想的各種可能性。

9.1 Ascending and descending and more

梯間閱讀區

近幾年來，人們逐漸意識到「不讀書」的現象，有效的化解方法是創造一處良好舒適的讀書環境。譬如將家中每一位成員的書籍全數集中，規劃出一處別緻的閱讀區，既可感受到書籍的存在，也更容易激發閱讀興致。即使原本毫無興趣的書籍，也可能經由閱讀區的設置，得到更多接觸的機會，無形中擴大個人視野。從另一個角度看，閱讀區也確實有設置的必要，因為它還兼具了溝通、交流、培養家人感情的功能。未必一定要設計成完全獨立的空間，即便是室內的一角，照樣可以達到效果。我們把設計案「神樂坂家」所有的書籍都收納在必經的樓梯邊，並且做成展示架，讓居住者隨時都能看到書籍。在設計案「東山家」，則是將上下樓時必經的梯間設為閱讀區，在上方的挑高處再架上一層地板，做成閣樓閱讀區，形成上下兩種給人完全不同感受的閱讀角落。

正對著門廳的特製書架。連訪客都會忍不住在此駐足片刻。

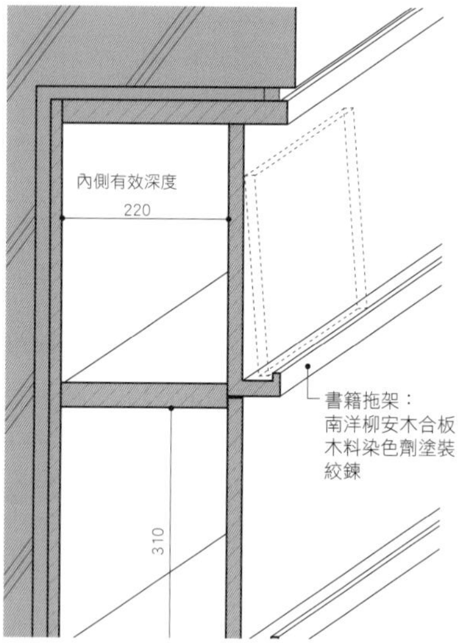
內側有效深度
220
書籍拖架：
南洋柳安木合板＋
木料染色劑塗裝
絞鍊
310

「神樂坂家」書籍展示平台詳圖（S=1:15）

閱讀區的位置就設在上下樓時必經的梯間。

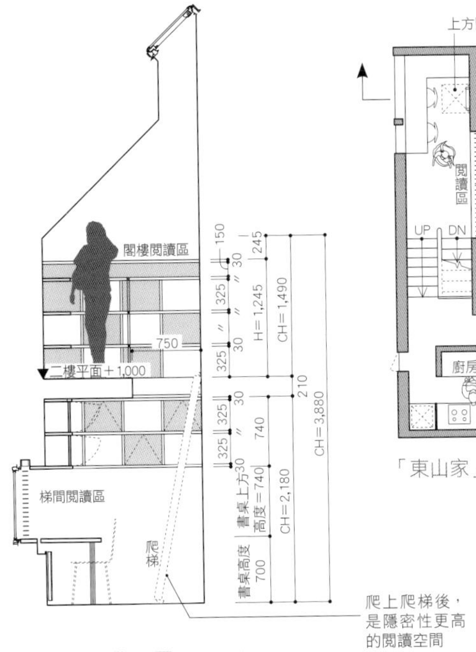
閣樓閱讀區
750
二樓平面＋1,000
梯間閱讀區
爬梯
150
30
325
〃
30
325
245
H=1,245
CH=1,490
30
325
325
30
740
210
CH=3,880
書桌上方高度=740
CH=2,180
書桌高度 700
爬上爬梯後，
是隱密性更高
的閱讀空間

「東山家」斷面圖（S=1:80）

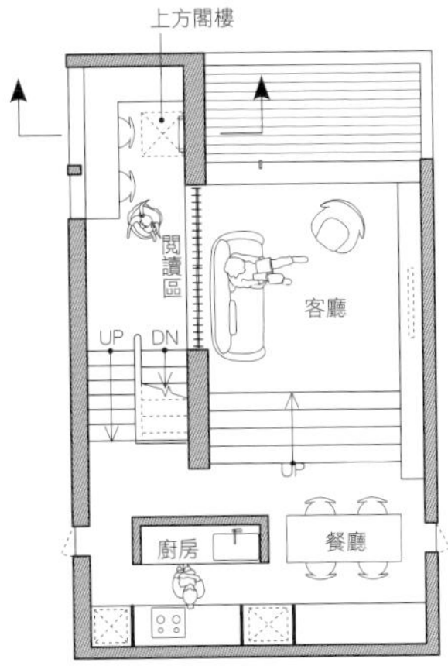
上方閣樓
閱讀區
客廳
UP
DN
UP
廚房
餐廳

「東山家」平面圖（S=1:200）

設在梯間的閱讀區。設有書桌，亦可作為家人共用的工作空間。

9.2 “Prairie” in the house 家中的「大草原」

每個家庭對於小孩房的設計都有各自不同的想法。然而，不論是希望把書桌、床鋪、書籍、衣物全部集中在房內，抑或將讀書、睡覺、收納分別處理，安排在不同的空間，都將影響到整棟住屋的規劃和設計。

我們將設計案「玉川上水家」全家的用品集中收納在一處（家事區），然後把小孩房設在挑高的大屋頂、有如體育館般的二樓，由於面積頗大，對孩子們而言，彷若一片大草原。草原延伸至陽台，孩子們可以盡情奔跑，隨意進出。出了陽台，下望是綠意盎然的庭院，抬頭望向室內，先是天花板和屋頂露台，再是蔚藍的天空。孩子們的書桌則設在「大草原」的一角，在高聳的天花板下形成一處更易專注學習的閱讀區。在不久的將來，大草原還可配合孩子們的成長，加入適度的隔間。

「玉川上水家」斷面透視圖（S=1:60）

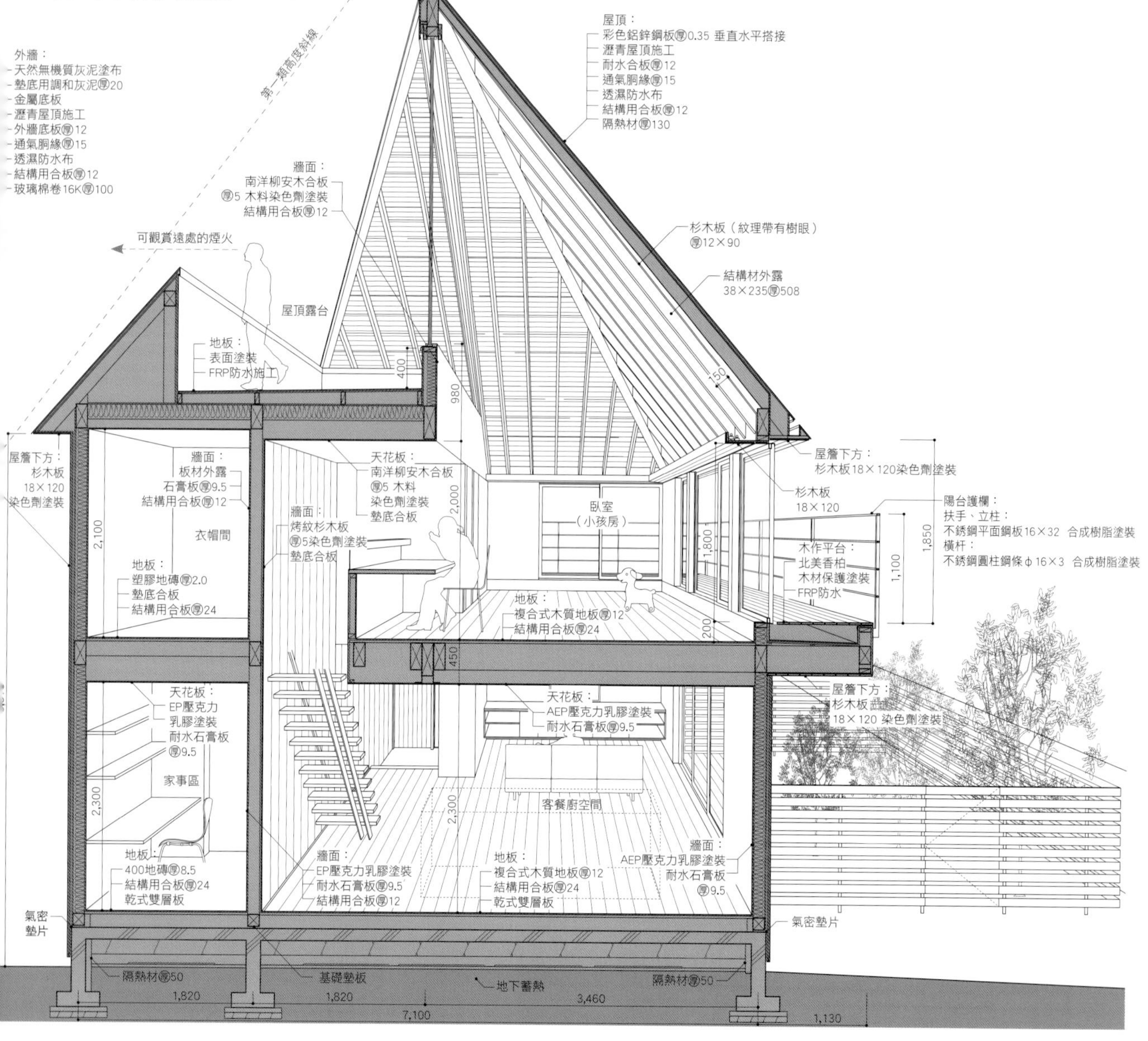

孩子們能盡情奔跑的範圍
之大，甚至包括陽台。

9.3 Transformable secret base

一房變三房的隔間術

當家庭的人口結構出現變化時，往往會造成原本獨立的「臥室」因而閒置或不敷使用，導致空間無法有效應用。為了避免這類狀況發生，在規劃設計時，建築設計師除了必須考量空間彈性之外，還必須留意家庭成員的組成和日後可能的變化，甚至思考該如何為居住者留下這段成長過程的美好記憶。

以設計案「各務原家」為例，我們試圖將偌大的挑高大套房空間，規劃成可適時變更「臥室」隔間的特殊設計。實際上，僅使用了活動式收納家具和一面閣樓地板兩個元素，便順利達成目標，讓居住者得以透過收納家具的移動，改變臥室的大小和形狀。也因為閣樓僅佔局部，居住者只需移動收納家具的位置，即可在空間中創造新的隔間，為室內增加一間新的臥室。

將走廊邊的隔間設為活動拉門，目的是為了在增加房間數量的同時，入口也可以隨心所欲地改變位置，更易於應付房間數量和大小的變化，也更符合實際需求。

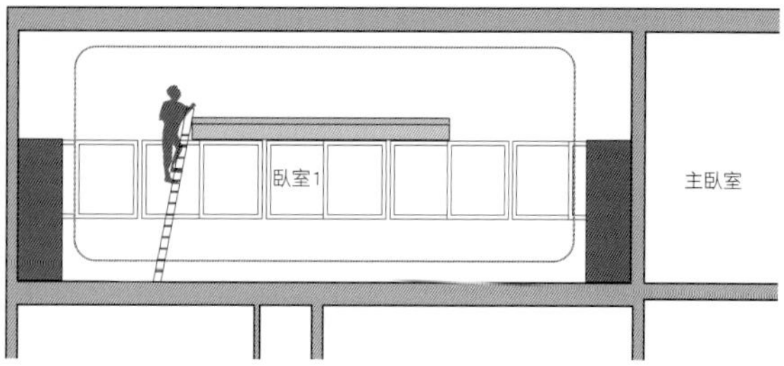

場景 1 不隔間的大套房
將活動式收納家具靠向臥室的兩側。適合家中只有一個小孩或兩個幼童時使用

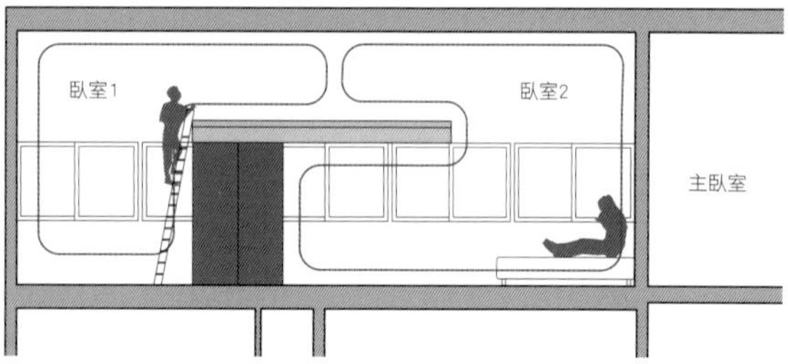

場景 2 活動式家具隔出兩間房
小孩一旦長大，即分成兩間臥室。閣樓設為玩具間或將床鋪放置在閣樓上

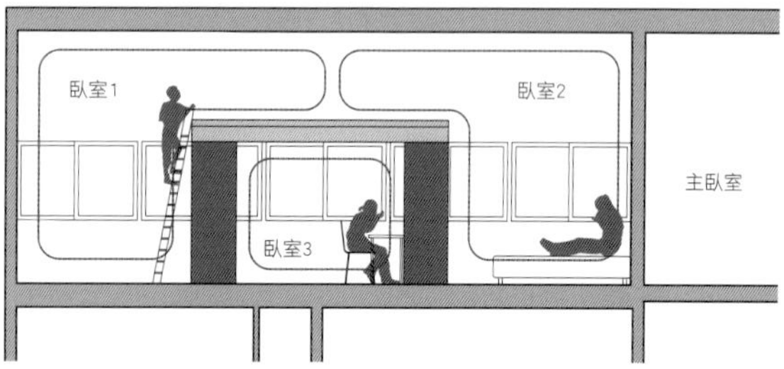

場景 3 活動式家具隔出三間房
將活動式收納家具置於閣樓下方的兩側，及可變成三間臥室。由於對面的外牆全面都設有窗戶，不論格局如何改變，都可確保每一間臥室的採光

看往右邊的臥室。只要移動臥室內的活動收納櫃，即可改換整間格局。

閣樓做成格柵式木板，確保直立梯架在各處的穩定度。

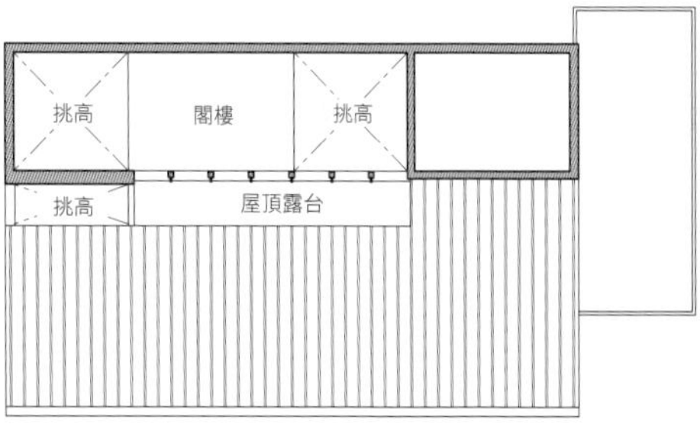

閣樓層平面圖（S=1:250）

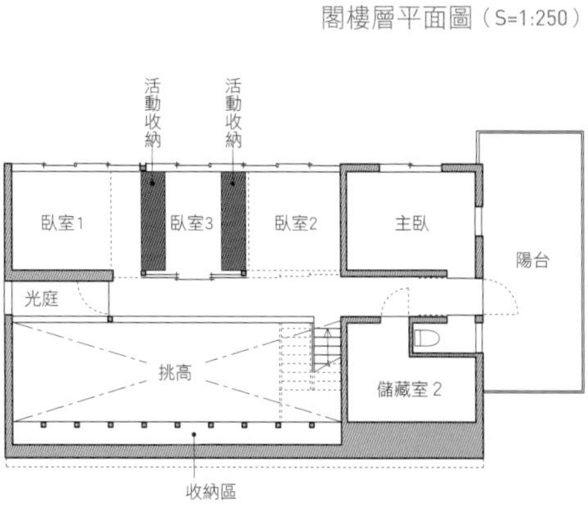

「各務原家」二樓平面圖（S=1:250）

9.4 Configuration around bedroom

舒適助眠的空間佈局

臥室是住屋中私密性最高的空間，也相當於個人的第二間客廳。因此，如何透過特殊的佈局，既讓它具有安定心神的功效，又和客廳等公共空間保持最佳的距離，將是規劃時的一大重點。

設計案「赤塚家」裡的臥室完全採獨立且西式風格的設計，並且搭配低矮的地窗，導入日本旅館常見的和風氛圍。地窗外設置了一間小小的庭院，目的是加大空間的視覺面積，也為了創造早晨的新鮮感，和夜間點燈後形成的陰影之美。

設計案「岡崎家」的臥室是個朝向中庭開放的空間，每天居住者都能在燦爛的晨光照耀中甦醒，並且刻意把中庭安排在臥室和客餐廚空間之間，藉此製造若即若離的距離感。再透過入夜後室內與中庭的燈光照明，營造與白天全然不同的距離感，讓居住者每晚睡前都能放鬆安眠。

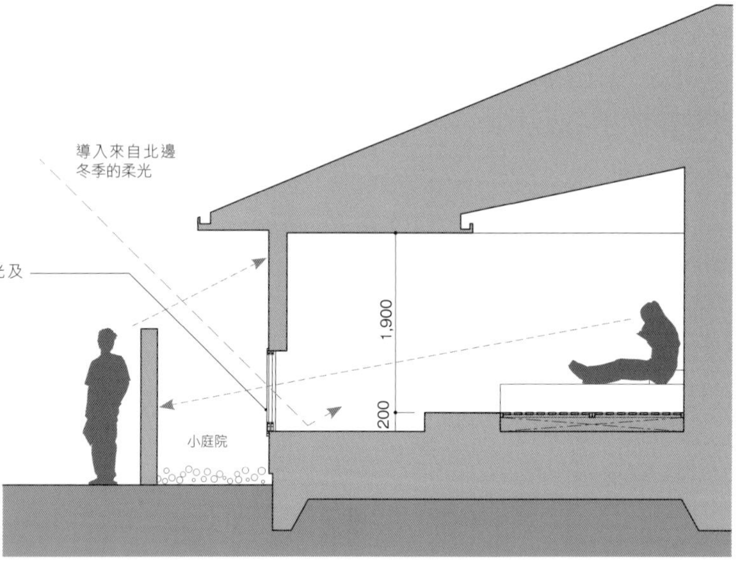
導入來自北邊
冬季的柔光
藉由地窗採光及
確保室內隱私
1,900
200
小庭院

「赤塚家」主臥室斷面圖（S=1:80）

由低矮的地窗導入來自北邊冬季的柔和光線。小庭院的設置是為了加大空間的視覺面積。

採用局部格柵式的通風床板，燈光則採間接照明，為臥室營造舒適的氣氛，亦有助於睡眠。

從客廳和餐廳望向主臥室的光景。隔著一座中庭，形成若即若離的距離感。

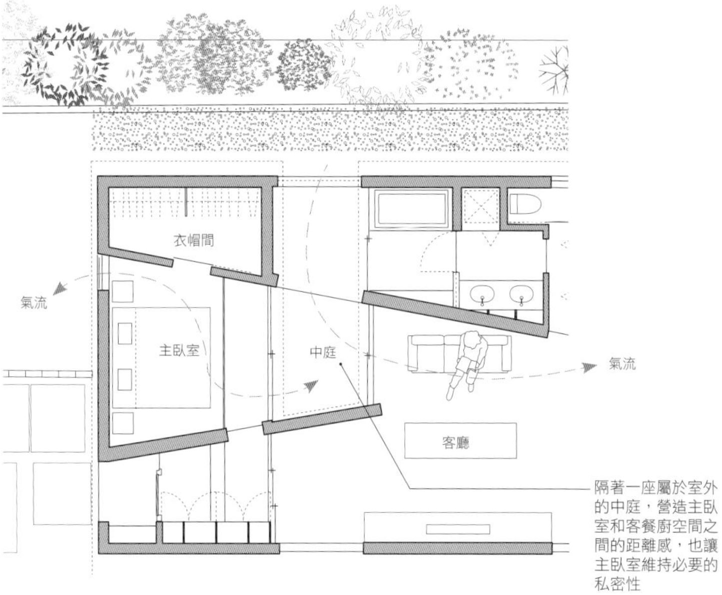

衣帽間
氣流
主臥室
中庭
氣流
客廳
隔著一座屬於室外的中庭，營造主臥室和客餐廚空間之間的距離感，也讓主臥室維持必要的私密性

「岡崎家」平面圖（S=1:150）

從主臥室穿過中庭望向客廳和餐廳的光景。入夜後還可透過中庭望見戶外的星空。

9.5 The chameleon kitchen 變色龍廚房

在設計開放式廚房的時候，必須格外留意空間內的整體設計，以免為求功能而破壞了室內的整體感。譬如為了滿足收納的功能，設計過多的櫥櫃門板，反而帶給人雜亂的印象。為此，我們將設計案「東山家」廚房內的收納全面拉平，乍看宛如一片牆面，藉以降低對穩重風格的客廳的干擾。

右／牆面式收納。為求使用上的便利性，看似平面，其實打開每一道門板，都是一座獨立的櫥櫃。
左／中島式廚房。背面完全遮蔽了流理台，表面則貼覆木磚，宛若一座穩重的家具。

包括冰箱在內，櫥櫃足夠容納家中所有可能用到的廚房電器。門板的設計採抽拉式、橫推式和隱藏收納式三種，以便於家事。

抽拉式收納

抽拉式收納櫥櫃。櫃體深長，拉開後雙面都可取物，櫃中的網籃亦可取出，方便存放物品。下方則可放置保特瓶等瓶罐。抽拉式的設計亦有利於存放重物

隱藏式門板收納

擺放冰箱的門板可全面開啟，再將門板收入櫃體。門板上安裝了特製把手，便於開啟和收納

廚房家具正面圖

（S=1:50）

橫推式收納

開飲機、酒櫃和所有的廚房家電皆集中於此。外觀看似平面，實為橫推式門板，亦可保持部分開啟。有別於正面推拉的門板，橫推式門板本身不具收納功能，但使用的幅度較大

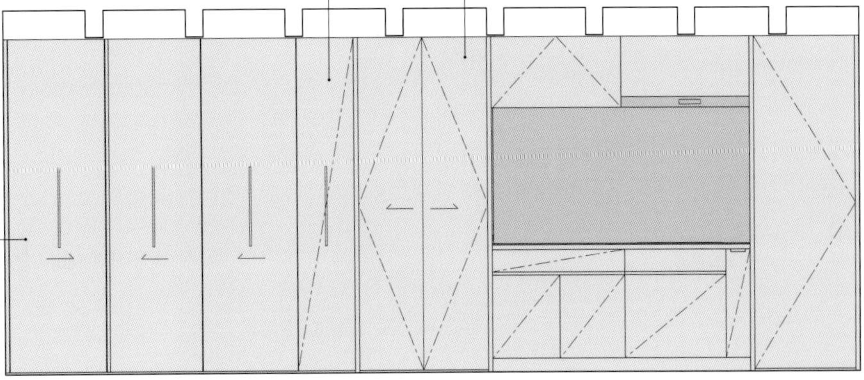

廚房家具透視圖

（S=1:50）

抽拉式收納

隱藏式門板冰箱收納區

廚房內所有的遙控器和開關一律隱藏集中在此，免除視覺上的雜亂

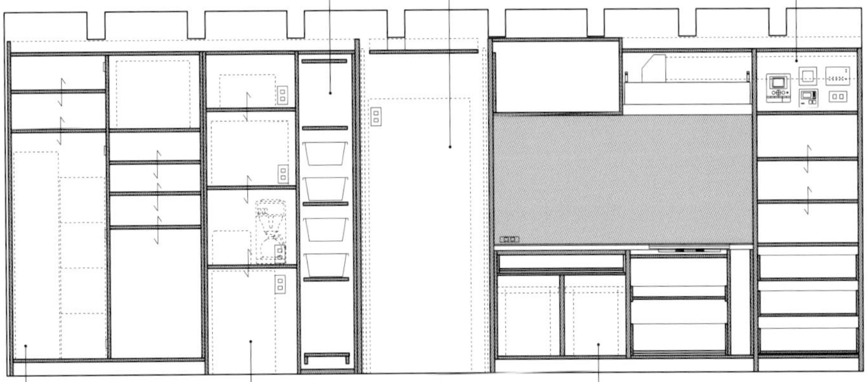

開飲機和水罐放置在一起，省卻換水時搬動的麻煩

廚房電器收納區。可根據實際需要調整隔板高度

收納式垃圾桶

二樓餐廚空間平面圖

（S=1:50）

移動距離極小的直線式家事動線

中島式流理台四周採加高設計，遮蔽三面的視線，並在背面貼覆木磚

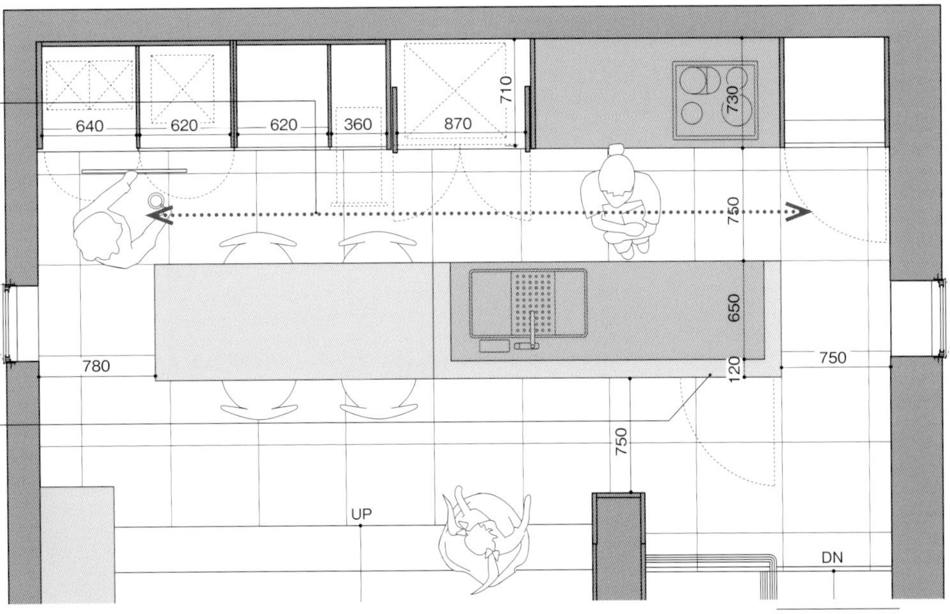

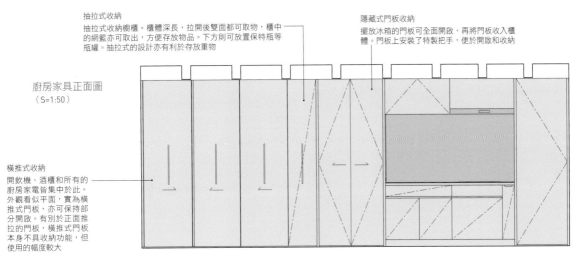

9.5 The chameleon kitchen

設計案「鷺沼家」是雙薪家庭，夫妻兩人多半在外用餐，因此我們不僅合併了廚房和餐廳，甚至將兩者合為一體。做好早餐之後，放下流理台的層板，流理台立刻搖身變成餐桌，形成風格獨具的變色龍廚房，同時也為整體省下不少空間。

上／場景 2。變成餐桌。
右下／由於廚房的高度低於客廳一米，站在廚房時可與坐在客廳的人直視交談。
左下／場景 1。作菜時拉開層板的光景。

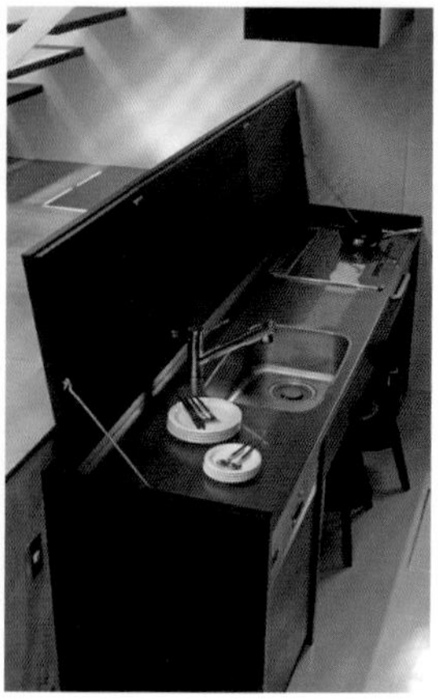

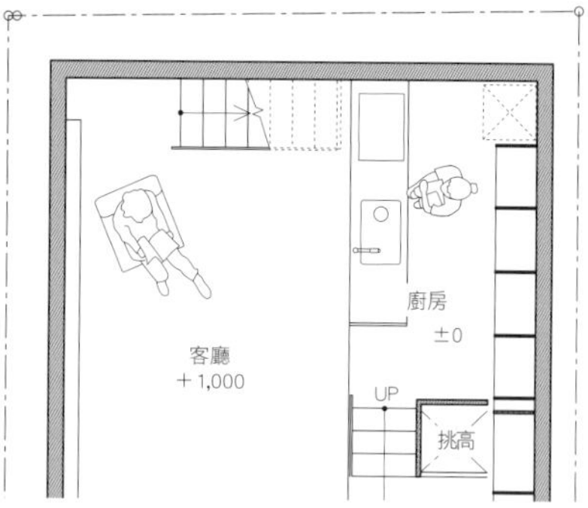

「鷺沼家」餐廚空間平面圖
（S=1:125）

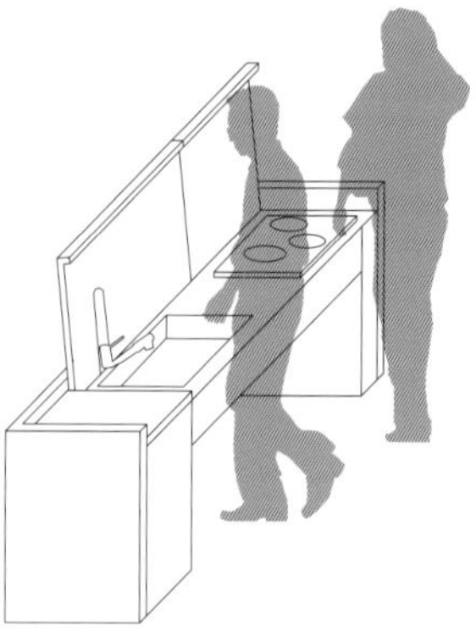

場景 1 作菜時
當作廚房使用

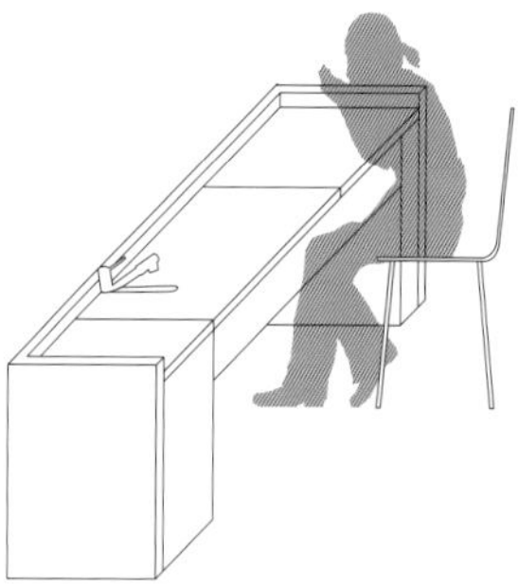

場景 2 用餐時
流理台變餐桌。由於屋主多半外食，平時大多維持餐桌的模樣

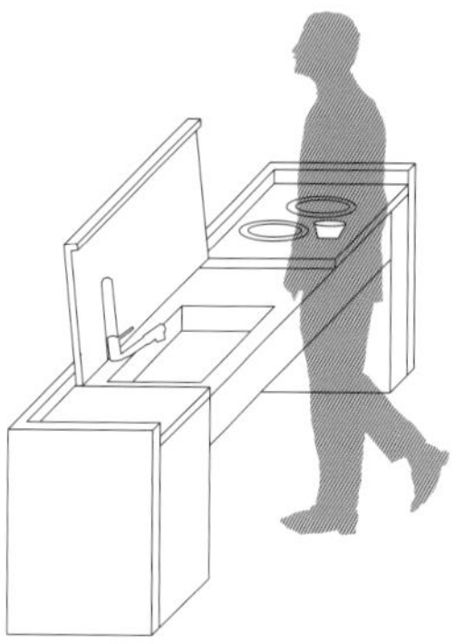

場景 3 洗滌時
僅開啟流理台。瓦斯台維持關閉，可放置清洗後的餐具

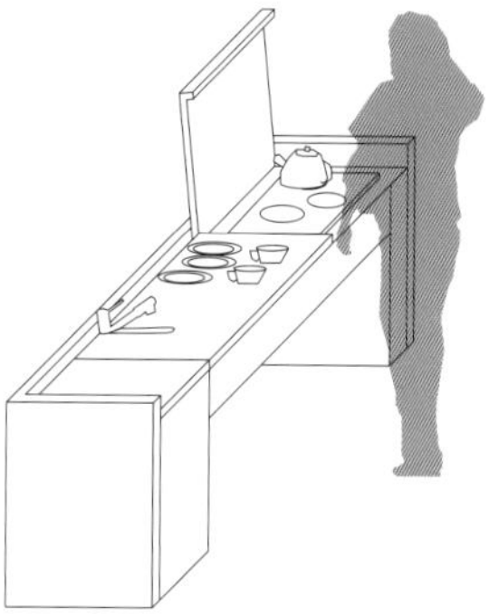

場景 4 燒開水時
僅開啟瓦斯台。一旁的流理台維持關閉，可用作泡茶平台

9.6 "Chill spot" 室外休息區

在住屋的外圍也能有一處類似緣側，可欣賞庭園景致、又能和鄰居閒話家常的休息區是很令人羨慕的。設計案「高麗菜田家」的位置座落在案主父母的高麗菜田邊，我們特別為老人家安排了一張可在農閒時坐下休息的「長椅」。房屋落成後，這張長椅便成了他們每天和放學回家的孫子們聊天對話的處所。

9.7 Multi-functional space under eaves

屋簷下的多功能空間

有些時候，建築設計師會遇到一些案主希望能為挪出一部分空間，作為特殊用途的工作區，而且這些工作，大多不適合在室內進行。譬如修理機車、自行車，假日木工或者園藝等等。某些狀況，的確也可以透過土間的設置，滿足案主的需求，不過我們更建議將安排成既能感受大自然，又可以遮風避雨的屋簷空間。

設計案「八岳山莊」原本只是私人菜園，後來才逐漸發展成正式的務農家庭。在規劃設計時，決定在大門入口處設置大面積屋簷，讓居住者可以在此挑選蔬果或者當作聊天休息區。而且這個空間正好夾在建物前方的菜園和後方的果園之間，形同聯絡兩座園區的大穿堂。

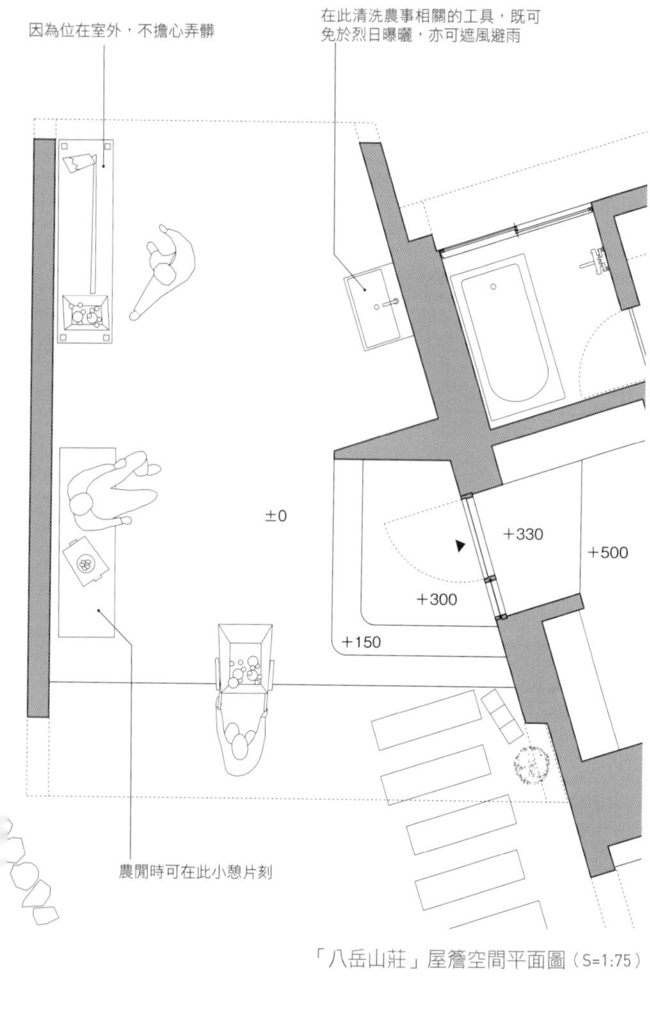
因為位在室外，不擔心弄髒
在此清洗農事相關的工具，既可免於烈日曝曬，亦可遮風避雨
±0
+330
+500
+300
+150
農閒時可在此小憩片刻

「八岳山莊」屋簷空間平面圖（S=1:75）

從玄關望向大穿堂的光景。由於可防風吹日曬，亦可充當居住者平日生活的休息區。

偌大的屋簷空間。亦可視為後方果園的出入口。

9.8 Gateway "on" the house
住屋門扉設計

關於住屋外圍的設計，幾乎每一位建築設計師都有各自不同的考量重點。不過基本上重點不外乎：清楚區分基地的地界、強調防盜或對宵小的嚇阻、讓居住者住得安心。但是就實務上說，每一位建築設計師都會希望外牆和門扉，能夠在成本和相關的現實條件許可下，盡可能無損於功能與美觀，同時避免把住屋設計得過於封閉。

設計案「代代木上原家」由於建物前方的停車空間極為有限，實在很難在基地的外圍設置外牆和門扉。於是為了兼顧停車和居住者的出入，我們刻意將玄關往內退縮，然後將玄關的門扉設在內部，同時進行防盜對策，在外側配合建物，設計了一面可以上鎖的格柵拉門，取代正門的功能，達成維護住家安全的效果。

外觀。

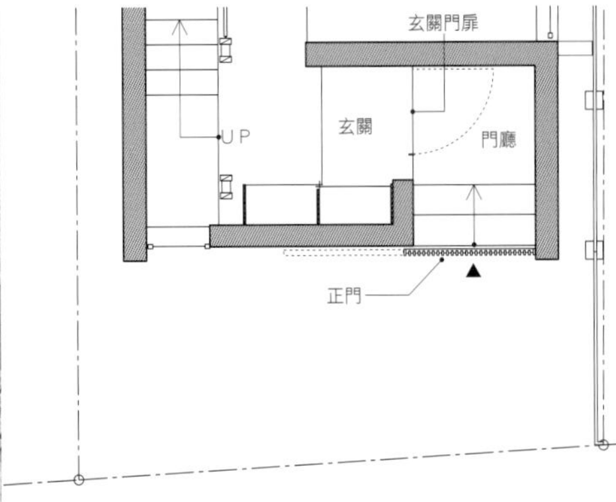

「代代木上原家」玄關平面圖
（S=1:100）
透過門廳前取代正門的格柵拉門的設置，讓門前有限的空間足以停車，且停車時亦不影響正門的開啟。

以大間隔的木製格柵拉門取代正門。玄關門位在拉門內的左側。

chapter

10

藏在優質住屋裡的「細部」設計

Secret seasoning of elegant space

現代建築大師路德維希・密斯・凡德羅（Ludwig Mies van der Rohe）為後世留下了一句名言：「上帝隱藏在細節中」（God is in the details），意指追求完美和功能，也就是對於細節的追求。一旦置身於一處照顧到所有細微處的空間時，任何人都能清楚感受到其中散發出的濃密緊實的設計能量。

且不說密斯・凡德羅的說法正確與否，建築設計師的創意絕非僅止於遵循概念，而是更懂得想像居住者各種不同的生活場景，留意住屋的「安全性」、「舒適性」和「實用性」，進而實踐心目中認為最為完美的安排與擺設。最典型的例子是，當建築設計師訂出了「預防墜樓」的功能目標時，最終設計出來的護欄或欄杆，不僅可以防墜，甚至能讓居住者完全感覺不到此一功能的存在。要言之，或許居住者毫無所感，實際上空間中早已凝聚了無數的細部設計。換一個說法就是，留意所有的細節，且讓它隱而不現。我們認為，唯有如此方能成就出真正道地且優質的空間設計。

10.1 A "matured design" for children

大人味的幼童防護設計

「預防墜樓」的話題最常出現在有幼童和訪客較多的家庭。建築設計師可能為求設計上的簡潔，會選擇先行舖設防墜網，待孩子長大後再行取下，不過此類手法畢竟只是暫時性的應變措施，儘管不佔空間，卻很可能破壞了室內整體的設計。因此我們嘗試找出了幾種既兼顧景觀、美感和功能，又非暫時的處理手法。譬如除了直接安裝護欄之外，更可利用類似「屏幕」的設計取代護欄。「屏幕」本身的視覺效果既可視為一種柔性的輕隔間，還可利用間隔與透光性，自由變化乃至創造出和護欄迥然相異的隔間氛圍。

右上／以較細的金屬桿做成的護欄。護欄的間隔是幼童頭部無法穿過的10厘米。金屬桿由地板直通至天花板，既是樓梯的護欄，也為室內創造出近似隔間屏幕的印象。　左上／兼具護欄功能的輻射熱暖氣設備。此一設計手法尤其適用於整體規劃時，將它安排在挑高梯井的位置，即可同時具備樓梯護欄、室內暖氣和屏幕隔間等三種功能。　下／金屬製護欄搭配常用於椅背的紙繩編織。護欄的表情會因編織的疏密而改變，藉由透光性或透視程度製造出不同的隔間效果。

以木作格柵做成的屏幕式樓梯護欄。由玄關望去，屏幕後方若隱若現。

10.2 Spicing it up with stairs
樓梯：空間的調味料

樓梯的設計形式，端看我們決定將它安排在怎麼樣的空間或位置。好比說將它設在獨立的空間裡，那就是所謂的梯井；將它安排在一處偌大空間當中，便成了所謂的隔間梯；若打算將它設計成具有獨特的風格，能夠立刻吸引目光，這座樓梯就是一具裝飾藝術品。要言之，樓梯的設計會因不同目的，呈現出全然相異的樣貌。

1 質樸、輕盈的懸臂式龍骨梯
懸臂式龍骨梯狀似混凝土牆面的突起。我們為了在偌大的空間中凸顯樓梯本身的存在感，刻意採用了較一般梯板稍厚、68毫米的杉木原木，同時搭配上極簡風格的護欄扶手和立柱，避免搶了樓梯的風采

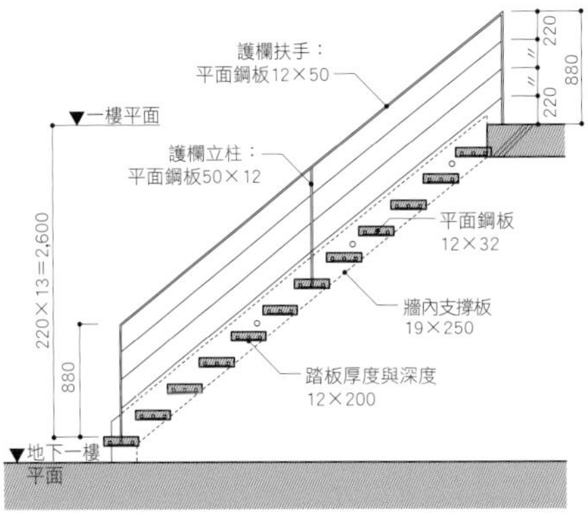
護欄扶手：
平面鋼板12×50
▼一樓平面
護欄立柱：
平面鋼板50×12
平面鋼板
12×32
牆內支撐板
19×250
踏板厚度與深度
12×200
220×13＝2,600
880
220
220
880
▼地下一樓
平面

「目白家」樓梯詳圖（S=1:80）

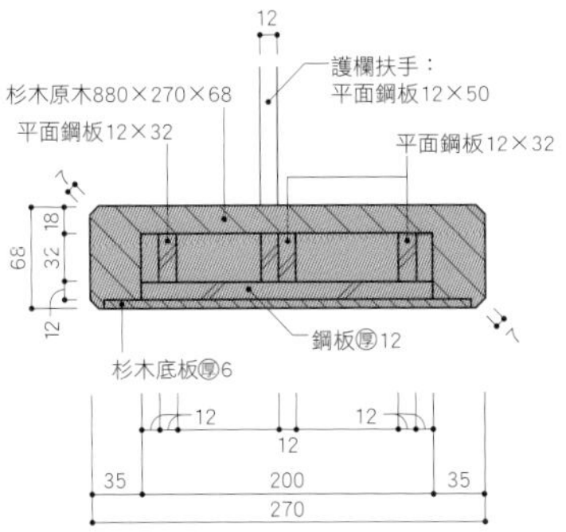
12
護欄扶手：
平面鋼板12×50
杉木原木880×270×68
平面鋼板12×32
平面鋼板12×32
68
18
32
12
鋼板厚12
杉木底板厚6
12
12
12
35
200
35
270

樓梯踏板斷面詳圖（S=1:8）

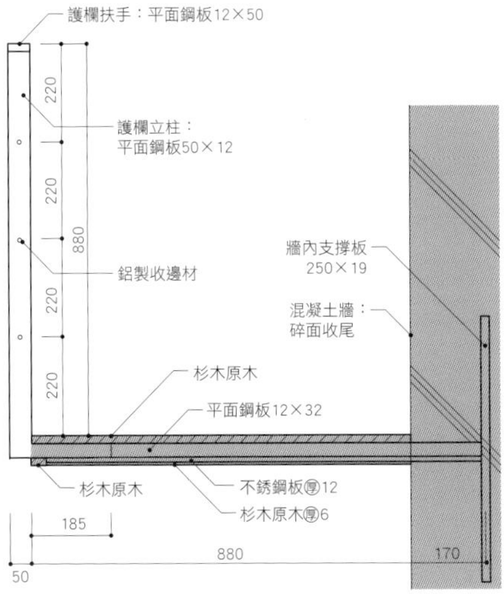
護欄扶手：平面鋼板12×50
220
護欄立柱：
平面鋼板50×12
220
880
鋁製收邊材
220
220
牆內支撐板
250×19
混凝土牆：
碎面收尾
杉木原木
平面鋼板12×32
杉木原木
不銹鋼板厚12
杉木原木厚6
185
880
170
50

樓梯梯板、護欄斷面詳圖（S=1:20）

厚重沉穩的混凝土牆和質樸、輕盈的樓梯形成極為強烈的視覺對比。

由木材和不銹鋼組合而成的樓梯，格外能夠凸顯樓梯本身的存在感。

2 不銹鋼與木材混用組合梯

踏板和踏板之間刻意採用薄薄的不銹鋼板，製造輕盈感。同時搭配原木踏板，為堅硬的梯架增添柔和氛圍

「神樂坂家」樓梯斷面詳圖
（S=1:15）

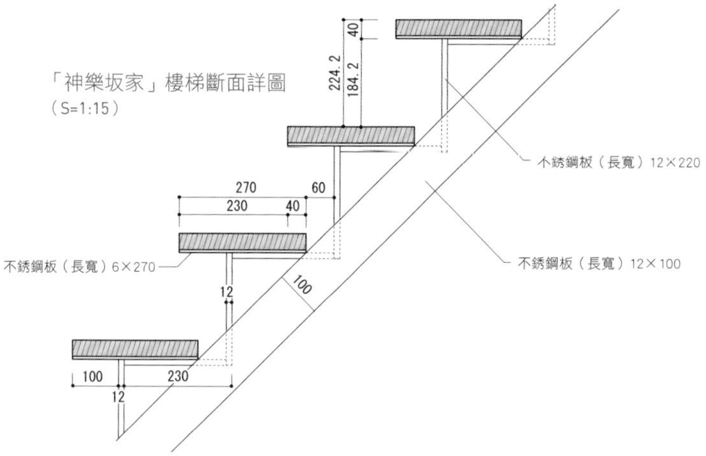

40
224.2
184.2
不銹鋼板（長寬）12×220
270
60
230
40
不銹鋼板（長寬）6×270
不銹鋼板（長寬）12×100
12
100
100
230
12

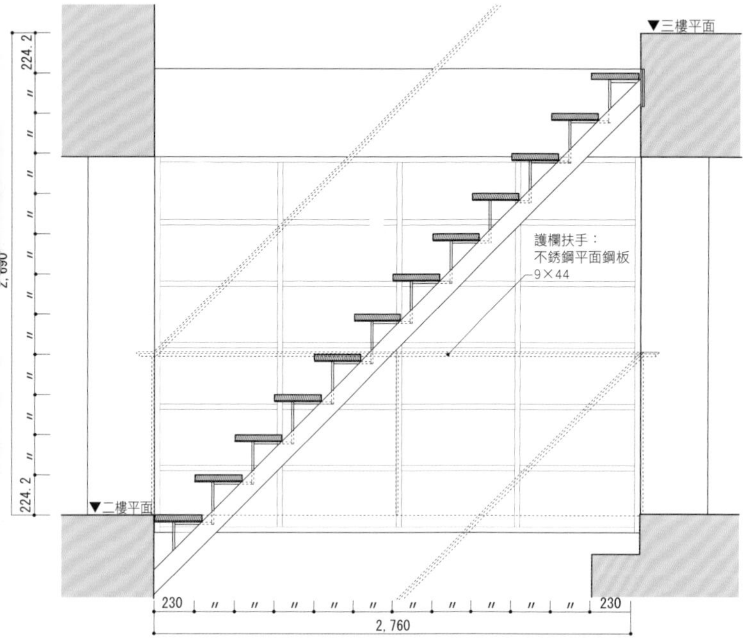

▼三樓平面
224.2
2,690
224.2
護欄扶手：
不銹鋼平面鋼板
9×44
▼二樓平面
230
230
2,760

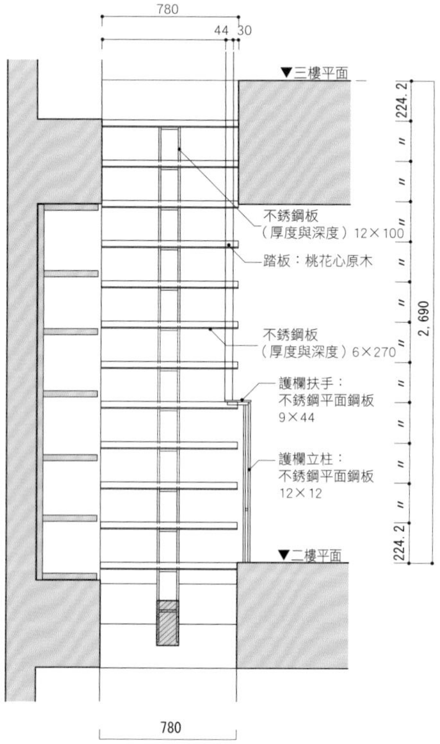

780
44
30
▼三樓平面
224.2
不銹鋼板
（厚度與深度）12×100
踏板：桃花心原木
2,690
不銹鋼板
（厚度與深度）6×270
護欄扶手：
不銹鋼平面鋼板
9×44
護欄立柱：
不銹鋼平面鋼板
12×12
224.2
▼二樓平面
780

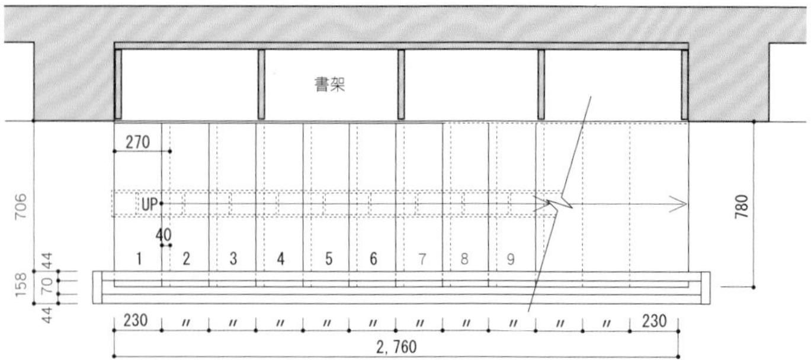

書架
270
UP
40
1
2
3
4
5
6
7
8
9
706
780
158
44
70
44
230
230
2,760

「神樂坂家」樓梯週邊平面、立面圖（S=1:40）

踏板採用和地板相同的桃花心原木材質，目的是為了營造空間中的整體感。

由室內望向玄關的光景。樓梯的主架給人極為堅實、厚重的印象。

3 堅固耐用的原木梯

樓梯完全採用原木製成，所有的尺寸皆符合木材的特性，極為堅實、穩重。

由於位在玄關廳和走道邊，選擇以龍骨梯的形式，強化樓梯和梯間的存在感，同時達成陽光穿透的目標，營造出光影的美感，創造空間深度，實際上完全超越了樓梯原本的基本功能

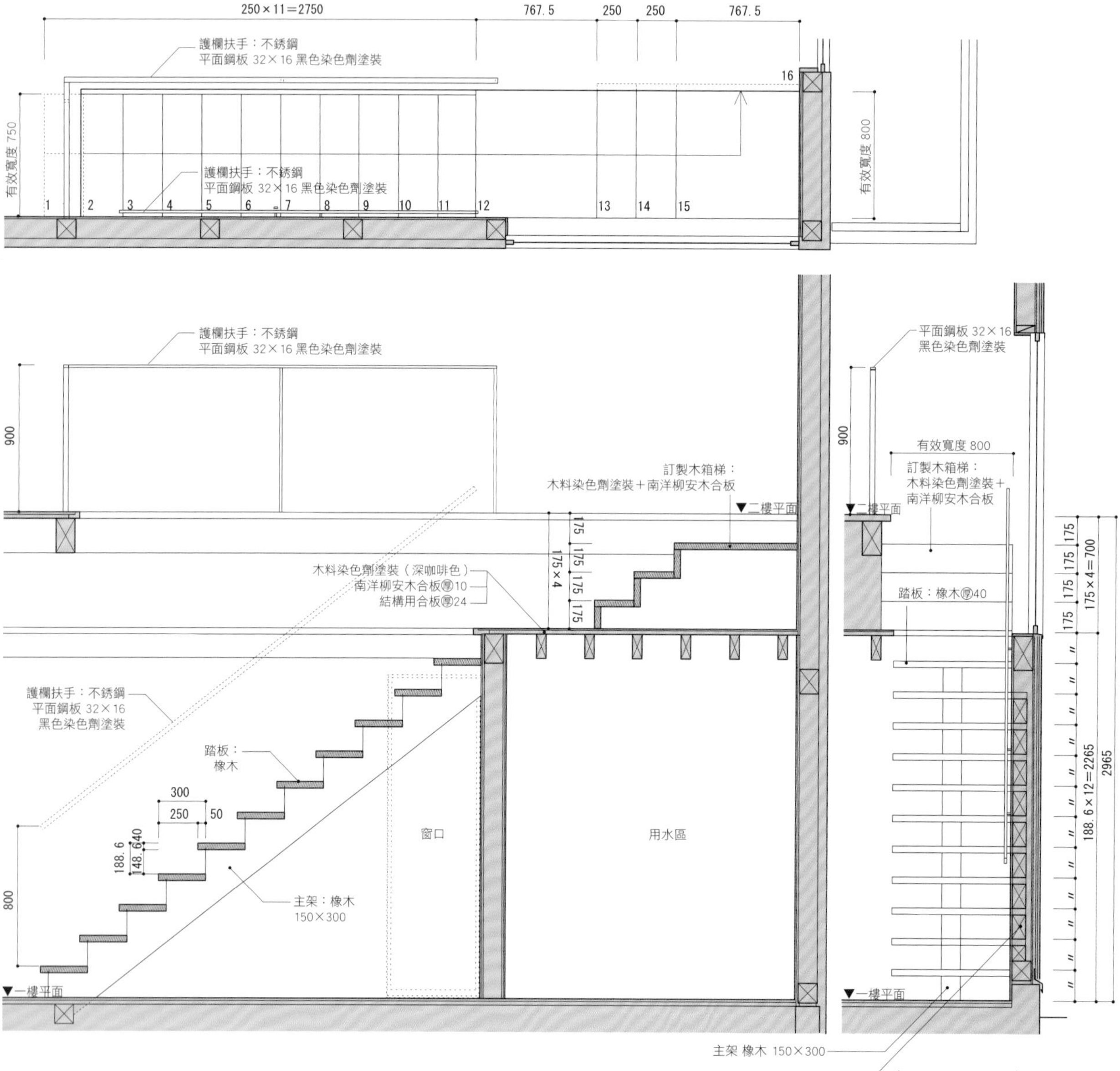
250×11=2750
767.5
250
250
767.5
護欄扶手：不銹鋼
平面鋼板 32×16 黑色染色劑塗裝
16
有效寬度 750
有效寬度 800
1 2 3 4 5 6 7 8 9 10 11 12 13 14 15
900
訂製木箱梯：
木料染色劑塗裝＋南洋柳安木合板
▼二樓平面
175
175×4
木料染色劑塗裝（深咖啡色）
南洋柳安木合板厚10
結構用合板厚24
踏板：
橡木
300
250
50
188.6
148.6
40
窗口
用水區
主架：橡木
150×300
800
▼一樓平面
平面鋼板 32×16
黑色染色劑塗裝
有效寬度 800
訂製木箱梯：
木料染色劑塗裝＋
南洋柳安木合板
踏板：橡木厚40
175×4=700
188.6×12=2265
2965
主架 橡木 150×300
踏板墊
有效寬度 750

「玉蘭坂家」樓梯週邊平面、立面圖（S=1:40）

柔和的光線由樓梯的對面導入，更凸顯了樓梯本身沉穩、厚重的氣質。

10.3 Windows for viewing, windows for ventilation

分工明確的窗口設計

窗戶的功能很多，包括導入光線、氣流和戶外的美景等等，但是要想一次滿足所有的功能並不容易，必須避免過於複雜的設計。在處理大面積的窗口時，由於它的面積和重量，難以滿足所有功能，這時候，將窗口稍做分割，並且明確分工，讓它們各司其職，是很不錯的方法。

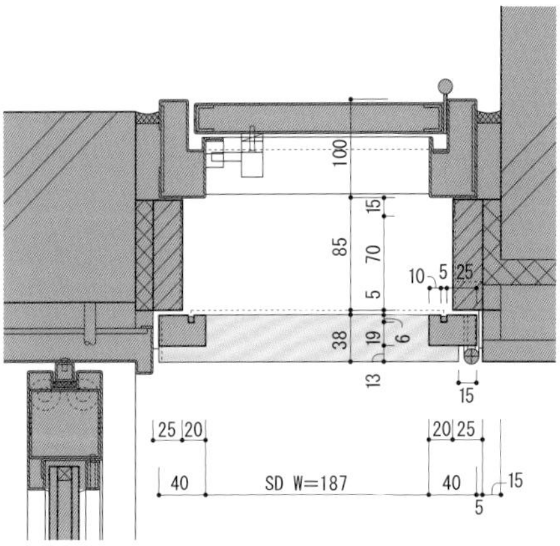

「J 公司本部大樓 ・ 社長住家」
小氣窗平面詳圖（S=1:8）

左側是個面對露台的大窗口，採用特別訂製的不銹鋼外框。由於外框本身既大且重，開關不易，容易影響室內通風，因此在側邊另配置一扇便於通風之用的小窗口。

從客餐廚空間望向露台的光景。窗口的造型簡單，且沒有礙眼的小氣窗。通風的功能交由左右兩側的分割窗負責。

10.4 A sense of nature in basement
地下室也有自然光

當決定將房間設在地下室時，必須在斷面結構上下功夫，思考如何將自然光和氣流導入地下室。目的除了在環境層面，讓居住者在地下室裡也可享有良好的自然環境，更重要的是心理層面，讓人感覺住得安心。倘若決定以設置地下庭園來確保採光和通風，必須留意未來可能的使用成本，包括安裝排水之類的機械設備，務必在事前告知可能的開銷和故障時的維修費用。

以設計案「櫻丘家」為例，局部打通了地下層的天花板，並且設置天窗導入自然光和氣流。因為打通後直接影響到一樓的設計，重新調整了家具的擺設方式，避免了視覺上的突兀。

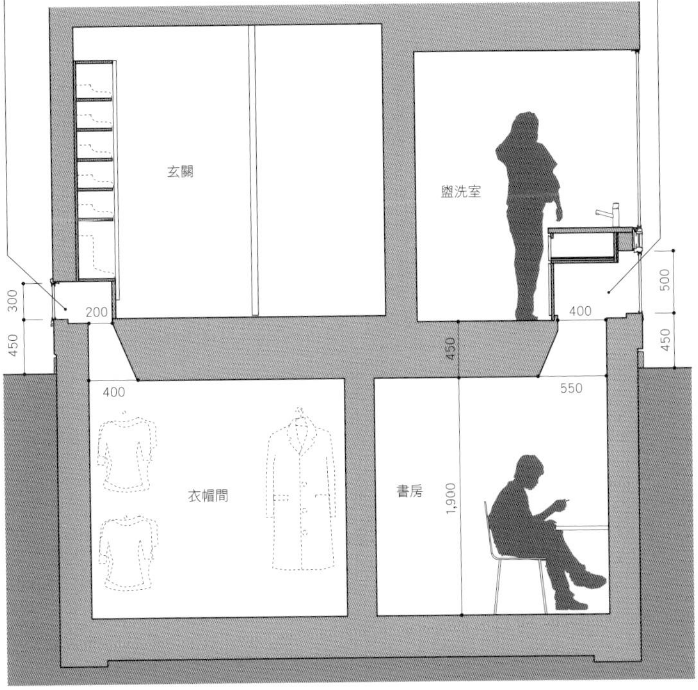

空出在玄關的收納櫃最底層，並在內側設置一扇小窗口，藉此確保地下室衣帽間的空氣流通，有效化解室內潮濕現象
善用盥洗家具下方原本閒置的空間。導入光線的窗口完全不影響盥洗室空間。
玄關
盥洗室
衣帽間
書房
300
450
200
400
450
500
450
400
550
1,900

「櫻丘家」斷面圖（S=1:60）

透過一樓盥洗室的家具安排，成功為地下室導入了光線和氣流。即便光度和氣流量有限，仍舊能讓居住者清楚感受到光線的存在和自然的空氣，倍感安心。

10.5 Cleverly use of depth

善用進深

當挑高空間毗鄰著另一方天花板高度較低的空間時，不妨利用對比的手法，襯托出兩種不同的空間性格。較高空間一旁的護欄以具有進深延續感的家具取代，透過家具高度的控制，能夠創造出無恐懼感且開放的空間，讓兩處隨時都能感受到彼此的存在。

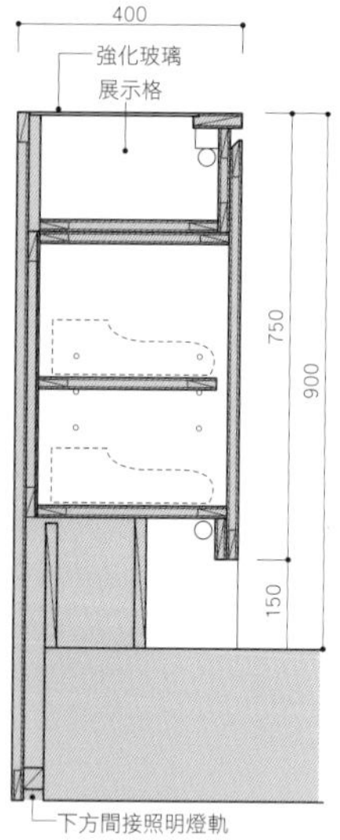

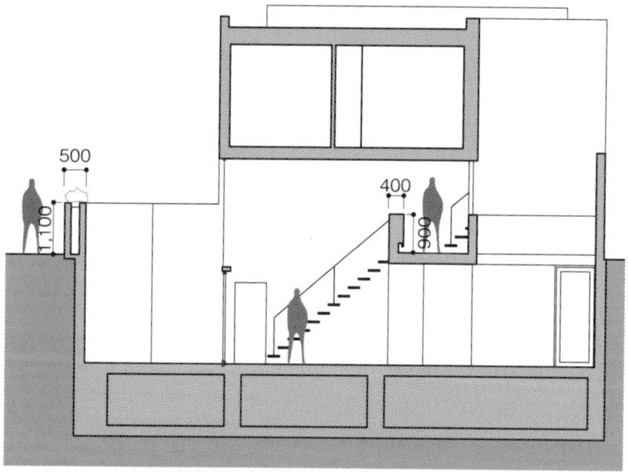

「目白家」斷面圖（S=1:200）

鞋櫃斷面圖（S=1:20）

燈具完全隱藏在鞋櫃內，讓鞋櫃本身化身成一具大型的照明燈。

降低壓迫感，創造無懼空間

設計的重點在於，從天花板高度較低的展示區走向挑高空間的客廳時，能夠有身心舒暢的感覺。展示區邊的護欄設成兼具欄杆功能的收納家具，目的是為了更易控制欄杆的高度，加大展示區的視野。在安全方面，則利用鞋櫃本身的高度與延續感，降低可能墜落的恐懼感。

10.6 Granting two wishes at once

一舉兩得的隔間牆

電視機的螢幕畫面佔據牆面的比例正逐年加大，而DVD等影音器材也已然成為家家必備的電器產品。因此，在規劃電視牆時，必須兼顧電視機和影音器材的收納外觀，並且事先考量到日後的維護。一般來說，最直覺的設計就是把電視機和影音器材的配線隱藏起來，不過實際上，未來器材和線材的更換，才是規劃時真正的重點。

設計案「赤塚家」電視牆的正後方恰好是玄關廳，因此我們在同一面牆的背面，設置了一座收納櫃，可以從電視牆的背面更換必要的線材。

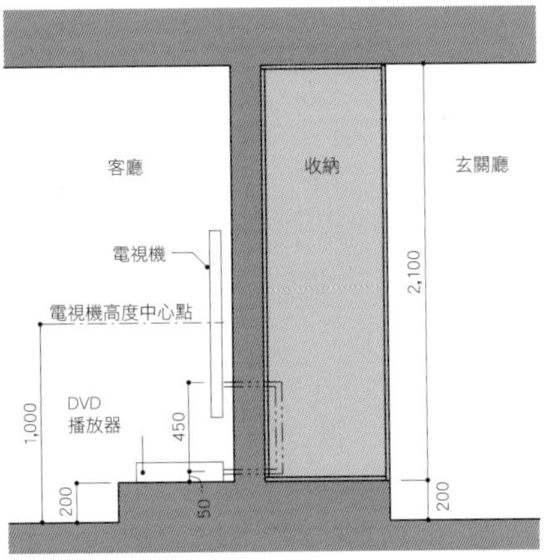

客廳
收納
玄關廳
電視機
電視機高度中心點
DVD
播放器
2,100
1,000
450
200
50
200

電視機週邊配線斷面圖（S=1:50）

完全隱藏電視機和DVD的配線，讓電視機週邊更顯清爽美觀。

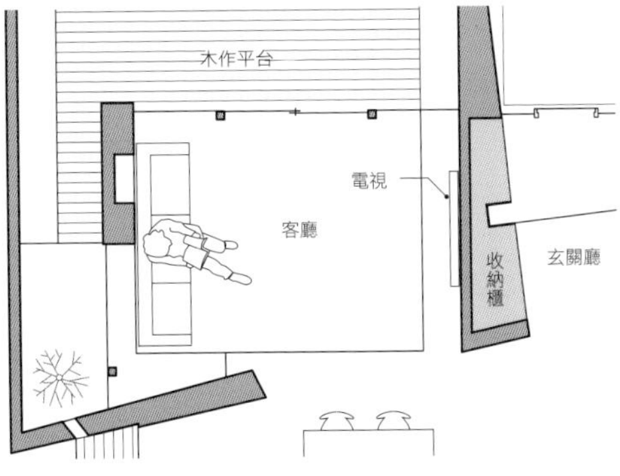

木作平台
電視
客廳
收納櫃
玄關廳

「赤塚家」局部平面圖（S=1:150）

善用隔間牆的正反兩面

在玄關和客廳之間的隔間牆邊設置一座收納櫃，即可在客廳側安排器材配線，在玄關側收納衣鞋，一舉兩得。

10.7 Storage that mediates between spaces

連續感的收納設計

規劃內部空間時，現成家具雖是個不錯的選擇，可以呈現居住者豐富的個性與特色。不過，專屬訂製家具經過仔細規劃，卻能形塑出空間的整體感與連續性。

在設計案「鷺沼家」錯層式樓板結構中，正是將設計重點放在空間的連續性上，把每一個空間的牆面收納都設計成相同的造型。除了考量收納的容量之外，也留意在室內移動時的視線，透過牆面收納，呈現空間的整體感和舒適性。

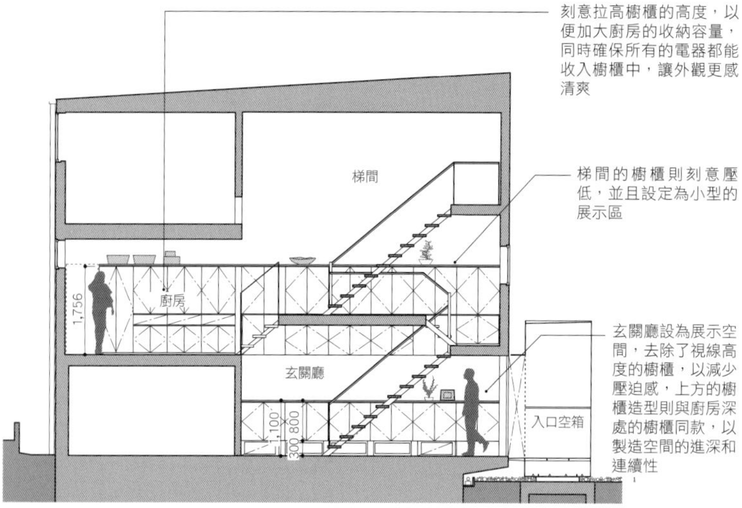

刻意拉高櫥櫃的高度，以便加大廚房的收納容量，同時確保所有的電器都能收入櫥櫃中，讓外觀更感清爽
梯間
梯間的櫥櫃則刻意壓低，並且設定為小型的展示區
廚房
1,756
玄關廳
玄關廳設為展示空間，去除了視線高度的櫥櫃，以減少壓迫感，上方的櫥櫃造型則與廚房深處的櫥櫃同款，以製造空間的進深和連續性
1,100
800
300
入口空箱

「鷺沼家」斷面圖（S=1:150）

從廚房望向梯間和下方玄關廳的光景。左側牆面是整片的隱藏式收納，目的是為了營造空間的整體感與連續性。

10.8 Wall-ish door 以牆面思考門片

理論上，門片的設置僅需稍加安排，即可為空間創造出一定的節奏和美感。不過很多時候未必如此單純，若不考慮其他元素，頂多只能達成門片的基本功能而已，卻可能缺乏美感，甚至給人一種雜亂無章的印象。在這種情況下，採以隱藏式的設計手法，將門片與牆面合為一體，確實不失為一種相當有效的解決方式。

從臥室望向門廳的光景。預設了兩道門片，有助於未來可將臥室一分為二。

隱藏式門片。好處是當門片關閉時，整片牆面立刻變成了盡頭植栽的「視覺背景」。

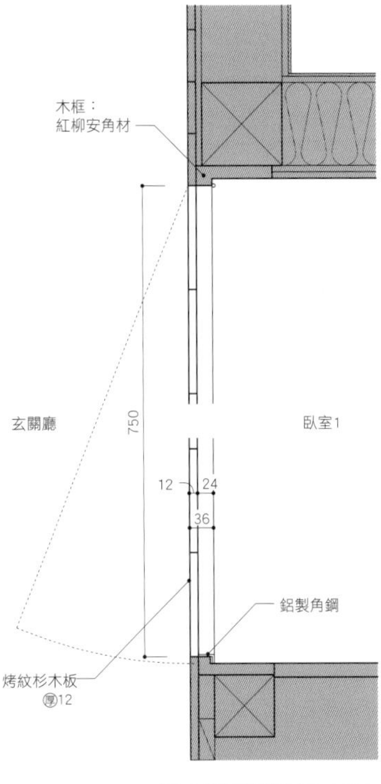
木框：
紅柳安角材
玄關廳
750
臥室1
12
24
36
鋁製角鋼
烤紋杉木板
厚12

門片局部詳圖（S=1:12）

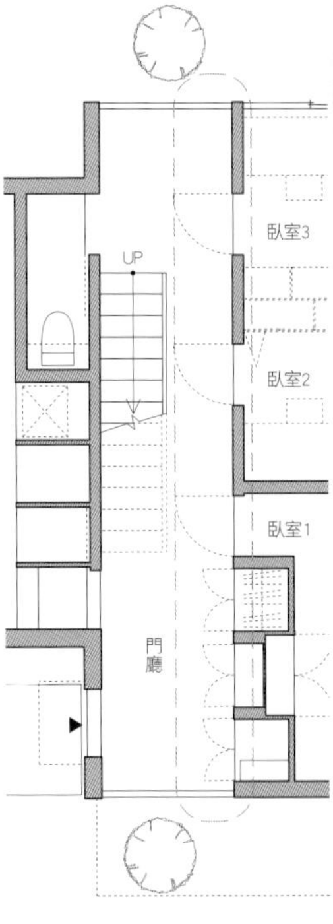
臥室3
UP
臥室2
臥室1
門廳

「薊野家」局部平面圖（S=1:120）

隱藏式門片的細節

為了製造一條具有空間穿透力的門廳通道，刻意將各個臥室和櫥櫃的門片並排。門片與牆面的外觀完全一致，讓兩者合為一體，既免除了門片可能對門廳造成的干擾，也強化了通道本身穿透的力道。

10.9 Learning from the past
傳統工法＋未來概念

設計的靈感往往隱藏在一些採用傳統建材的案例中。有些時候新的創意的確是突如其來，如天外飛來一筆，然而，絕大多數的創新設計，多半延續自前人的智慧。好比說現在隨處可見的新式建築，儘管造型前衛，技術新穎，實際上是藉由傳統的屋瓦或泥水工法再進化。創新永遠始於前人走過的足跡，「溫故知新」是產出新設計的祕訣。

採用烤紋杉木圍成的和風外牆，形成主建物日式庭院美觀的背景。（參照 1.9）

以保護外牆的大屋頂作為設計軸線，打造嶄新的空間格局。（參照 2.6）

側邊包圍著短小的雨遮，免於外牆遭受大雨侵蝕。（參照 3.11）

藉由刻意凸出的屋簷和加高的地基，保護住屋外牆免受雨水和氣溫的侵蝕。採用杉木板模製成的清水模短牆，表面清楚刻畫著杉木的紋理，與烤紋杉木的外牆前後呼應。

10.10 New uses for old materials

復古元素創造空間氛圍

規劃時選用障子門、木門、寬式門楣（欄間）、屏風和樑柱等傳統建物中常見的元素，優點在於可以輕易地讓室內充滿懷舊與深幽的空間氛圍。因此建築設計師常會設法取得近乎失傳的工法，將其納入住屋的設計之中。

在設計案「八岳山莊」的臥室裡，我們納入了日式傳統的寬式木簾門楣（筬欄間），並且改作為隔間屏風之用，形成空間中的重點元素，無形中也提升了室內的格調和整體的氣氛。

將日式傳統民宅常見的寬式門楣改造成臥室中的隔間屏風。

由寬式木簾門楣（筬欄間）改造而成的木簾屏風。

利用改良過的木簾門楣，分隔出臥室和走道。

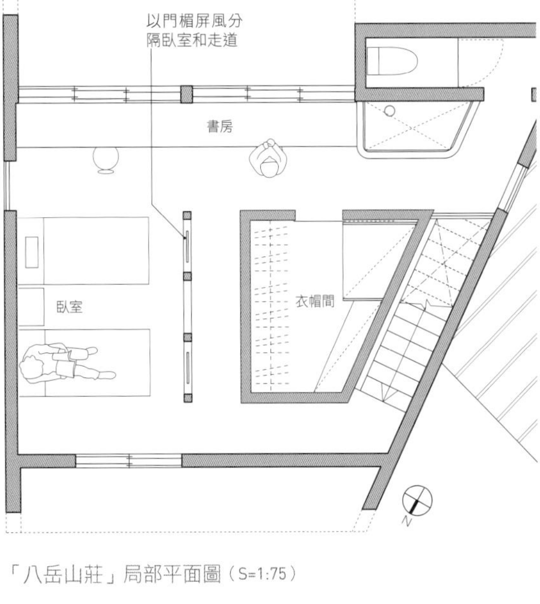

「八岳山莊」局部平面圖（S=1:75）

10.10 New uses for old materials

在設計案「西谷家」，選擇傳統日式建築常見的木門和回收再生的杉木板。木門的門框以水曲柳原木製成，並且留意門框和週邊的搭配，以便凸顯出門片本身的厚實沉穩。回收再生的杉木板則應用在廚房的餐具層架。每一片杉木板特有的紋理和厚實感，為開放式客廳、餐廳和廚房增添了古樸的氣質，也凸顯出空間極為特殊的存在感。

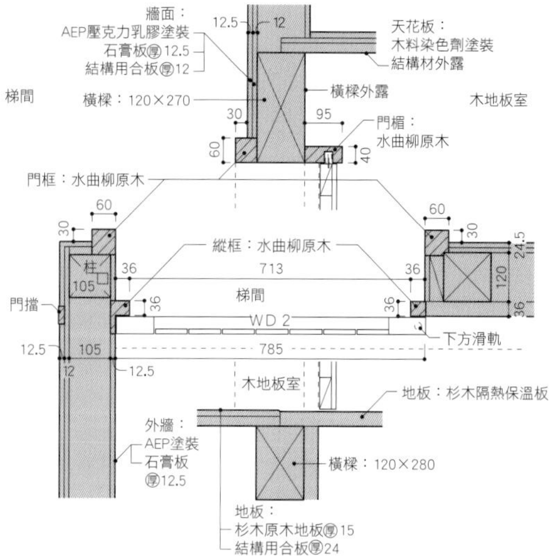

牆面：
AEP壓克力乳膠塗裝
石膏板厚12.5
結構用合板厚12
12.5
12
天花板：
木料染色劑塗裝
結構材外露
梯間
橫樑：120×270
橫樑外露
木地板室
30
95
門楣：
水曲柳原木
60
40
門框：水曲柳原木
60
60
30
30
24.5
縱框：水曲柳原木
柱
105
36
713
36
120
梯間
門擋
36
36
36
WD 2
下方滑軌
12.5
105
785
12
12.5
木地板室
地板：杉木隔熱保溫板
外牆：
AEP塗裝
石膏板
厚12.5
橫樑：120×280
地板：
杉木原木地板厚15
結構用合板厚24

「西谷家」木門詳圖（S=1:20）

傳統日式建築常見的木門。

梯間。

回收再生木材餐具層架，凸顯出整個空間的古樸氣質。

回收再生木材餐具層架，凸顯出整個空間的古樸氣質。

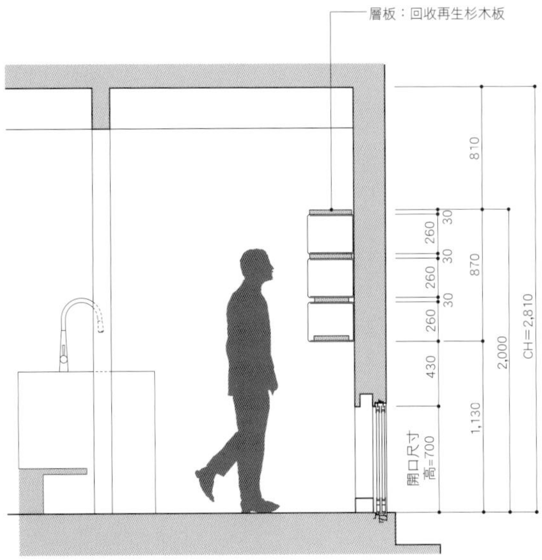

「西谷家」餐具層架斷面圖（S=1:50）

10.11 設備即是照明 Making equipment looks like Light

在規劃中島式廚房或開放式廚房時，通常令人頭疼的莫過於油煙機。儘管現成和隱藏式的油煙機並不難取得，然而計畫將客廳、餐廳、廚房擺在同一個大空間裡時，最要避免的就是油煙機破壞整個空間的設計氛圍。

在設計案「玉川上水家」，我們將油煙機藏入一個與廚房同寬的「大箱子」裡，從天花板垂吊下來，並且在之間安排照明，燈光打向天花板，一方面藉此化解大箱子的厚重感，一方面也為室內提供了必要的光線。

在設計案「J公司本部大樓・社長住家」，為了降低油煙機本身的存在感，我們先將油煙機的外殼改裝成與空間相同的色系，再在油煙機的背面添上燈具，將燈光打在廚房正面的磁磚牆面，製造廚房週邊的明亮感。

為中島式廚房的油煙機加上照明燈具的一例。

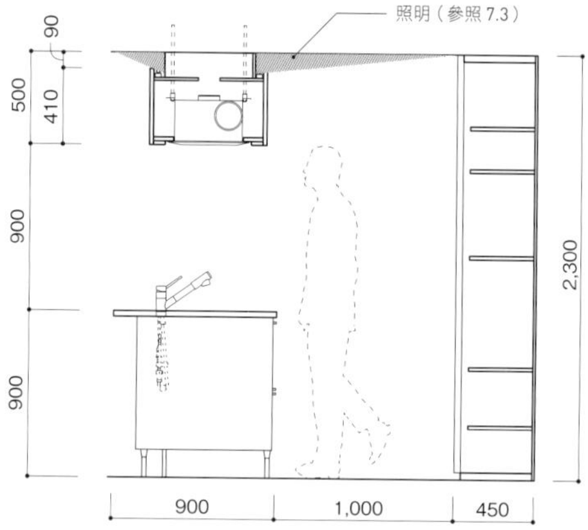

「玉川上水家」廚房週邊斷面圖（S=1:50）
安裝在油煙機上方的燈具，將光線打在天花板上，賦予廚房週邊極具美感的照明。

位在客廳一隅的廚房。透過設在油煙機背面的燈具，化解了廚房在視覺上可能帶來的雜亂，讓整個空間變得更具美感。

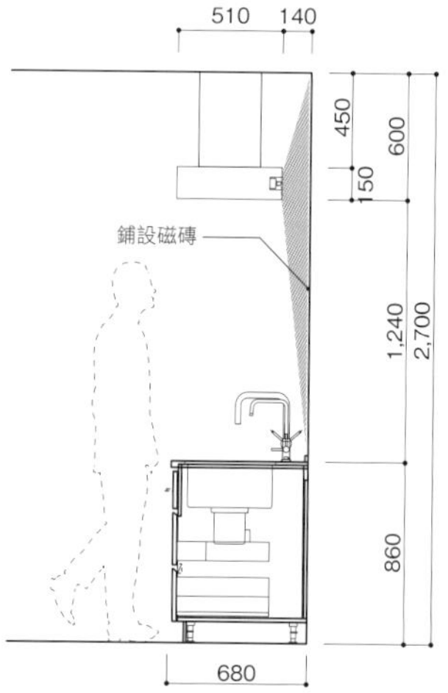

「J 公司本部大樓 ・ 社長住家」廚房週邊斷面圖（S=1:50）
安裝在油煙機上方的燈具，將光線打在正面的磁磚牆面，賦予廚房週邊絕佳的明亮感。

10.12 建築與家具同步規劃

Architecture brings out the charm of furniture

每一件家具都很重要並有其獨特魅力，然而，正如打造適合人的居所，倘若能為家具打造最合適的擺放位置，勢必更能凸顯出它特有的存在感和質感，進而也能為家具的背景——住屋，帶來加乘的變化和效果。也正因如此，任何一位道地的建築設計師絕不會在設計完住屋之後，才著手規劃家具的擺設與選購，而是兩者並行考量。對於整體空間而言，或許可以這麼說：建築不能沒有家具，只因為家具具有畫龍點睛之效。

靠在牆柱邊的復古家具。

Appendix
附章

從50,000平方米到50平方米

From 50,000m^2 to 50m^2

由知名的家具設計師夫妻檔，查爾斯・伊姆斯和雷・伊姆斯（Charles and Ray Eames）所共同導演的科普短片「十的倍數」（Powers of Ten），相信每一位建築設計師，不論在何時、何地，應該都曾看過或至少耳聞。片中的鏡頭從一位在湖邊午睡的男子開始，由正上方逐漸拉遠，直至一億光年的上空，浩瀚無邊的外太空，隨後又拉近距離，重回男子身上，並深入他的體內，直至基本粒子的程度。此般透過定點觀察，連結宏觀與微觀兩個世界的手法，顯然緊緊拴住了觀眾的目光和興趣，只因宏觀與微觀的風景和視野皆屬人的未知，因而才會如此引發人們的好奇而興奮不已。而這般的視野角度，其實也正是建築設計，或者建築設計師的基本思維。

有人說「建築始於住宅亦終於住宅」，然而在我們的建築事務所成立之初，接下的第一份專案，卻是座辦公大樓而非住宅。由於在事務所成立以前，我們經手的多半是些商業或生產廠房之類，規模更大的設計案件，因此當時對我們而言，樓地板總面積一千平方米的這座辦公大樓，簡直是小「屋」見大「屋」，說不準還有那麼點大材小用之感。不過這個涵蓋了創意發想、結構設計、環境規劃，甚至必須針對街區、地段進行全盤考量的專案，畢竟是我們從建設公司設計部門跳升至獨資成立事務所的「畢業作品」，也可以說是我們事務所的起點或原點。真正值得我們玩味再三的是，在以住宅設計為主要承辦業務的今天，回想起當年這一千平方米的辦公大樓，我們卻意外地感覺，那真是個超大無比的設計案哪！

實際上，要比較五萬平方米的商業設施和僅僅五十平方米的小型住宅，哪一種設計容易或難度較高，根本是毫無意義的。因為兩者所需的技巧和思維，壓根完全不同。而且建築設計師的工作範疇之廣，大凡都市更新、造鎮計畫、摩天大樓的設計，小至一般民宅，甚至家具的設計，幾乎無所不包。要將它們全數交由建築設計師一手包辦，在實務上肯定是不可能的。不過無論建物規模的大小，建築設計師的任務永遠離不開一件事：經由任何想得到的視角，透過所有可能的技巧，深入研究、推敲和思考。

也因為長年累積了各種規模、用途的設計經驗，我們早已練就了一身宏觀和微觀的本事。而這座一千平方米的處女之作「王子木材工業本部大樓」，正是我們認知且區分出此兩種視野，極為重要的關鍵作品。

以下就是在我們事務所成立之初，首次接到的「王子木材工業本部大樓」的專案簡介。案主是一家木業廠商，設計標的則是他們的辦公大樓，地點則位在東京木料相關企業聚集的木材商業區，新木場車站的前方。從一開始，我們便決定以案主的產品，亦即各類木材做成「屏幕」，並且以多層次的排列作為空間設計的基本結構。

隨後，為了隔絕基地前方道路的喧鬧，我們又將室內的會議區和辦公廳規劃成越往內部，越顯寧靜的格局安排。正面設計方面，最外層是玻璃帷幕，透過帷幕可以清楚望見由原木拼板製成的屏幕，遠看狀似案主公司的「木材型錄」。而這面木材型錄又可根據夏、冬兩季，改變室內的隔間，以避開玻璃帷幕的放熱反應，維持正常的室溫。

此外，面對中庭的窗口則全面設為木製的百葉窗，便於室內配合陽光的角度隨時開關或轉換日照的方向；會議區則規劃了活動門，以利於使用者可以根據實際的需要安排不同的出入口。

以各類木材排列而成的屏幕，做成了狀似「木材型錄」的正面，形成木材商業區的新地標。

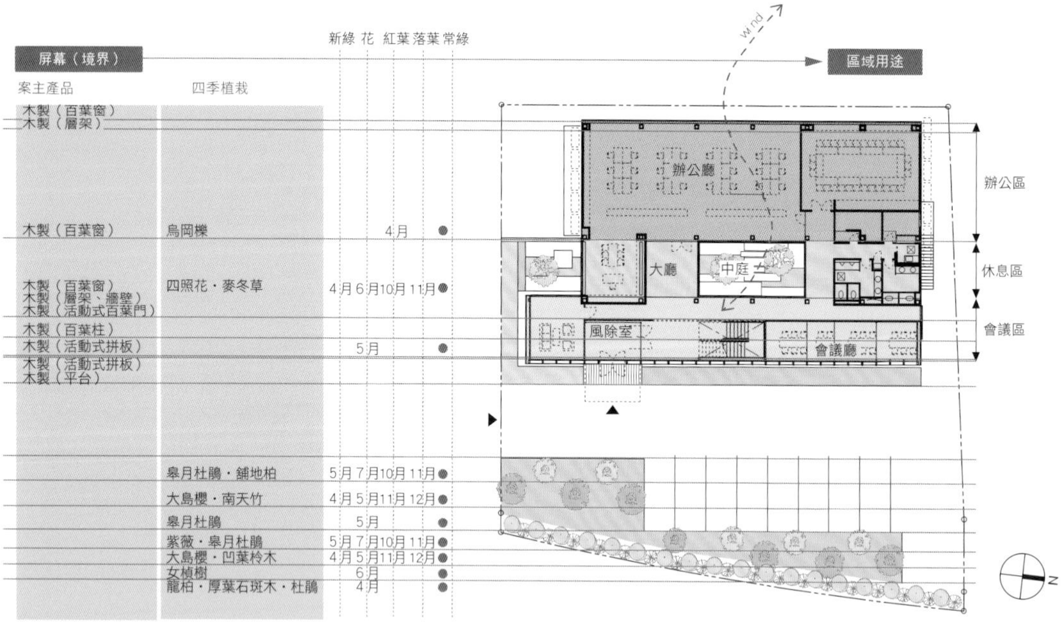
新綠 花 紅葉 落葉 常綠
屏幕（境界）
區域用途
wind
案主產品
四季植栽
木製（百葉窗）
木製（層架）
木製（百葉窗）
烏岡櫟
4月
木製（百葉窗）
木製（層架、牆壁）
木製（活動式百葉門）
四照花・麥冬草
4月 6月 10月 11月
木製（百葉柱）
木製（活動式拼板）
5月
木製（活動式拼板）
木製（平台）
皋月杜鵑・鋪地柏
5月 7月 10月 11月
大島櫻・南天竹
4月 5月 11月 12月
皋月杜鵑
5月
紫薇・皋月杜鵑
5月 7月 10月 11月
大島櫻・凹葉柃木
4月 5月 11月 12月
女楨樹
6月
龍柏・厚葉石斑木・杜鵑
4月
辦公廳
大廳
中庭
風除室
會議廳
辦公區
休息區
會議區
N

前庭和設在建物內的中庭內，所有的植栽都經過刻意的安排，目的是為了強化整體的層次感，同時也為了襯托出案主的產品與大自然的關聯，綜合規劃出整體的景觀和美感。

上／隔著中庭，右手邊是會議區，左手邊是辦公廳。所有空間皆可直通中庭，將內部空間化為一個整體。由於電線的管路完全依照空間的區域規劃，經過詳細的安排，照明絕無死角，且全面統一為3,000K以下的色溫。

左下／四季皆可享受到中庭的綠意，加上換季期間可將天井全面開啟，陽光充足，清風吹拂，為整棟大樓導入大自然的氣息。

中下／安排在大樓週邊的露台，除可為室內導入光線與氣流之外，也因為可以全面開啟，極具彈性，可在必要時改作各種不同的用途。

右下／活動門可隨心所欲地變換位置，不同的時間會自然形成不同的光影效果。

陽光會隨著時間，通過層層的木製屏幕生成奇妙有趣的光影變化。會議區採用活動門和活動式百葉窗，可自由調整室內空間的佈局，使用上極具彈性。

上：夏季時的會議區　下：冬季時的會議區。

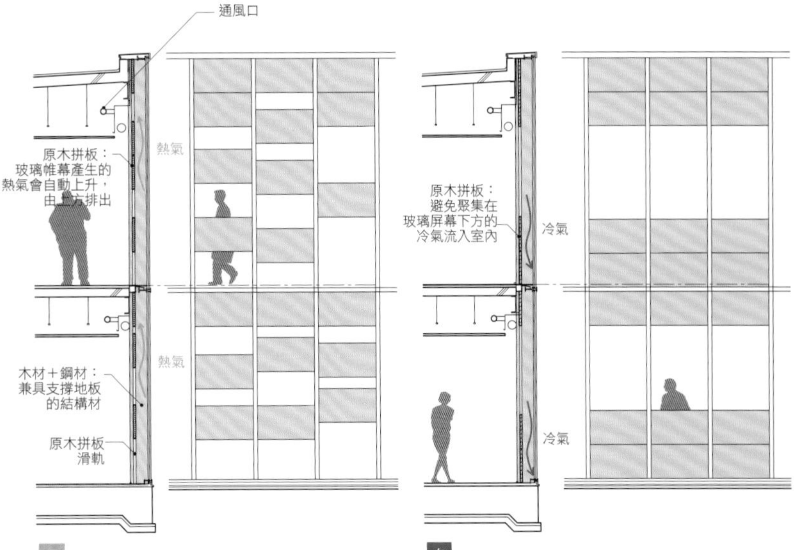

通風口
原木拼板：
玻璃帷幕產生的
熱氣會自動上升，
由上方排出
熱氣
熱氣
木材＋鋼材：
兼具支撐地板
的結構材
原木拼板
滑軌
原木拼板：
避免聚集在
玻璃屏幕下方的
冷氣流入室內
冷氣
冷氣
夏
冬

藉由分散的原木拼板阻擋玻璃帷幕所產生的熱氣，
熱氣會自動上升，由上方的通風口排出

將原木拼板集中在各樓層的下方，
避免冷擊現象（cold draft）的發生

Index
住屋建築索引

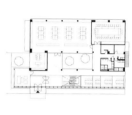

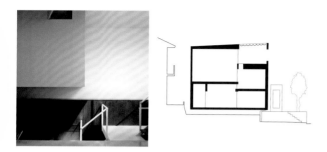

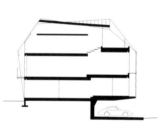

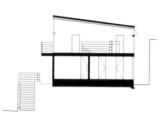

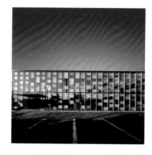

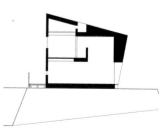

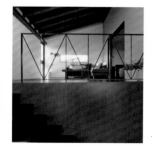

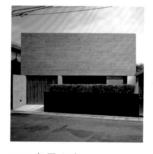

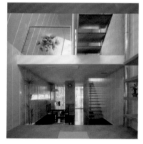

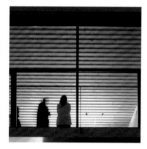

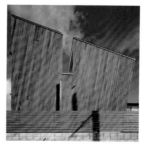

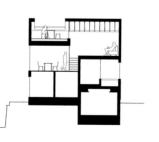

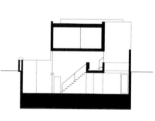

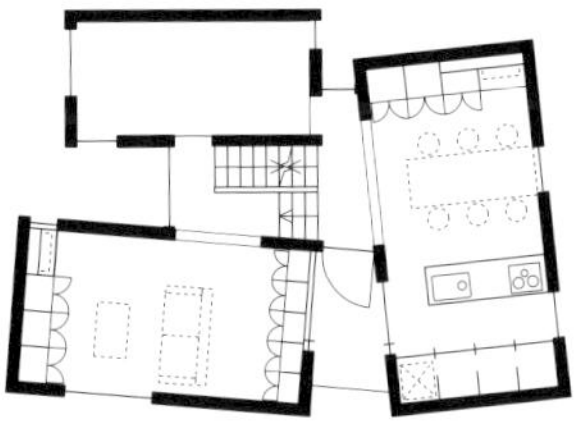

12 荻窪家 平面圖 2010
p13, 75, 105, 142, 144, 145, 154

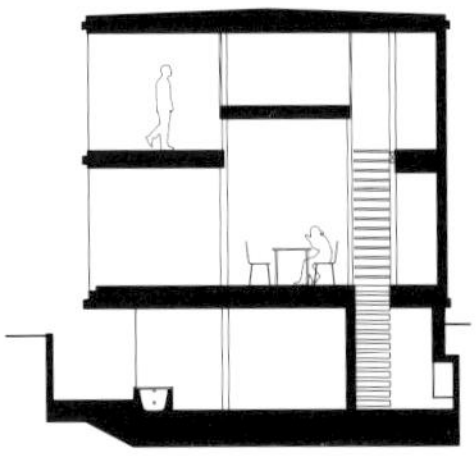

共同設計：ハッタユキコ

13 包家 斷面圖 2010
p54, 70, 74, 78, 100, 116, 122, 145, 156, 186, 200, 205

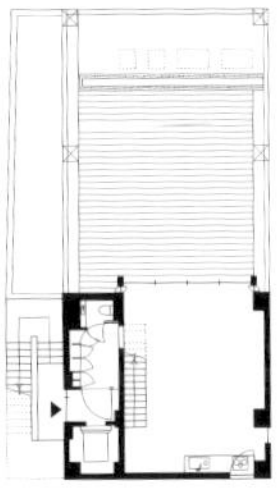

14 J公司本部大樓・社長住家 平面圖 2010
p20, 144, 194, 204

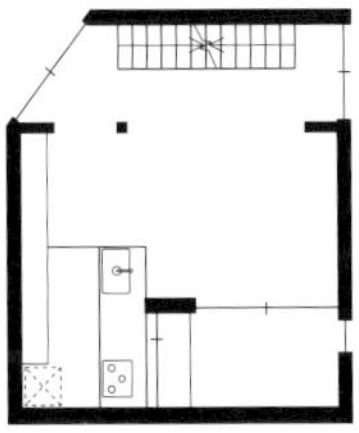

15 仙台坂家 平面圖 2011
p118

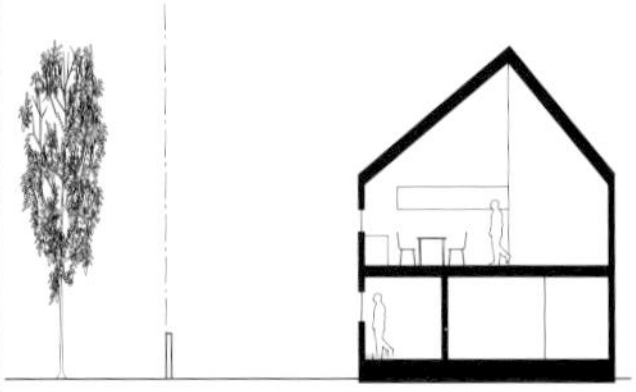

08 玉樸家 斷面圖 2009
p20

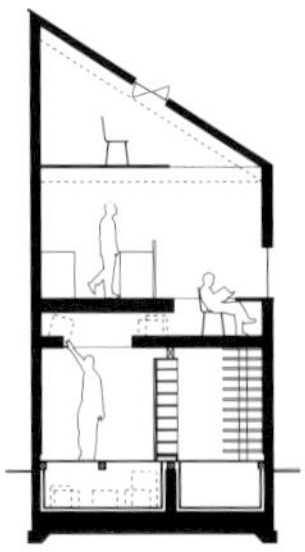

09 玉蘭坂家 斷面圖 2009
p14, 90, 130, 192

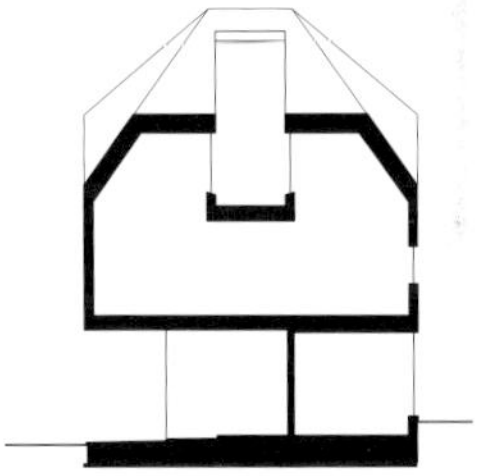

10 富士見野家 斷面圖 2009
p76, 88, 128

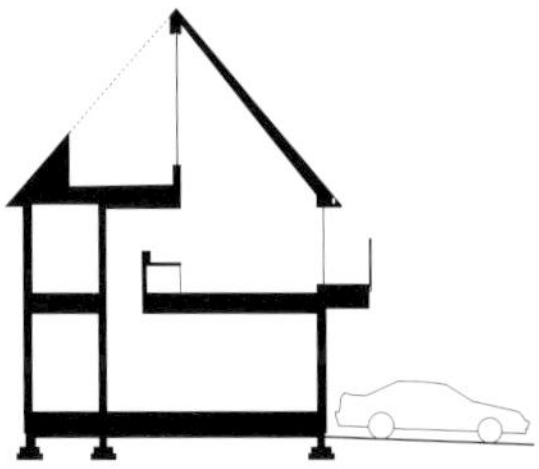

11 玉川上水家 斷面圖 2009
p150, 160, 172, 204

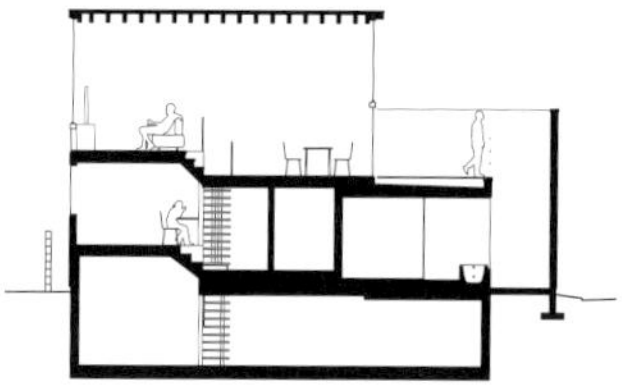

20 櫻丘家
p24, 48, 162, 186, 195
斷面圖　2012

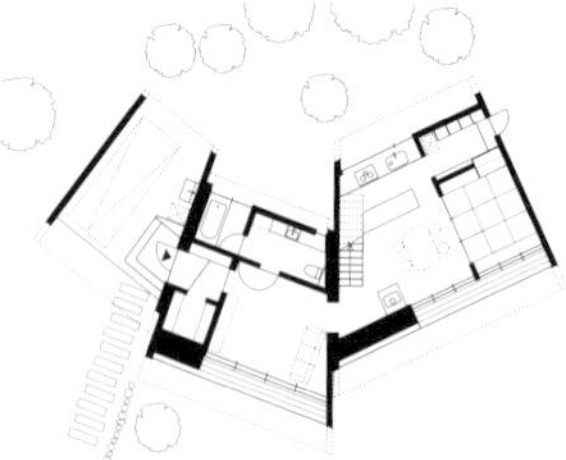

21 八岳山莊
p8, 32, 73, 145, 164, 182, 201
平面圖　2012

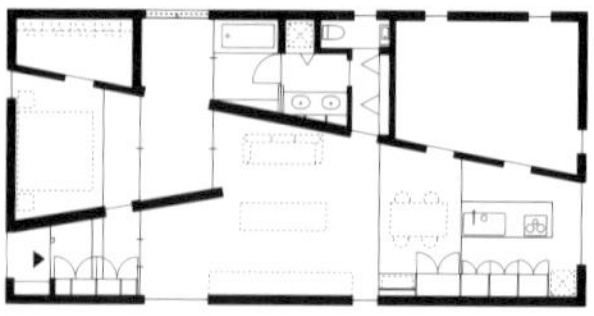

22 岡崎家
p36, 53, 96, 119, 138, 166, 177, 200
平面圖　2012

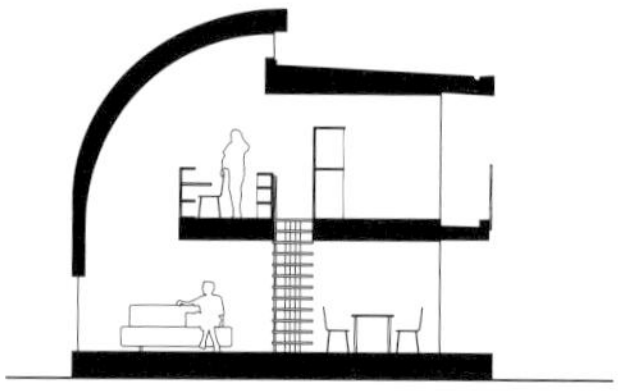

23 仙川家
p26
斷面圖　2013

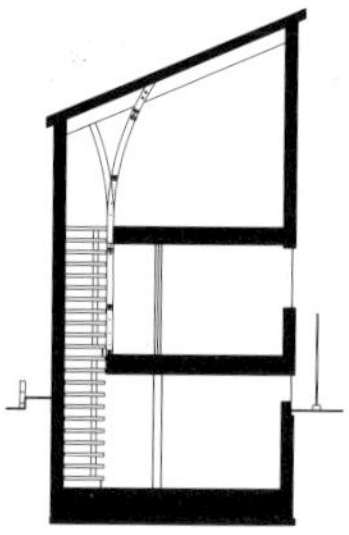

16 代代木上原家
p79, 106, 114, 134, 183
斷面圖　2011

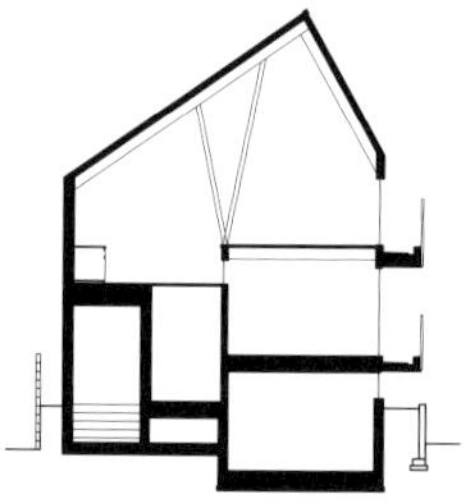

17 深澤家
p92, 135
斷面圖　2011

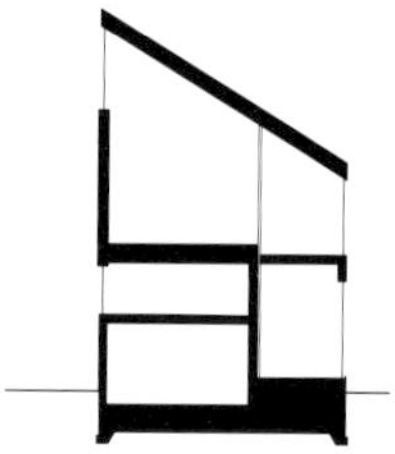

18 Pole House
p110
斷面圖　2011

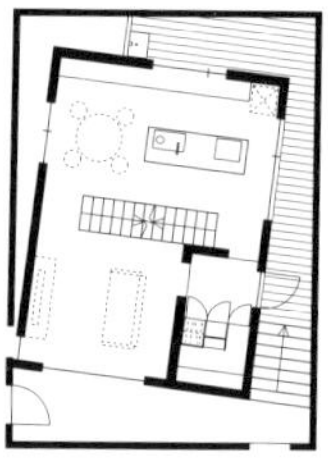

19 東玉川家
p28
平面圖　2012

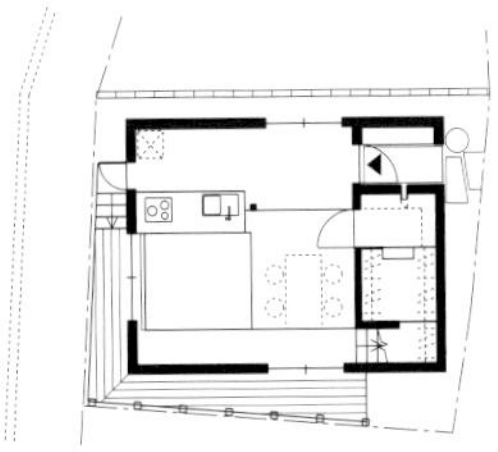

28 西谷家 平面圖 2014
p101, 152, 158, 202

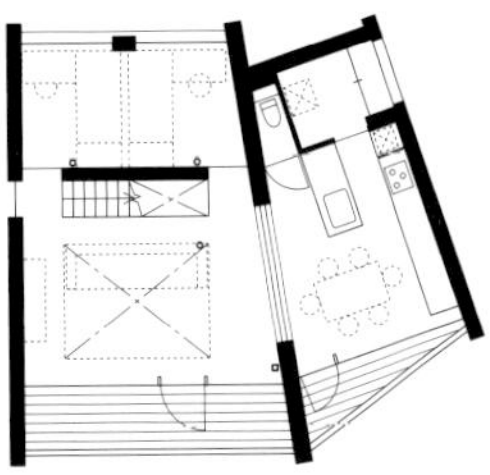

29 高麗菜田家 平面圖 2014
p140, 181

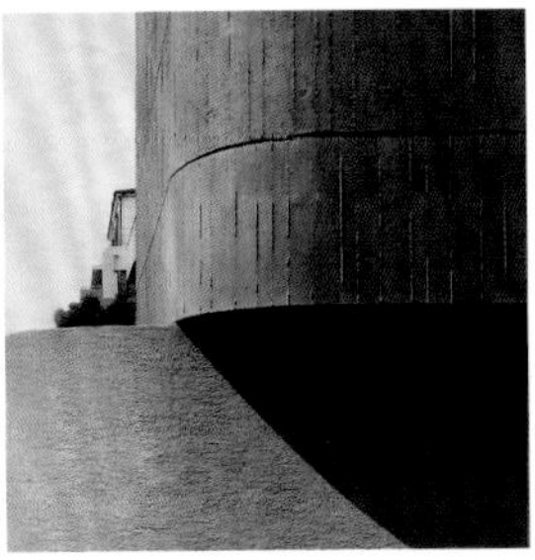

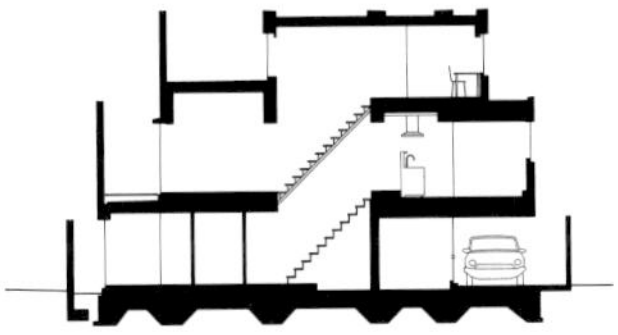

30 神樂坂家 斷面圖 2014
p42, 68, 170, 190

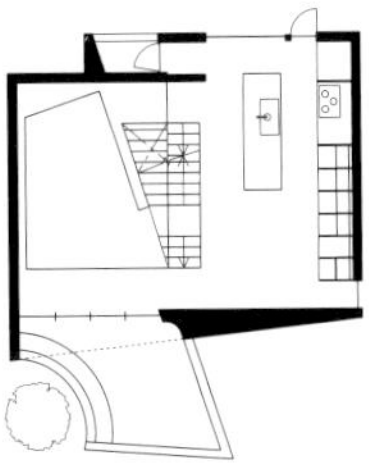

31 弦巻家 平面圖 2015
p12

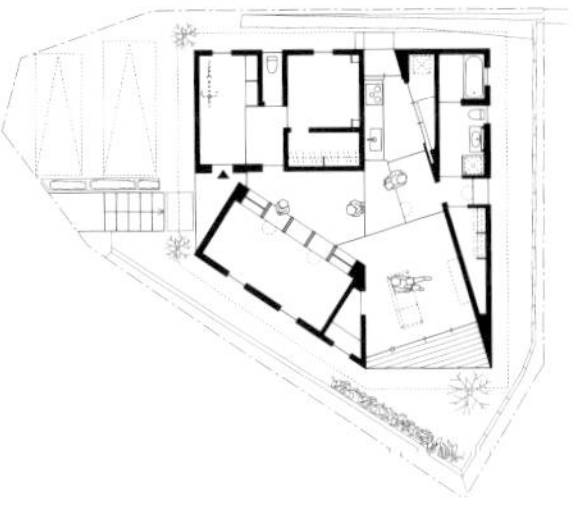

24 成瀨家 平面圖 2013
p50, 72, 98, 163, 200

25 白金家 斷面圖 2013
p44, 46, 107, 126

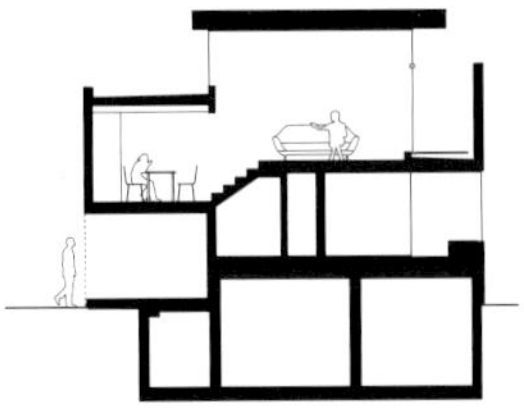

26 東山家 斷面圖 2013
p84, 121, 171, 178

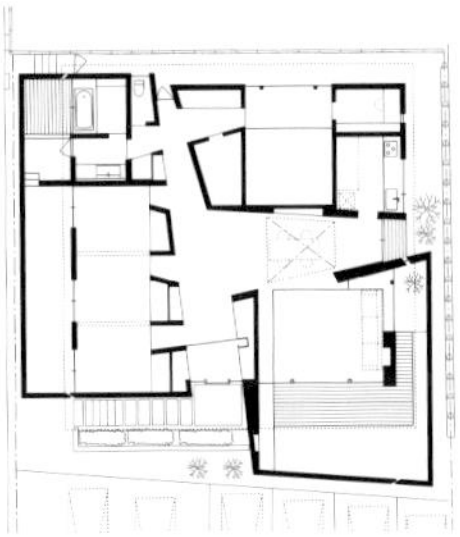

27 赤塚家 平面圖 2013
p11, 52, 64, 94, 108, 123, 127, 176, 197

後記　住屋建造vs.設計思考

平日除了接受建案案主的委託「設計」之外，其實我們也在大學裡教授「設計」課程，經常面對青年學子。對於案主的委託「設計」和學生的「設計」課程，在處理的方式上的確稍有不同，不過兩者倒是有個共通點，那就是他們同樣都對建築設計充滿了好奇，皆屬建築領域的入門新生。實際上，這本書的撰寫對象，正是這類剛開始學習建築設計的學子，以及對建築充滿好奇，有意為自己打造住屋的地主或案主們。

在大學教授設計課程的過程中，我們發現，學生們大多專注在表現個人所想像的空間與形式，僅有少數同學意識到了建物本身和街坊間的關係，留意到整體使用上的方便性。而建案的案主，亦即我們的客戶，則大多僅把焦點集中在使用上的方便性和基地內部的外裝材料，卻幾乎忽視了基地外部的一切。按理說，土地和建物是案主的，當然愛怎麼蓋就怎麼蓋，問題是，在個人的權利之外，既然是社會的一份子，每一位案主也應負起所謂的社會責任，該為基地或建物的外部付出一些心力才是。

建築設計師的任務無非就是針對所有攸關建築的問題，從外部週邊的街坊和自然環境，到內部家具的設計等等細節，經過綜合的判斷和考量，為案主提供最合宜的居住「空間」。無庸置疑，住宅即是資產，因此建築設計師也不可能忽略隔熱、防水之類的功能與品質。只不過，我們決定將這類技術面的話題交由其他更專業的建築類書去分析討論，這本書並未涉及這部分細節。我們的目標只是盡可能地將一些住屋設計最基本、最常見的問題點整理成冊。但願讀者都能藉由這本書，對住屋設計產生更多且更完整的好奇和想像。

在尚未成立事務所的十多年前，我們都是所謂「日本五大建設公司」的其中一家設計部門的員工。在那裡，我們經手過各種不同用途、類型和規模的建案，包括飯店、商家之類的商業設施和辦公大樓等等，卻從來與自用住宅無緣。誠然，要想成為道地的建築設計師，特別是有志於住屋設計，通常跟著一位擁有豐富住屋設計經驗的建築設計師學習，肯定是絕佳的捷徑。然而我們卻走了完全相反的路，儘管在那裡確實累積了設計的經驗，卻兜了個大圈子才正式走入住屋設計的領域。不過也正因如此，我們汲取了數不清的寶貴經驗，形成無形的資產。要不是當年那些委託我們設計的客戶，以及一群為了達成共同的目標而攜手合作的工班團隊和協力廠商，我們絕不可能擁有今日這般建築設計師的成就。因此，我們也想藉此機會，向每一位朋友致上最深的謝意。

最後我們還要特別感謝讓我們有機會完成這本書的 X-Knowledge 出版社副社長三輪浩之先生，與多位曾經提供寶貴意見的先進，以及我們事務所的同仁，一路協助完成本書的清水純一和荻野谷和秀，還有已經離職的加藤大作。

MDS一級建築設計師事務所
〒107-0062 東京都港區南青山 5-4-35 #907
電話：03-5468-0825 傳真：03-5468-0826
網址：http://www.mds-arch.com
電郵：info@ mds-arch.com

森 清敏

1992 東京理科大學理工學院建築系畢
1994 取得同校理工學院研究所碩士學位
1994 入大成建築株式會社設計部
2003 正式加入並負責主持MDS一級建築設計師事務所

川村奈津子

1994 京都工藝纖維大學工藝學院造型工學系畢
1994 入大成建築株式會社設計部
2002 創辦MDS一級建築設計師事務所

Credit
攝影提供

阿野太一	207～211（上圖除外）
飯貝拓司	204（上左右，協力拍攝：《住宅設計》扶桑社）
石井雅義	10、14、63、81、87（中）、90、91、117（左）、125、130、180（下左右）、199、192、193
上田　宏	16（右）、40、41、66（右、左上）、67
大槻　茂	26、27（中央）、（協力拍攝：《住宅設計》扶桑社）
奧村浩司	24、25、29（上、下）、36、39、43、44、46、48、53（上）、68、84、96、101、107、119（上）、121、126、138、139、147、150、151、153、158、160、161、162、169、170、171、177（下）、178、185、186（左上、左下）、190、191、195、200（右、左上）、202、203
清水　謙	53（下）、177（上、協力拍攝：《CONFORT》建築資料研究社）
傍島利浩	20（協力拍攝：《住宅設計》扶桑社）
多田昌弘	82、187
田中昌彥	34（左、右上）、109、175

中村　繪	55（右）、57、71、100、122（上）、156（下、上）、157（上）、205
西川公朗	19、51（上、左下）、72（上）、76、77、89、98、128、129、140、163、181、185、200（左中）
目黑伸宣	13（中央）、75（上、協力拍攝：《住宅設計》扶桑社）
矢野紀行	8、11（下）、13（左）、22、23、30、31、32、52、55（左）、58、60、61、62、63、65、73、74、75（下）、78、79、87、94、103、104、105、106、108、114（右上）、116（下）、122（下左）、123、133（上）、134、137、141、142、143、144（左）、145、148、149、155、156、157（左下）、165、167、176（左）、180（上）、182、183（右）、184、188、189、196、197、198、200（左下）、201、205
山口幸一	166
川畑博哉	70、120（右下）、186（上排中央）
Shiriusu照明事物所	104（左下、中下）、117（中上）、133（下排左中右）、136、141、176（右）
畑由紀子	116（上）

※ 以上未登載者悉由MDS 所自行拍攝。

蓋出好房子一日本建築師才懂の思考 & 設計（二版）

看圖就會蓋！日本學生正在學的關鍵結構、基地破解、照明與陰影、建材魅力

作　　者　森清敏、川村奈津子
譯　　者　桑田德
封面設計　白日設計
內頁排版　詹淑娟
執行編輯　溫智儀
責任編輯　詹雅蘭

總 編 輯　葛雅茜
副總編輯　詹雅蘭
主　　編　柯欣妤
業務發行　王綬晨、邱紹溢、劉文雅
行銷企劃　蔡佳妘
發 行 人　蘇拾平

出　　版　原點出版 Uni-Books
Email　uni-books@andbooks.com.tw
電話：（02）8913-1005 傳真：（02）8913-1056

發行　大雁出版基地
新北市新店區北新路三段 207-3 號 5 樓
www.andbooks.com.tw
24 小時傳真服務 （02）8913-1056
讀者服務信箱 Email: andbooks@andbooks.com.tw
劃撥帳號：19983379
戶名：大雁文化事業股份有限公司

ISBN　978-626-7466-66-7
二版一刷　2024 年 09 月
定　　價　630 元

國家圖書館出版品預行編目（CIP）資料
蓋出好房子一日本建築師才懂の思考 & 設計（二版）：看圖就會蓋！日本學生正在學的關鍵結構、基地破解、照明與陰影、建材魅力 / 森清敏、川村奈津子 著 桑田德 譯 .-- 二版 . -- 新北市：原點出版：大雁文化發行 , 2024.9
224 面 ;19*26 公分
ISBN 978-626-7466-66-7 平裝)
441.52　　113013591